ImageJ ではじめる
Image Processing and Analysis in Java
生物画像解析
編著 三浦耕太／塚田祐基

秀潤社

注 意
●本書中の会社名，商品名，製品名などは，該当する各社の商標または登録商標です．本書では ™ や ® は明記しておりません．
●本書に記載されているソフトウェアや URL は 2016 年 2 月時点での情報に基づいて執筆されていますので，以降変更されている可能性
  がございます．
●本書の出版にあたり正確な記述につとめましたが，本書に基づくいかなる運用結果についても，著者および株式会社学研メディカル
  秀潤社は一切の責任を負いかねますのでご了承ください．
●電話によるご質問，および本書に記載されている内容以外のご質問，お客様の作業についてのご質問には一切お答えできません．
  あらかじめご了承ください．

序

　現代生命科学において，ライブイメージングという言葉は聞かない日がないぐらい一般的になり，かつ重要な手法となっている一方，イメージングで得られたデータの「解析」について解説している書籍はほとんど見かけられない．それと同時に，「すばらしい顕微鏡画像が撮れたが，画像解析で困っている！」という声を聞くことも多くなった．このような背景をもとに，生物画像解析のフリーソフトウェア ImageJ を題材に，学研メディカル秀潤社の月刊誌「細胞工学」にて 2013 年 12 月号から 2015 年 3 月号の間，「ImageJ 定量階梯」という題で生物画像解析の連載をさせていただくことになった．本書はこの連載をもとに 2016 年現在の状況をアップデートし，新たに書き下ろした内容を含め，再構成したものである．

　想定する読者として，主に大学院生や生物画像解析を始めたての人を念頭に執筆しており，原理や，解析における注意点，処理の理由，実践的な技術を，専門知識がない初学者にもわかるように記述することを心がけた．特に，身近に生物画像解析を行っている人がいなくて，相談する人が誰もいない状況でも役に立つ書籍となることを目指している．すでに生物画像解析を行っていて ImageJ そのものの仕様を学びたいという人は Web 上に豊富に存在する解説やマニュアルを読んだほうがよいかもしれないが，本書では ImageJ の文化的な部分も自然に触れているので，プラグイン開発などに積極的に関わりたい場合は有用な情報が見つかるかもしれない．

　本書の構成については，1，2，3 章で ImageJ と画像解析についての基礎知識を説明し，4 章では様々な状況での実践的な解析方法を説明している．5 章はさらに発展して専門的に生物画像解析を行いたい人向けに，プラグインを開発している朽名夏麿さん，新井由之さんから具体例の紹介をしていただいた．初学者は最初から，実戦的な解析技法を知りたい人は 4 章から，プログラミングを始めたい方は 5 章からなど，各自の興味により読む順番や読み方を変えていただいてもよいだろう．

　本書の特徴として，生命科学分野でよく使われる解析手法や考え方を中心に解説しており，実際に生命科学系の論文誌で使われている方法を理解し，実践することを目的としているので，工学分野の画像解析本とはまったく異なった内容という点が挙げられる．また，ImageJ の開発コミュニティや生物画像解析コミュニティの営みに度々触れることで，オープンソースプロジェクトがどのように進められているか，そして今後どのように進んでいくのか，読者が考えを巡らせることができるように促している．

　ImageJ は無料で使え，直感的なインターフェイスで設計されているため，単純な作業をするために使ったことがある方も多いと思うが，拡張性の高さや活発なコミュニティの働きにより日々パワーアップしている能力を十分に発揮されている方は少ないと思われる．本書を通じて，このソフトウェアとコミュニティの力を存分に味わっていただければ幸いである．

　本書は三浦耕太さんとの共編著として発刊することができた．執筆中にこのファンキーなおじさん（失礼…）から勉強させてもらうことは多く，また楽しく作業を進めることができた．ImageJ や画像解析を通した人とのつながりは非常に楽しく，また為になるということを実感を持ってお伝えしたい．

　連載，執筆にあたっては，学研メディカル秀潤社の楳木雅昭さんに編著者二人の面倒な議論に付き合っていただくとともに，膨大な作業を進めていただいた．また同じく学研メディカル秀潤社の大全 翼さん，前澤一樹さんにも様々な面で支えていただいたことにお礼を申し上げたい．末筆ながら発刊までこぎつかせてくださった皆様への感謝をここに記したい．

2016 年 2 月 29 日　　　　　　　　　　　　　　　　　　　　　　　　　　　塚田祐基

CONTENTS
ImageJ Image Processing and Analysis in Java

序 …………………………………………………………………………… 3

●第1章　ImageJとは
① 生物画像定量と ImageJ　　塚田祐基，三浦耕太 …………………………… 8
② 解析の準備　　三浦耕太 ………………………………………………… 12

●第2章　画像データの性質
① 画像から数値へ　　三浦耕太 …………………………………………… 16
② 数値から画像へ　　塚田祐基 …………………………………………… 23
③ 画像のファイル形式　　塚田祐基 ……………………………………… 29
④ 多次元画像とその取り扱い　　三浦耕太 ……………………………… 34
　　確認テストの解答 ………………………………………………………… 43

●第3章　画像の領域分割
① 測定対象の特定　　三浦耕太 …………………………………………… 52
② 分節化と画像演算　　塚田祐基 ………………………………………… 63
③ 二値化前のフィルタ処理　　塚田祐基 ………………………………… 71
④ 二値化後のフィルタ処理　　三浦耕太 ………………………………… 78
　　確認テストの解答 ………………………………………………………… 87

目 次

● 第4章 画像解析の実際

① 形態の定量・形状の検出　塚田祐基 ……………………… 100
② 3Dデータにおける形態解析　塚田祐基 …………………… 108
③ 輝度の経時的変化の測定　三浦耕太 ……………………… 116
④ 位置の経時的変化の測定　三浦耕太 ……………………… 128
⑤ 形態の経時的変化の測定　三浦耕太 ……………………… 140
⑥ 位置・輝度・形態の複合的な経時的変化の測定　三浦耕太 ……… 149
⑦ 解析のための画像データの取り方・選び方　塚田祐基 ……… 161
　　確認テストの解答 ……………………………………………… 172

● 第5章 ツール開発を含めた解析へ

① 公開プラグインを用いた画像解析：LPXプラグイン集　朽名夏麿 …… 192
② プラグインによる自分専用解析ツールの作成：
　　自動輝点追跡ツールPTAを例に　新井由之 ………………… 204
③ ImageJマクロの書き方　三浦耕太 ………………………… 217
④ ImageJ派生プロジェクト　塚田祐基, 三浦耕太 …………… 260
　　確認テストの解答 ……………………………………………… 267

■付録

① Fijiのインストールなどに関する情報　三浦耕太 ………… 270
② [Set Measurements...]の測定項目　三浦耕太 …………… 280
③ μManager体験　塚田祐基 ………………………………… 282
④ ImageJ/FijiのGUIの図解 …………………………………… 286
⑤ 生物画像解析用語・日英対応表 ………………………………… 287

あとがき ……………………………………………………………… 289
索　引 ………………………………………………………………… 291

執筆者一覧

［編 著］

三浦耕太（Kota Miura）

■ EMBL（European Molecular Biology Laboratory）Heidelberg ／基礎生物学研究所

1993 年国際基督教大学教養学部卒業．1995 年大阪大学大学院理学系研究科修士課程生理学専攻修了．2001 年ミュンヘン大学動物学研究所自然科学博士号取得．2001 年欧州分子生物学研究所（EMBL）博士研究員．2005 年同分子細胞イメージセンター科学者．2014 年自然科学研究機構研究力強化推進本部特任准教授欧州駐在員．2015 年より自然科学研究機構基礎生物学研究所研究員及び欧州分子生物学研究所上級画像解析者．2016 年 9 月から個人事業主，ハイデルベルク大学客員研究員．2013 年から毎年 EMBL Master Course for Bioimage Data Analysis をハイデルベルクで，また European Bioimage Analysis Symposium（EuBIAS）を欧州各地で主催している．近著に Bioimage Data Analysis, Wiley-VCH (2016)．生物画像解析とそのコミュニティだけではなく，ウクレレ，空手，ジャズと家族を愛している．Twitter: @kotapub

塚田祐基（Yuki Tsukada）

■ 名古屋大学大学院理学研究科 生命理学専攻 生体構築論講座 分子神経生物学グループ

2002 年国際基督教大学教養学部卒業．2004 年奈良先端科学技術大学院大学情報科学研究科博士前期課程修了．2008 年奈良先端科学技術大学院大学情報科学研究科博士後期課程修了，博士（理学）．2009 年名古屋大学大学院理学研究科博士研究員．2009 年から現在，名古屋大学大学院理学研究科助教．機器制御，定量測定，数理モデリングを駆使することで活き活きとした生命現象の原理を理解できると考え，研究する傍ら，ジャズセッションと育児も楽しんでいる．Twitter: @loveacidjazz

［執筆者］

朽名夏麿（Natsumaro Kutsuna）

■ 東京大学大学院新領域創成科学研究科 先端生命科学専攻／エルピクセル株式会社

2001 年東京大学理学部生物学科卒．2006 年同大学院新領域創成科学研究科博士課程修了．博士（生命科学）．現在，同研究科特任准教授．エルピクセル株式会社技術アドバイザー．2007 年日本植物学会若手奨励賞受賞．生物試料の顕微鏡画像解析の研究開発に従事．日本植物学会，日本植物生理学会，日本植物形態学会各会員．

新井由之（Yoshiyuki Arai）

■ 大阪大学産業科学研究所 生体分子機能科学研究分野

2006 年大阪大学大学院基礎工学研究科システム人間系生物工学コース博士後期 課程修了，博士（理学）．大阪大学大学院生命機能研究科特任研究員，特任助教（常勤），北海道大学電子科学研究所助教を経て，2012 年より現所属，助教．分子・細胞生物学による試料作成から光学顕微鏡構築・計測・解析といった，ゴールデン器用な研究者を目指しています．

第 1 章

ImageJとは

第 1 章 ImageJ とは

生物画像定量とImageJ

塚田祐基, 三浦耕太

はじめに

　生物システムのダイナミクスを捉えるライブイメージングは，研究の最前線に様々な新しいアプローチを提供している．イメージング自体はロバート・フックが17世紀に複式顕微鏡を発見してから連綿と発展を遂げてきた技術と言えるが，それが計算機と融合することで質的な転換が起きた．多次元画像の可視化・解析，時系列の遡行，"よく撹拌"されていない生化学とモデリング，超解像度解析による一分子の分布の可視化，画像データの取得・解析の大規模化と自動化などが新しいアプローチとして挙げられるであろう．こうしたことで，例えば，アクチンフィラメントの動態や，ゼブラフィッシュの細胞レベルでの網羅的発生ダイナミクスなど，**動的なシステムに画像解析**で迫る生物学がまさに今，精力的に進められている[1]．このような目覚ましい発展がある一方で，画像解析そのものに敷居の高さを感じているという生物学研究者をよく見かけるようになった．

　これはおそらく次のような理由ではないか．画像処理 (image processing) は計算科学の一部として確固たる地位を占める分野である．一方，生物学における画像解析 (image analysis)，すなわち測定技術としてのそれはいまだに体系化されておらず，どのように学べばよいのかがわかりにくい．そこでこの本ではこうした生物学の需要を踏まえたうえで，**生物画像の定量解析**を読者に自ら学んでいただこうと考えている．

ImageJと画像処理・解析

　この本ではImageJ (Fiji) を使った画像解析の方法を紹介する．ImageJは科学的な画像解析のためのソフトで，今や生物学のイメージング分野ではデファクトスタンダードとなっている．

　ImageJのこの本の執筆時点における最新バージョン1.50g (2016年2月13日付リリース) にはメニュー項目が533もある．その多岐にわたる機能を十分に使いこなしている人は少ないだろう．これらの機能を駆使するには，手順を覚えるだけでは困難であり，画像処理・解析の原理をある程度知っている必要がある．そのため，最初にこれらの基礎を解説しながら，徐々に高度な処理の紹介へと展開していきたい．また，高度な解析にはどうしてもある程度のプログラミングが必要になる．各章で解析のための短いスクリプト (軽量プロ

グラミング言語）も紹介するので，それぞれの目的にあった解析に応用していただきたい．ImageJに関する実用的な説明に入る前に，このソフトウェアの位置付けと歴史に触れてみよう．

 ## 生物画像定量の時代背景

　ここ20年ほどを振り返ると，イメージング技術の隆盛が目覚ましい．2008年にGFPを代表とした蛍光・発光分子技術の発明に対してノーベル化学賞が与えられたことは，受賞者の1人が日本人の下村脩博士であったこともあり，多くの読者の記憶にあるだろう．さらに2014年は，蛍光分子技術を礎とするイメージング技術である超解像度顕微鏡法の発明にノーベル化学賞が与えられた．今や，全世界で日々イメージングをしているラボは1〜2万あると言われている．このような状況を受け，2012年にはNature Methods誌で「Focus on Bioimage Informatics」と銘打った特集が組まれた[2]．イメージング技術の普及に伴う画像解析の重要性が広く認識され始めていることを明確に示したものと言える．

　こうした学術上の発展と並行して，日常生活のうえでもデジタルカメラが普及し，特に携帯電話に付属したカメラや，スマートフォンで画像処理が行える環境など，画像処理技術が一般的になった．また，画像解析を取り巻く状況はインターネットの普及ともはや不可分な関係にあり，ソフトウェアの共同開発やSNSに代表されるWeb上でのコミュニティ形成は，画像解析ツールの動向に直接影響している．これらの状況はImageJを取り巻く環境として，その誕生から発展に至るまで密接に関わっている．

　ImageJのWebサイトの訪問者数は延べ1,200万人近くを数え，およそ3万のラボが全世界で使用していると言われる．画像解析が重要性を増す中で，なぜ特にImageJが好まれているのだろうか？　生物学者にとって重要なことは，ImageJやその派生ソフトが開発者のみによる一方的な製品ではないことであろう．ImageJは最初のリリースからソースコードがすべて公開されており（オープンソースと言う），ユーザは初歩的なJavaプログラミングさえできれば比較的容易に望みの機能をプラグインとして追加することができる．このため自らが必要とするプラグインの開発を活発に行う生物学の研究者が次々に登場した．この結果，バイオイメージングの現場でまさに必要となるような，言わば痒いところに手が届くプラグインが次々と公開され，開発者とユーザの間の双方向のフィードバックの円環を形成した．2016年の今でこそ，ソフトウェアの開発はコミュニティ・ベースであることが重要であると一般に認識されているが，ImageJはインターネットさえままならぬ15年以上前にそれを先取りしていたことになる．現場の需要にマッチした利便性と，何よりも無料であることからユーザ数はどんどん増え，今や数えきれぬほどのプラグインやスクリプトが公開されている．ImageJによる画像処理・解析を含む論文も2005年以降，急激に増加した（図1）．

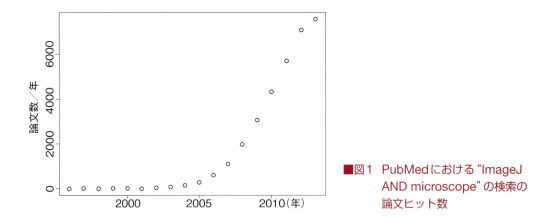

■図1 PubMedにおける"ImageJ AND microscope"の検索の論文ヒット数

　ソフトウェア開発そのものは多くの生物学者に馴染みがないかもしれないが，昨今Journal of Cell Biologyなどの生物学の論文でも，自作プラグインやスクリプトを解析に用い，それを論文誌のサイトで公開することが普通に見られる．画像解析が実験手続きの1つとして重要な一角を占めているという理由もあるが，解析結果の再現性を確保するという無視できない一面もある．このような重要性も踏まえ，ImageJ開発に関する歴史を振り返ってみよう．

ImageJ開発の歴史

　ImageJの前身であるNIH imageは，Apple社のMacintosh Ⅱ（Mac Ⅱ）上で動く科学用画像解析ソフトウェアとして1987年にWayne Rasbandが開発した[2]．数学，計算機科学を大学で学んだ後，アメリカ国立衛生研究所（NIH）でプログラマーをしていたWayneはそれまでにimageと名付けた画像処理プログラムをPDP-11というミニコン（冷蔵庫ぐらいの大きさの計算機）で開発していた．より小さく一般に使える画像処理ソフトとして，もっと極端に言えばMacで遊べる画像処理ソフトウェアとして，WayneはNIH imageを開発した．Macはアカデミックやデザイナーに利用者が多かったこともあり，NIH imageをMac上で開発したことはその後のプロジェクトの性質にも影響したように思える．その後，Scion Corporationがframe grabberなど自社のハードウェアを売るためにNIH imageをWindows向けに移植したScion imageを開発し，大きなシェアを占めるWindowsユーザにもNIH imageのクローンは広まることとなる．ソフトウェアを完全に移植することが難しいことと，複数バージョンの同一ソフトウェアを管理することを避けたかったWayneはサン・マイクロシステムズが1995年に新しいプログラム言語Javaを公表すると，一度コードを書けば複数のOS上で動くというコンセプトに惹かれ，JavaベースでNIH imageを開発することを決める．こうして開発されたのがImageJで，1997年の9月にリリースされた．

以来，ImageJはオープンソースプロジェクトの利点を活かして発展を続け，前述した生命科学におけるイメージングの発展や社会を取り巻く状況の変化も後押しして広まることとなる．NIH imageの登場から28年の間に生物学における画像の測定は重要性を増すとともに用途のバリエーションも増え，これに応えるようにプラグインの開発は活発に進み，さらにはプラグインからスピンオフした派生プロジェクト[注1]や，他の画像処理関係のプロジェクトとの連携が進められた．

注1
派生プロジェクトについては5章4節参照．

文献
1) Danuser G: Cell (2011) 147: 973-978
2) Schneider CA, et al: Nat Methods (2012) 9: 671-675

第1章 ImageJとは

2 解析の準備

ImageJ 三浦耕太

Fijiのインストール

　ImageJには，あらかじめ様々なプラグインを加えて多機能化したパッケージが用意されており，この本ではその中の『Fiji』がインストールされていることを前提に解説していく[注1]．Fijiのアイコンをクリックして図1のようなメニューバーが表示されれば，インストールは成功である．

注1
『COLUMN』参照．インストールの仕方がわからない方は「付録1：Fijiのインストールなどに関する情報」に書かれている手順にしたがってインストールしてほしい．

■図1

サンプル画像用のプラグインとアップデートサイト

　ImageJに様々なプラグインをあらかじめインストールし，多様な機能が追加されたパッケージがFijiだが，さらに自分で他のプラグインを加えて目的に合った機能を使うことも当然できる．

　追加したいプラグインのファイルを開発者のサイトからダウンロードし，Fijiにインストールする作業はさほど労力を要しない．基本的なプラグインのインストールの仕方も「付録1：Fijiのインストールなどに関する情報」に詳しく書いたので，そちらを参考にしてほしい．Webで検索して気軽に追加できるプラグインだが，多くのプラグインは開発が進んだり，不具合の修正が行われて日々新しいバージョンが登場する．こうして更新されたプラグインはまたダウンロードしてインストールし直せばよいが，追加しているプラグインが多い場合，バージョン管理は結構な作業となる．

　このプラグインの追加と管理を自動で行ってくれる機能がFijiには搭載されている．アップデートサイトを利用したインストールの方法である．この方法だと，開発者がプラグインを更新すると，それを自動的に検知してくれる．Fijiに最初から入っているプラグインにはすでにこの更新機能がついており，Fijiのサーバにあるファイルと比較して更新されているようであれば，ファイルを自動的に置き換えるようになっている．これと同等の機能が自分で追加するプラグインにも適用されるようになったのである．ただし，この機能が使えるのはアップデートサイト（最新のファイルが置かれているサーバと考えればよい）に登録されているプラグインに限られている．これらのプラグインは以下のページにリストされている．

http://fiji.sc/List_of_update_sites

　それぞれのプラグインには簡単な解説が添えられており，より詳細な解説へのリンクも貼られているので，時間のある方は一度目を通してみるとよいだろう．筆者のおすすめは3D ImageJ Suiteである．三次元画像の処理に必要な様々な機能がパッケージされている．

　この本で使うプラグインをアップデートサイト機能を使ってインストールしてみよう．サンプル画像をダウンロードするためのプラグインである．Fijiを立ち上げ，**メニューから[Help > Update Fiji]**を実行しよう[注2]．プラグインの更新状況を調べるのに若干時間がかかり，しばらくするとImageJ Updaterというウィンドウが表示される．もしすべてのプラグインが最新の状態ならば，**"Your ImageJ is up to date!"**というウィンドウが表示され，何もリストされていない状態で表示される（図2）．

　更新が必要なものがある場合にはそのファイルがリストされるので，**"Apply changes"**をクリックすればそれらすべてのファイルが自動的に置き換えられ，Fijiに最初から入っている様々なプラグインの更新は完了する．これは言わば，Fiji純正のアップデートサイトに関してのみ更新状況を問い合わせているということになる．

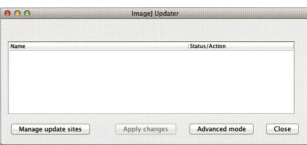

■図2　ImageJアップデータ

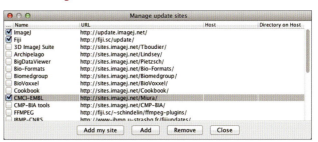

■図3　アップデートサイトのリスト

注2
以降，この本ではFijiのメニューツリーを四角カッコ【】で囲んで表示する．

　さて，自分でアップデートサイトを追加してみよう．左下にある**"Manage update sites"**をクリックする．新しいウィンドウが立ち上がり，図3のように，アップデートサイトがリストされるはずである．デフォルトでチェックが入っている最初の2つはImageJとFijiのサイトである．これはまさにImageJとFijiそのものであり，上で述べた「純正のアップデートサイト」である．それに続く他のサイトが各自の必要に応じて登録することができるサイトである．

　今回は**CMCI-EMBL**というサイトにチェックを入れよう．この時点では何も起こらないが，**Close**をクリックしてウィンドウを閉じ，Updatorのウィンドウを見ると，新たに**"plugins/EMBL_sampleimages.jar"**という行が加わっているはずだ．右側には**"Install it"**と表示されているはずである．そこで**"Apply changes"**をクリックするとダウンロード

とインストールが行われる．このあと"リスタートせよ"というウィンドウが表示されるので，Fijiを再起動するとメニューバーに**EMBL**という新しい項目が追加されているはずだ．このプラグインの追加により，インターネット経由で**[EMBL > Samples]**からサンプルデータを開くことができるので確認しよう．この本では，これらのサンプルと，**[File > Open Samples]**のサンプルを使いながら，画像解析の説明・演習を行う．

　アップデートサイトの機能が本格的に始動したのは2013年である．アップデートサイト機能で利用可能なプラグインの数はまだ限られるが，今後どんどん増えていくだろう．

 サポートサイト

　本書の中で使用されているスクリプト，データの一部は以下のサイトから入手できます．また，ImageJ・Fijiの開発に伴って，説明が古くなることがあります．その場合も変更の要点をサポートサイトに掲載します．

https://sites.google.com/site/imagejjp/

- ●ダウンロードにはインターネット環境が必要です．
- ●本サイトの内容に関しては細心の注意を払っておりますが，その正確性・安全性を保証するものではありません．
- ●ダウンロードされたスクリプトおよびデータはすべてお客様自身の責任においてご利用ください．使用の結果で発生したいかなる損害や損失，その他の事態についても，著者および株式会社学研メディカル秀潤社は一切の責任を負いかねますのでご了承ください．
- ●予告なしに本サイトの内容を変更し，掲載を中断又は終了させていただくことがございます．

■■■ COLUMN

　ImageJではプラグインを書いて自分で画像処理機能を追加することができる．研究で使うソフトは，使いやすさという点での一般性と，プロジェクトに応じた特殊性という矛盾した二面性を持つ必要があり，ImageJはプラグインによって特殊性という面を担保していると言える．この拡張性によって世界中で膨大な数の様々なプラグインが開発されてきたため，やがてプラグイン同士に複雑な依存関係が生じるようになった．このために多数のプラグインや画像処理関係のライブラリをImageJにあらかじめ追加したFijiが開発された．これらのプラグインの相互依存関係をチェックしつつ自動的にアップデートするメカニズムも搭載されており，モジュラーなシステムの欠点であるバージョン管理の煩雑さを解消している．また，このことでFijiは多くの開発者たちが自由に参加できる共同作業のプラットフォームともなっている．

第2章 画像データの性質

1 画像から数値へ
ImageJ

三浦耕太

画像は数値のマトリクス

デジタル画像データの真の姿は数値のマトリクス（行列）である．画像解析とはまさにこの数値のマトリクスから情報を引き出すことにほかならない．このことを実感してもらうために，テキストエディタを使った"画像処理"である演習①を行おう．新しい画像を作成し，その実態である数値をテキストエディタで編集，再びそれを画像に戻す．

【演習①】ピクセル値の書き換え

新しい画像を作成する．Fijiのメニューから**[File > New > Image...]**を選択すると，入力ウィンドウが表示される（図1）．次のようにパラメータを入力し，OKのボタンをクリックする．

Name: test.txt
Type: 8-bit
Fill with: Black
Width: 10
Height: 15
Slices: 1

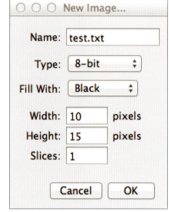

■図1 新しい画像を作成するときの入力ウィンドウ

すると黒いバックグラウンドの画像が表示される．この画像はかなり小さいので，キーボードの**+**を何度か叩いて拡大するとよい（逆に小さくする場合は**ー**キーを叩く）．この画像を**[File > Save As > Text Image...]**によってデスクトップに保存する．ファイルの拡張子が**.txt**であることを確認し（OSの設定によってはファイルの拡張子が隠されていることがある．この場合はファイルの**「情報」**[注1]などで確認する），そのファイルをダブルクリックするとテキストエディタでファイルが開かれる．スペースで区切られた碁盤目状

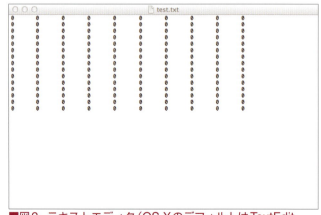

■図2 テキストエディタ（OS XのデフォルトはTextEdit，WindowsではNotepad）で開いた画像

注1
ファイルを右クリックすると開くコンテクスト・メニューに次に表示される．

の数字を確認できるだろう．この各数字が1ピクセルごとの輝度に相当する．真っ黒な画像なので，数字はすべて0のはずである（図2）．

さて，どれでもよいのでいくつかの0を255に書き換えてみよう．数字の間のスペースを削除しないように注意する．書き換えたらファイルを**test2.txt**などの別名でデスクトップに保存する．Fijiに戻って**[File > Import > Text Image…]**をメニューから選択し，先ほどテキストエディタで編集したファイルを開くように指定する．こうして開いた画像は，0を255に置き換えた場所が白い点になっているはずである．**0**が黒，**255**が白のピクセルとして表示されていることが実感できるだろう．

以上がテキストエディタを使った画像処理である．ImageJが行っている画像処理はすべてこのように画像の真の姿である数字のマトリクスに対して処理を行っている．

なお，開いている画像の特定の位置のピクセル輝度（ピクセル値）を知り

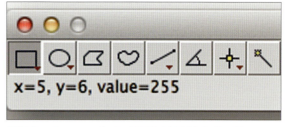

■図3　メニューバーに表示されるピクセルの値

■図4　ピクセル値を表で表示

たい場合には，その位置にマウスのポインタを置くと，メニューバーの左下の隅にその位置の座標と輝度が表示される（図3）．

ピクセル輝度をマトリクスとして表示したい場合には**[Image > Transform > Image to Results]**を実行すると，新たなウィンドウが開き，画像を数値として眺めることができる（図4）．ただし編集することはできない．

画像のビット深度

演習①ではテキストエディタで**0**を**255**に書き換えた．なぜ**255**であったのか？　この疑問に答えるには，**ビット深度（bit depth）**について理解する必要がある．

それぞれの画像を構成するピクセルはある特定の値を持っている．グレースケールの画像であれば，この値は黒から白までの間のある特定の明るさに相当する．黒から白の間には無限の階調があるはずだが，コンピュータ上では黒と白の間の濃淡を有限の数で分割してピクセルの値に対応させる〔**量子化**

(quantization)と言う〕．単純には黒と白の2つだけに分割する．これを**二階調（バイナリー）**と呼ぶ．この場合ピクセルの値は単に0か1かということで十分であり，二進数にして1桁（1bit）で各ピクセルの値を指定できる（図5上段）．

白黒だけではなく中間の灰色を表示するためには階調を増やし，例えば4階調にする．こうすると薄い灰色と濃い灰色を白と黒の間に表示することができる．0から3までの4

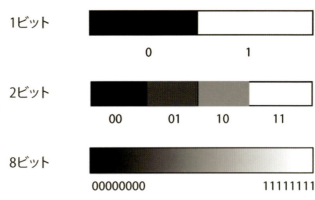

■図5　ビット深度と階調数

種類の値があれば，これらの階調を指定することが可能であり，二進数では2桁の数で表現することができる．よってこれは2bit画像になる（図5中段）．よりなめらかに明暗を表示するには階調をさらに増やす必要があり，このため最も頻繁に使われるのが256階調である．256を二進数で表現すると8桁の数字（2^8）となるので256階調の画像は8bit画像である（図5下段）．

1ピクセルあたりに割り当てられているメモリの量を**ビット深度**と呼ぶ．8bit画像の場合ピクセルの値は0から255までの整数をとる．演習①で255に置き換えたのは，それが8bitの画像でとりうる最大の値だからである．16のビット深度を持つ画像は2^{16}，すなわち65,336の階調を持つ．白と黒の間をより細かく分割するので量子化誤差が小さくなる．なお普通の人間が認識できる階調の精度は8bit以下なので，8bitと16bitのグレースケール画像の見た目は変わらない．また，2倍のメモリを各ピクセルに割り当てることになるので，ファイルのサイズもおよそ2倍になる．

以上で紹介したビット深度はいずれも正の整数をピクセルの値として持つが，正負の実数をピクセル値として保持することができるのが，32bit浮動小数点画像である．ImageJでは単に32-bitとして名前がつけられている．32桁の容量を整数と一対一対応させるのではなく，指数表現で対応させる．1桁を正負の符号に，あとの桁を8桁の指数部と23桁の仮数部に分けて実数を表現する．ピクセルの値に実数を持たせることができると，

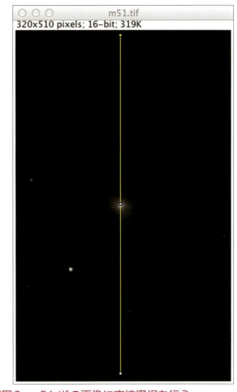

■図6　m51.tifの画像に直線選択を行う

様々な利点がある．例えば，**割合画像法 (ratio imaging)** で行われるように画像間の割り算を行った場合，8bit や 16bit の画像では計算結果の小数点以下は切り捨てられてしまうが，32bit 画像で計算すれば小数点以下の値を持つ結果を得ることができる．

【演習②】 16bit 画像を 8bit へ変換

　画像のビット深度の違いは，ビット深度を変換しようとしたときにそれを実感することができる．まずサンプル画像を **[File > Open Samples > M51 GALAXY (177k, 16-bits)]** で開いてみよう（インターネット接続が必要）．この画像は 16bit 画像である．この画像を 2 種類の方法で 8bit 画像に変換し，結果の違いを輝度プロファイルで比較する．輝度プロファイルはある選択した線に沿ったピクセルの値をプロットした曲線である．

　輝度プロファイルは次のようにして取得する．Fiji のメニューバーから線選択 (line selection tool) のアイコン（左端から 5 番目の斜めの線のアイコン）をクリックして選び，上で開いた画像の明るい部分を通るように黄色の直線を描く（図6）．始点と終点をクリックすれば直線が描かれるはずである．次にメニューから

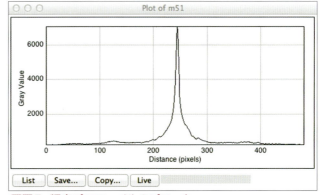

■図7 輝度プロファイルのプロット

[Analyze > Plot Profile] を選ぶと，横軸が**距離 (Distance)**，縦軸が**輝度 (Gray Value)** のプロットが表示されるはずである（図7）．

　さて，次のようにして 3 種類の輝度プロファイルを得よう．

（1）変換せずに 16bit 画像のまま輝度プロファイルを得る．

（2）メニューから **[Image > Duplicate]** を選んで画像を複製する．**[Edit > Option > Conversion]** を選び，**"Scale When Converting"** をチェックする．次に複製した画像が一番上にある（アクティブな画像と呼ぶ）ことを確認し，**[Image > Type > 8-bit]** を選び，ビット深度を 8bit 画像に変換する．**[Edit > Selection > Restore Selection]** を選ぶ．（1）で描いたのと同じ位置に黄色い線が現れるはずである．この状態で **[Analyze > Plot Profile]** を選ぶと，2 つ目の輝度プロファイルが表示される．

（3）元々の 16bit の画像をアクティベート（画像のウィンドウをクリックする）し，再び **[Image > Duplicate]** によって複製する．**[Edit > Option > Conversion]** を選び，**"Scale When Converting"** のチェックを外す（図8）．あとは（2）と同じような方法で 8bit 画像に変換し，これまでと同じ位置から輝度プロファイルを得る．これが 3 番目の輝度プロファイルである．

　3 つの輝度プロファイルを比較すると次のようなことがわかるだろう．まず

19

(1)と(2)の輝度プロファイルの形がきわめて似ていることである．とはいえ，縦軸の目盛を比較すると，レンジが異なっている．次に(3)の輝度プロファイルは形がだいぶ異なっていることである．

"Scale When Converting"は，変換の際に値を正規化するかどうかを決定するオプションである．(2)の変換では値が8bitの深度に正規化されるが，(3)の変換では正規化をしないように選択したことになる．正規化が行われない場合，16bitの画像で256以上だった値はすべて255の値になる．画像を眺めると，正規化をしなかった変換の場合，画像の多くの部分がサチっているのがわかるだろう．

■図8　正規化のオプションを変更するウィンドウ

この場合は "Scale When Converting" がチェックされているので正規化してビット深度の変換が行われる．

16bitから8bitへの変換は情報量を削減することになる．デフォルトの設定では正規化がONになっているが，見た目だけで正規化が行われていることに気がつくのは難しいだろう．演習②が終わったら，オプションの**"Scale When Converting"**のチェックをONにして，デフォルトの状態に戻しておくことをおすすめする．

ImageJ Macroによるピクセル値へのアクセス

さて，ここからはImageJのマクロ言語（スクリプトの一種）を使って各ピクセルの値にアクセスする方法を解説する．次の2つの作業を試みる．

(1) 画像の特定のピクセル値を取得して書き換える

これは基礎中の基礎，と言えるだろう．

(2) 演習②で行った輝度プロファイルの取得をマクロを使って行う

さらに，このプロファイルにガウス分布のフィッティングを行い，輝点の中心座標を推定する．点光源のシグナルの位置を超解像度で推定するには，二次元ガウス分布のフィッティングがしばしば行われる．このスクリプトはその一次元バージョンである．マクロの書き方がまったくわからない，という方は，5章3節「ImageJマクロの書き方」でぜひ勉強してほしい．なお，それぞれのコマンドの詳しい解説は，ImageJのサイトにあるコマンド・リファレンスのページ**"Built-in Macro Functions"**[注2]を参照されたい．

注2
http://imagej.nih.gov/ij/developer/macro/functions.html

(1) 画像の特定のピクセル値を取得して書き換える

特定の座標のピクセル値を得るには関数`getPixel`を用い，ピクセル値を画像に書き込むには`setPixel`を用いる．画像m51.tifを再び開いてみよう（**[File > Open Samples > M51 GALAXY (177k, 16-bits)]**）．次に，スクリプトエディタを**[File > New > Script]**によって開く（ショートカットキーは**"["**）．スクリプトエディタのメニューから，**[Language > IJ1 Macro]**を選んで言語を設定し，次の2行のコードを書く（図9）．

```
val = getPixel(100, 150);
print(val);
```

　左下の**"Run"**というボタンをクリックするとスクリプトが実行される．Logウィンドウが開き，そこに**"381"**と表示されるはずである．これは，まず1行目で画像内の座標(100，150)のピクセル値を変数valとして取得し，次にその変数の値をprintコマンドによってLogウィンドウに出力している．このピクセルの値を書き換えるには，さらに次の2行を加える（図9）．

```
setPixel(100, 150, 30000);
updateDisplay();
```

　Runにより実行し，画像を確認すると，座標(100，150)のピクセルが白い点になっていることがわかるだろう．ピクセル

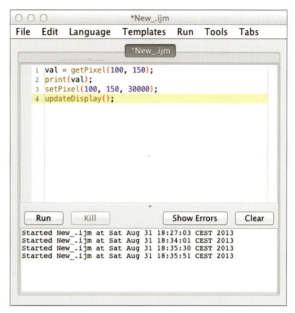

■図9　スクリプトエディタに4行のコードを書き終えたところ

値が30000になっていることも，マウスのポインタをその位置に重ねて確認してみよう．
　さらに，for構文〔ループ（プログラムの繰り返し）を命令〕を使って水平な点線を引いてみる．スクリプトエディタで**[File > New]**を選んで新しいスクリプトを用意し，言語を再びImageJ Macroに設定する（**[Language > IJ1 Macro]**）．次の3行を書く．

```
for (i = 0; i < getWidth(); i += 1){
  setPixel(i, 150, 30000);
}
```

　forループの条件に現れるgetWidth()は，画像の横幅をピクセル数で取得するコマンドである．また，このコードでは使われていないが，縦の高さはgetHeight()によって取得できる．画像の座標系は左上のコーナーが(0, 0)であり，右下の座標が(getWidth()-1, getHeight()-1)である．上記のコードのループは画像の左端のピクセルから右端のピクセルまでループし，y = 150にあるピクセルの値をすべて30000に書き換える．

(2) 輝度プロファイルを取得し，ガウス分布をフィッティングする
　画像m51.tifを再び開き（**[File > Open Samples > M51 GALAXY (177k, 16-bits)]**），演習②で行ったように中央の明るい部分を通る直線選択

を行う．この状態で以下のマクロを実行してみよう．

```
1  pf = getProfile();
2  xs = newArray(pf.length);
3  for (i = 0; i < xs.length; i += 1)
4      xs[i] = i;
5  Fit.doFit("Gaussian", xs, pf);
6  Fit.plot;
```

1行目は関数getProfile()を使っている．この関数はアクティブな画像上の直線ROIに沿った輝度プロファイルを，一次元の配列(Array)として返す．上のスクリプトではこの配列を変数pfとしている．なお，pfの要素の数はpf.lengthとすると取得できる．

フィッティングをするには，このy軸の値だけではなくx軸の値も必要となるのでこれを用意するのが2〜4行目までである．2行目では取得

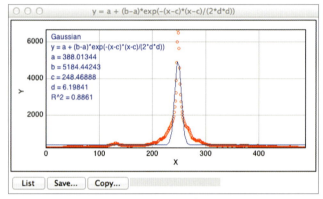

■図10　ガウス分布をフィッティングした結果の表示例

した輝度プロファイルと同じ長さの配列をnewArray関数を使って配列xsとして用意する．初期値は0なので，3〜4行目までのループで配列の要素の値をそれぞれ0,1,2,… xs.length-1と書き込む．5行目で関数Fit.doFit関数によってガウス分布のフィッティングを行い，6行目のFit.plotによりその結果を表示する（図10）．

 TEST ☞ **確認テスト**　解答 P43

問題1

①4bit画像は何階調か？

②横幅100ピクセル，縦100ピクセルの8bit画像のファイルサイズ（バイト数）は？　またその根拠は？　画像のフォーマットはbitmap（bmp）とする．

問題2　この節では水平な実線を描いた．垂直な点線を描くスクリプトを書いてみよ．

第2章 画像データの性質

数値から画像へ

ImageJ

塚田祐基

2章1節ではコンピュータの画面に表示されている画像の実体が数値のマトリクスであることを学んだ．それでは同じ数値データであればいつでも同じように見えるのか？ 答えは否である．デジタル画像の本質は数値であるが，それを画像として可視化する方法はじつは任意であり，決まっているわけではない．極端に言えば，輝度255のピクセルは白であっても黒であってもどちらでもよいのである．画像データの数値という本質と，そのスクリーン上の外見を峻別して理解することが肝なのだが，これは多くの初心者が混乱する点の1つである．ここでは「数値がどのように画像として表現されるのか」という話題を中心に，生物画像の定量に欠かせない，適切な画像表示と保存について解説する．

画像の表示

数値には最初から色がついているわけではない．したがって数値を画像として表現するには，この数値にはこの色，という対応表をまず作成する必要がある．例えば，0は黒，135は灰色，255は白，といった具合であり，この場合にはグレースケール，つまり黒からだんだんと白くなるモノトーンの階調となる．こうした対応表は**ルックアップテーブル(Look-Up Table；LUT)**や**カラーマップ**と呼ばれ，任意に対応関係を作成することができる．数値データを変えなくてもLUTを置き換えることで様々な色調で表現することが可能なのである(図1)．

LUTの利点は画像表現のバリエーションが増え，目では捉えにくい変化や構造を上手に可視化することができるという点にある．一方，初心者にとっては見た目が変わるのでデータも変わったと思ってしまうという落とし穴がある．以下の演習で実際にLUTを触って，画像データが数値であるという本質と，その画像としての見た目の関係が任意でしかないことを理解しよう．

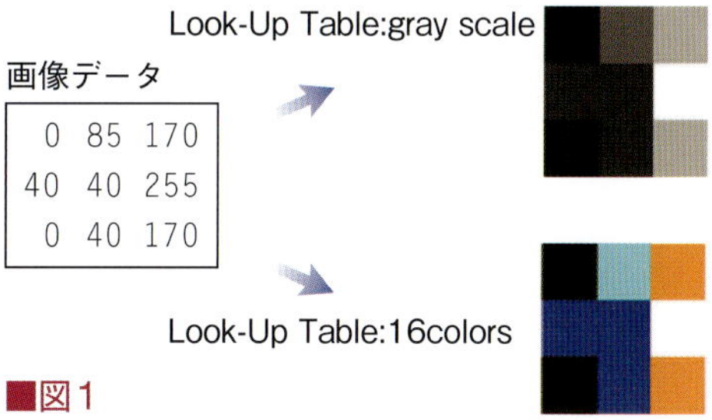

■図1

【演習①】LUTを使った画像表示

まずは**[File > Open Samples > Cell Colony (31K)]**とクリックし，細胞コロニーの画像を表示してみよう．この画像は8bitのグレースケール画像で

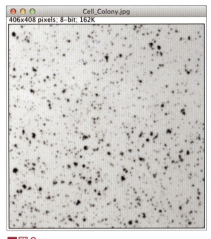

■図2

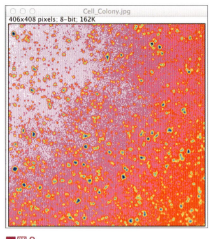

■図3

■図4

ある(図2).LUTを置き換えるための画像をまず用意しよう.**[Image > Duplicate]**を選ぶと,複製画像が開く.画像をよく眺めたうえで,複製したウィンドウをあらためてクリック,アクティブであることを確認し,**[Image > Lookup Tables > 16_colors]**を選択してみよう.白黒の画像が鮮やかな色によって表現される(図3).

色は変わったが,画像データの本質である数値自体には何も手を加えていないことを確かめてみよう.ポイント選択ツール(図4)を使い,色のついた画像の任意の場所を選択する.**[Analyze > Set Measurements...]**をクリックして**Mean gray value**にチェックが入っていることを確認し,OKボタンをクリックしてから**[Analyze > Measure]**とクリックする(もしくはキーボードショートカットの**M**を押す)ことで,選択した点の輝度値がResultsとタイトルのついた別ウィンドウで表示される(図5).選択領域は点なのでMeanは選択しているピクセルの輝度値そのものである.次に,元のグレースケール画像のウィンドウをクリックしてアクティブにする.**[Edit > Selection > Restore Selection]**を選ぶと,この画像でも先ほどと同じ位置に点の選択領域ができる.この状態で上と同様に**[Analyze > Measure]**を行う.Resultsに出力されるピクセルの値は同じであることがわかるだろう.

なお,使用しているLUTによる,各輝度値に対する色の割り当ては**[Image > Color > Show**

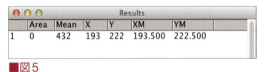

■図5

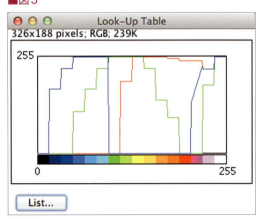

■図6

24

LUT]で見ることができる（図6）．今回の場合，8bitの画像なので0〜255までの数値（横軸）がどの輝度（縦軸）に対応しているかが表示される．グレースケールと16colorsのLUTを比較するとその違いがよくわかるだろう．グレースケールの場合は対角線を結ぶ直線である．16colorsでは三原色それぞれの輝度が各色の線で示される．

少々先回りすることになるが，気をつけて欲しい点がある．ここで表示する画像に色はついているが，これはRGBカラー画像とは異なり擬似カラーと呼ばれる．各座標(x, y)に与えられたピクセル値はあくまでも8bitの値1つだけである．2章4節で詳しく述べるが，RGBカラー画像では各座標に**R（Red）**，**G（Green）**，**B（Blue）**の3つの値が与えられる．

 ## LUTを使った画像表示の意義

さて，グレースケールで表示できる画像を，なぜわざわざ複数の色で表示するのか？　単に画像データを格好良く見せたいという理解は早計である（もちろんこの意図も含まれることはある）．先ほどグレースケールで開いたときにバックグラウンドの不均一さに気づかれただろうか？　おそらくほとんどの読者はバックグラウンドを気にしなかったと想像する．16colorsで表示した場合はどうか？　鮮やかな色のおかげでバックグラウンドが不均一なことに気づきやすくなっていると思う．結局のところ，画像データを解析し，解析結果を見るのは人間であるため，人間が気づきやすい可視化の方法を選ぶことがしばしば重要になる．可視化方法を工夫することで隠れた本質に気づくことは，画像解析や統計解析ではよく起こることだ．様々な可視化方法でデータを眺め，直感的に本質を捉えた後に，その直感を確かめるために画像解析で定量するという作業行程は生物画像の定量解析における定石の1つである．この可視化の工程は自分で取得したデータを見るときに限らず，他人のデータを見るときにも常に意識するべきことで，いかに顕著な差があるように見えるデータでも，それが可視化によるものか，数値自体が有意に違うのか，見分ける必要がある．適切な可視化により隠れた本質に気づくこともあれば，逆に不適切な可視化方法で真実を隠すこともあるからだ．

ちなみにImageJに実装されているLUTは，**[Image > Color > Display LUTs]** で一覧を見ることができる．画像データの性質，研究分野の作法などを考慮したうえで，すでにImageJに実装されている中からLUTを選択することはもちろん，**[Image > Color > Edit LUT...]** から自分でLUTを編集することや他人が作ったLUTを利用することもできる（COLUMN参照）．

【演習②】画像表示の調節と数値の確認

LUTを置き換える作業をこれまでしたことがない人でも，画像のコントラストを調整したことがある人は多いだろう．じつはこの調整はLUTをマニュアルで調整していることに他ならない．

2章1節で用いたサンプル画像，**M51 Galaxy(177k, 16-bits)**を開こう**[File > Open Samples > M51 Galaxy(177k, 16bits)]**（図7）．画像を今一度よく眺めたうえで，**[Image > Adjust > Brightness/Contrast ...]**をクリックすると，Ｂ＆Ｃとタイトルのついたウィンドウが立ち上がる．このＢ＆ＣウィンドウのMinimum（最小値），Maximum（最大値）とラベルされたスライダーを左右に動かしてみよう．すると，Ｂ＆Ｃウィンドウの上部にあるプロットの対角線の傾きが変わるのにすぐに気がつくだろう．この変化に同期して画像の見た目も変わり，鮮やかなM51星雲の写真が見えるはずだ（図8）．このプロットがじつはグレースケールのLUTなのである．コントラストを上げる調整は，グレースケールのLUTの勾配を大きくすることにほかならない．勾配を大きくすることで数値が小さい部分は暗く，大きい部分は明るく表示される．繰り返しになるが，この操作では数値データ自体は変化しない．演習①と同様の方法で，コントラストの調整ではピクセル値が変化しないことを自分で確認するとよい．

　Ｂ＆Ｃの操作で気をつけるべきことは，Ｂ＆Ｃウィンドウの右下にある**Apply**ボタンだ．このボタンを押すことで，Ｂ＆Ｃで変更した明るさとコントラストが画像のピクセル値に反映されてしまう．ピクセル値も変更してしまう恐るべき**Apply**ボタンである．

　ただし，この機能は現状では8bit画像，RGB画像にのみ適用されるので，他の形式ではボタンを押しても何も起こらない．また，16bitや32bitの画像でビット深度を下げる操作をすると（2章1節），調節したLUTの最小値・最大値をもとに正規化が行われるので，注意が必要である．

数値データと表示画像の相違

　デジタル画像の表示というのは，なぜこのような設計になっているのか？ 同じデータならばいつも同じように見えるほうが都合がよいのではないか？ 実際には同じ画像データをいつでも同じように見せることは技術的に非常に難しい．いつも使っているパソコンのモニタの色合いと，隣の人のモニタの色合いが違うこと，プロジェクタに映したときに，普段見ている画像が違うように見えたこと，印刷したら画像がつぶれた経験がある読者もいるのではないだろうか．昨今の技術進歩によりこれらの問題は気づきに

■図7

■図8

くくなってきたかもしれないが，画像表示が機器ごとに違うことは常に存在する．この問題に惑わされることなく，画像を解析し，定量するにあたって気をつけることの1つは，画像の数値データと可視化を切り分けて考えることである．

■■■ COLUMN

　画像表示によく使われる LUT として jet と呼ばれるものがある．この LUT は美しいうえに画像上の差が見やすく，分野を限らず様々な論文で使われている．よく使われる一因として Mathworks の MATLAB という数値解析ソフトウェアで，長い間初期値として選択されていた点があり，Mathworks によると，米国立スーパーコンピュータ応用研究所（NCSA）で宇宙物理ジェット流体力学に関連して利用されているものとのことだ．じつは，この LUT は初期状態では ImageJ には実装されていない．ただし，Fiji（1 章 2 節）を使用している場合は **[Image > Lookup Tables > physics]** からよく似た色合いの map を使うことができる．実装されていない LUT を使いたい場合は自分で作成することもできる．画像を開いたうえで **[Image > Color > Edit LUT…]** を使えば 256 段階の値にそれぞれマニュアルで特定の色を割り当てることができるし，1 つ 1 つクリックすることが面倒であれば **[Edit LUT As Text]** というプラグインを使えば，256 段階の値それぞれに割り当てる RGB の値を行列として指定もできる．さらに LUT のファイルは 768 byte =256byte × 3，つまり Red, Green, Blue それぞれに割り当てる 256 階調の値なので，これをプログラムで生成し，**[File > import > LUT]** から読み込むことも可能だ．当の MATLAB のほうは 2014 年のバージョンアップに伴って jet から別の LUT を初期値に選び，モノクロ印刷時にも数値の大小比較ができるように変更している．この点にもご留意いただきたい．

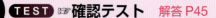

TEST ☞ **確認テスト**　解答 P45

問題❶ [EMBL > Sample Images > illusion.tif (0.1M)] を表示してみる．各四角の色は同じ色に見えるだろうか？LUTを色々と変えて，どのようなLUTで画像データの性質がわかりやすくなるか試してみよう．

参照：https://imagej.nih.gov/nih-image/more-docs/Tutorial/Illusions.html

問題❷ スクリプト〜線形から非線形へのグレースケール変換：2章1節で説明したマクロ実行の仕方を使って，以下のスクリプトを実行し，線形に配置されたグレースケールから非線形に配置されたグレースケールへLUTを変換してみよう．20行目をコメントアウトし，21行目のコメントを外すと曲線の形を変えることができるので試してみよう．さらに余裕のある方はこれをγ補正の曲線になるように改造してみよう．なおγ補正は入力信号をディスプレイに表示する際に階調が直線になるようにするための伝統的な補正手段であり，アナログテレビでも使われていた．近似式は$y=x^\gamma$である．入力信号のγ値を2.2として，これが1になるように補正をかける変換を実装してみよう．

```
1   run("Cell Colony (31K)");
2   run("Show LUT");
3   selectWindow("Cell_Colony.jpg");
4   getLut(ra, ga, ba);
5   for (i = 0; i < ra.length; i++){
6       ra[i] = conv(ra[i]);
7       ga[i] = conv(ga[i]);
8       ba[i] = conv(ba[i]);
9   }
10  Array.getStatistics(ra, min, max, mean, stdDev);
11  print("Min & Max", min, max);
12  for (i = 0; i < ra.length; i++){
13      ra[i] = round((ra[i]-min)/(max-min) * 255);
14      ga[i] = round((ga[i]-min)/(max-min) * 255);
15      ba[i] = round((ba[i]-min)/(max-min) * 255);
16  }
17  setLut(ra, ga, ba);
18  run("Show LUT");
19  function conv(in){
20      return exp( 0.02 * in); // convex upwards
21      //return 164 - exp(-1 * 0.02 * in); // convex downwards
22  }
```

第2章 画像データの性質

画像のファイル形式

塚田祐基

画像フォーマット

　画像フォーマットについて気にするタイミングは画像データを読み込むときと保存するときであり，読み込んだ画像を処理している間はあまり気にしなくてよい．なぜなら，画像フォーマットは画像を**ファイルとして保存するときにどのような形式にするか**，という選択肢の話だからであり，作業中には問題にならないからだ．読み込んだ画像データは，前述のとおり主に数値のマトリクスであり，この数値がどのようにファイルとして保存されているか，その形式がフォーマットである．画像解析をする場合，必然的に保存された多くの画像データを扱うはずなので，このフォーマットの理解も重要である．本書の読者の興味は主に顕微鏡画像であると予想されるため，顕微鏡画像のフォーマットについても焦点を当てる．

一般的な画像フォーマットと顕微鏡画像フォーマット

　一般的なデジタル画像の話として，tif, jpg, pngなどのフォーマットについては表1にまとめた程度の理解で，実用上は十分であろう．生物画像解析にとって重要なことは，保存の際に圧縮されるかどうかで，解析に使うのか，それとも学会発表や共同研究者への報告に使うかなどの状況に応じて使い分ける必要がある．解析には圧縮されない形式ないしは可逆的な圧縮形式を使うべきだが[注1]，発表や報告には，データサイズが小さく，一般的なソフトで表示できる形式が便利である．注意したいのは1つの形式の中にもバリエーションがあることで，例えば同じtif形式でも異なるソフトウェア間で互換性がないこともある．

注1
近年の大規模データでは，保存すること自体が通常の予算で可能な範囲をはるかに超えつつある．このため生物画像データの可逆的な圧縮方法の開発が盛んになってきている．また，再現性を十分確保したうえで画像自体を解析後に保存をしない，必要に応じて取得する，という研究者も出てきている．

■表1

形式	圧縮	データサイズ	主な用途，備考
tif	あり（可逆 or 非可逆），なし	大	解析，バリエーションが多い
bmp	あり（可逆），ただし大抵はなし	大	Windows標準形式
jpg	あり（非可逆）	小	写真
gif	あり（可逆）	小	絵
png	あり（可逆）	小	絵，LaTeXの図など

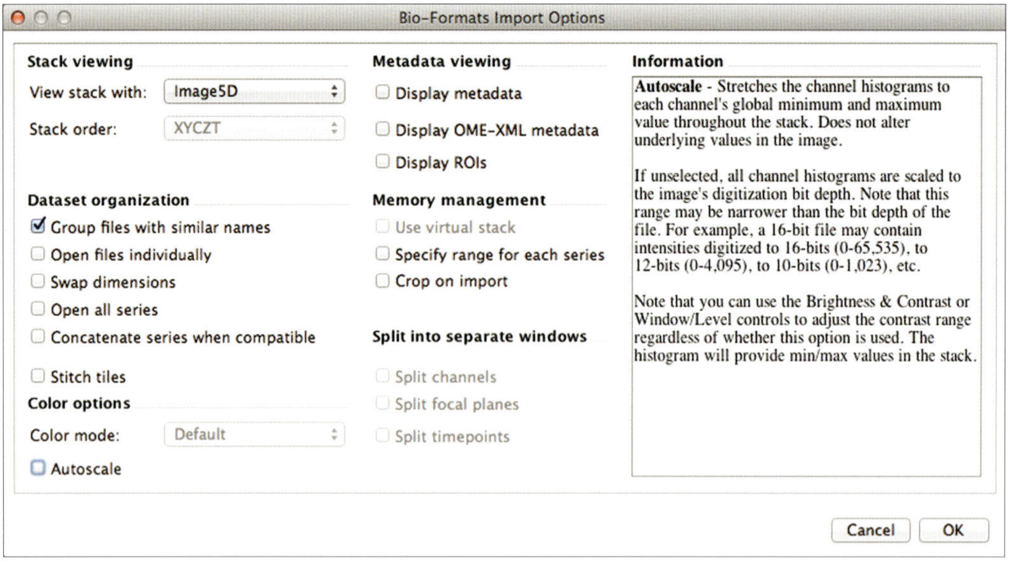

■図1

さて，顕微鏡画像に関するフォーマットは多く存在しており，一般的なアプリケーションソフトでは表示さえできなかったりする．さらに，各顕微鏡会社がそれぞれの製品に特化したデータフォーマットを採用することで，相互利用が難しくなってきた．これを解決するために**OME（Open Microscopy Environment）-tiff**という規格が作られ，この規格を利用するために実装されたツールが**LOCIツール**（Laboratory for Optical and Computational Instrumentation，ウィスコンシン大学Eliceiri研究室），またの名を**Bio-Formats plugin**だ．LOCIツールでサポートされているフォーマットの一覧は以下のURLに記述されているFile Formatsのリンク先から見ることができる．

https://www.openmicroscopy.org/bio-formats/

【演習①】 LOCI ツールを使った画像の読み込み

では実際にFijiに組み込まれているLOCIツールを使って顕微鏡特有のファイルを読み込んでみよう．1章で説明したCMCI-EMBLのプラグインを入れた後，**[EMBL > Samples > AFD_AIY.czi]**を選択すると，保存先を尋ねられ，ダウンロードとファイルの保存が行われる．次に，ダウンロードしたファイルをFijiのメニューバーにドラッグ＆ドロップする．すると，図1に示すウィンドウが出てくるだろう．適当な項目（例えば**View stack with: Hyperstack**[注2]）を選択すると，GFPとRFPでラベルされた線虫*C. elegans*の頭部AFD神経細胞とAIY神経細胞の三次元データが表示されるはずだ．このデータはカールツァイスの共焦点顕微鏡で取得した

注2
ハイパースタック（Hyperstack）に関しては2章4節「多次元画像とその取り扱い」を参照．

もので，Zeissのフォーマットで保存されたものだが，このようにLOCIプラグインをインストールしていればツールの起動を意識せずともファイルを開くことができる．

LOCIツールの使い方

　上記のようにLOCIツールはドラッグ＆ドロップで顕微鏡データを読み込んでも自然に現れるが，**[Plugins]**メニューからも起動できる．ドラッグ＆ドロップや**[File]**メニューから開いたときにLOCIツールが自動的に現れない場合，他のプラグインを経由してファイルが開かれている可能性があるのだが，そのようなときには**[Plugins > Bio-Formats > Bio-Formats importer]**からLOCIツールを起動すれば，LOCIツール経由でファイルを開くことができる．例えば上記と同じデータを別形式で保存した**[EMBL > Samples > AFD_AIY.lsm]**をドラッグ＆ドロップで開くと，LOCIツールは現れずにファイルが開かれるはずだ．**[Plugins > Bio-Formats > Bio-Formats importer]**から同じファイルを開けば，LOCIツール経由でファイルを開くことができるので，ドラッグ＆ドロップでファイルを開いたときに何か不具合が出た場合，原因の解明がしやすい．

　LOCIツールの使い方については，図1の起動したときのウィンドウを見るとわかるように，ウィンドウ右側に詳しい記述がある．基本的にはこの説明を読んでいただき，試行錯誤をしてもらえばファイルの読み込みに関しては事足りるはずだが，以下に少し項目ごとの補足説明を記述する．

[Stack viewing]

　開いた多次元データをどのように表示するかの選択肢である．ファイルは適当なプラグインを選択して開くことができる．つまり，LOCIツールはこれら他のプラグインを利用して多次元データを表示する．多次元画像は深さ方向や時間，波長を変えたときに得られる画像の集まりであるが，Z軸方向や時間軸（T），色（C）を変更したときに得られる画像の連なりが，どの順番で並んでいるか指定することで，どんな順番でまとめられたデータでも正しく開くことができる（XY軸は画像の縦と横に対応するので固定されている）．

[Dataset organization]

　1枚ずつの画像として保存されている多次元データの構成をどのように扱うかの選択肢である．二次元の画像x（時間 and/or 色 and/or Z軸）を開いたときにどのように構成するかを選択する．ここで書かれているfileとは保存されている個々の画像とほぼ同じ意味で使われている．

[Color options]

　色（波長）情報の選択肢であり，上記の次元選択で正しく色を選んでいな

いとおかしなことになる．Autoscaleのチェックを入れると，表示するときに自動的に輝度値の表示を調整してくれる．値自体は変更されず，モニタ上の見かけのみの調整なので気軽に使える．

[Metadata viewing]
輝度値以外の画像の情報を表示する選択肢．多次元データではこれを参照して，画像取得時と同じ次元の選択を行っているかを確認することも重要である．

[Memory management]
多次元データはメモリを消費しやすいため，開く際にメモリを節約する選択肢を選ぶことができる．**Use virtual stack**のオプションは，メモリサイズを超えるような巨大なファイル（長時間の時系列など）を開くときに便利な機能である．これを有効にすると，画像ファイル全体ではなく一部だけがメモリに読み込まれ，操作に応じて自動的に見たい部分がハードディスクから読み込まれる．これはTiffファイルに関してはImageJに元々組み込まれており**[File > Import > Tiff Virtual Stack…]**で使うことができる．

[Split into separate windows]
すべての次元をまとめた表示法ではなく，特定の次元で別々にデータを開く選択肢も選ぶことができる．

その他，ファイルを開くときにウィンドウを表示させないなどの詳しい設定は，**[Plugins > Bio-Formats > Bio-Formats Plugins configuration]**で設定ができる．

 ## メタデータ

2章1節で「画像データは主に数値のマトリクス」と述べたが，それ以外の情報も画像ファイルには含まれている．データに関する高次情報という意味で，**メタデータ**と呼ばれる．この画像に埋め込まれたメタデータを確かめるために，何か画像を開いてから，**[Image > Show Info…]**で画像ファイルに書き込まれている「数値のマトリクス」以外の情報を見てみよう．例えば，サンプル画像の顕微鏡データFluorescentCells.tifを**[File > Open Samples]**から開き，その後，**[Image > Show Info]**をクリックすることで，画像に埋め込まれた情報を得ることができる．

顕微鏡会社が設計するそれぞれのフォーマットの最も大きな違いは，こうしたメタデータで使われる様々な画像取得パラメータ（スケール，露出時間，対物レンズの種類，ゲイン，時間間隔，チャネルの名前，画像取得者，

などとても多くある）の名前の付け方と，その構成である．メタデータは単にずらずらと箇条書きにされているだけではなく，パラメータの種類に応じた複雑な階層構造をしていることが多く，ゆえに会社が異なると変換自体がとてもややこしいことになってしまうのである．上述の**OME-tiff形式**は，これらのパラメータの名前を統一したパラメータ名に変換し，またフォーマットごとに異なるメタデータの構造も解析して標準化された形式に変換している．

　近年，画像形式として特にビッグデータと呼ばれる大規模なデータ〔LSFM（Light Sheet Fluorescence Microscopy，光シート型顕微鏡）などで取得される多くのメモリを消費する多次元データや，High Throughput Microscopy（大量処理顕微鏡）が出力する何万枚もの画像データ〕では，**HDF5**という形式が使われることが多い．ただし，HDF5はあくまでもコンテナと呼ばれる規格であり，中身の画像データおよびメタデータの構造は，実装する開発者の任意となっており，Bio-Formats pluginも，そのような理由でHDF5には対応していない．

❷章 画像データの性質

第2章 画像データの性質

4 多次元画像とその取り扱い
ImageJ

三浦耕太

生物学における多次元画像

普段私たちが目にする写真のデジタル画像は平面であり，二次元の情報である．特定の座標 (x, y) ごとに対応する輝度が1つあることになる．動画は静止画像が順番に時系列で並んだものである．したがって動画は xy 軸に加えて時間方向の次元（t 軸）を持っていることになる．共焦点顕微鏡などで連続的な光学切片を取得した場合も同様に二次元の画像が順番に並んでいる．ただし，この場合は深さ方向の次元（z 軸）を持っている．異なる波長特性を持つ複数の蛍光プローブの画像をそれぞれ異なるチャネルで取得した場合には波長方向の次元を持って二次元画像が並ぶ．これは c 軸[注1]と呼ぶことができるだろう．

このように二次元空間 xy の画像の複数がシリーズとなって三次元目の z，時間 t，波長 c の次元が加わることが生物学における多次元画像の特徴である[注2]．これらすべての次元を含む五次元画像の場合には，二次元の画像が何らかの順番で並ぶことになるが，要するに5つの入力変数 (e.g. $xy\text{-}czt$) に対して1つの出力変数（輝度）が対応していることになる．画像処理の教科書に載っているのは二次元画像に関する解説がほとんどで，三次元以上の画像を取り扱う場合には少々異なるテクニックが必要となる．この節では最初に波長の次元を持つ画像（$xy\text{-}c$），次に深さ（$xy\text{-}z$）・時間（$xy\text{-}t$）の次元を持つ画像の扱い方を解説する．

波長の次元 $xy\text{-}c$

異なる波長特性を持つ複数の蛍光プローブで標識したサンプルを撮影する場合，フィルタを切り替えながらそれぞれのシグナルを取得する．このそれぞれのチャネルの画像はモノクロカメラで取得される場合がほとんどであり，色はついていない．複数の蛍光プローブの空間分布の相互関係を知るために，これらを別の色として重ね合わせてカラー画像として可視化する．美しい細胞の蛍光カラー画像が論文誌の表紙を飾ることは珍しくないが，それらが直接カラー画像として撮影されているケースは稀であり，グレースケールの原画像に後から任意に色を指定して重ね合わせたものがほとんどである．

このようにして構成したカラー画像はR（赤），G（緑），B（青）の三原色の組み合わせにより構成されるのでRGB画像と呼ばれ，それぞれの原色が8ビットの深度を持つのでRGB画像は24ビット深度の画像になる．発色はRGBそれぞれの出力のバランスによって決まる．つまり (R, G, B) = (255, 0, 0)

[注1] c は "channels" の略．

[注2] 電子顕微鏡やSPIM (single/selective plane illumination microscopy) では，サンプルを回しながら，複数の角度から撮影を行い，これらの画像を使って立体画像を再構築する．この場合には回転の角度が次元として加わることになる．本節ではこの次元を扱わない．

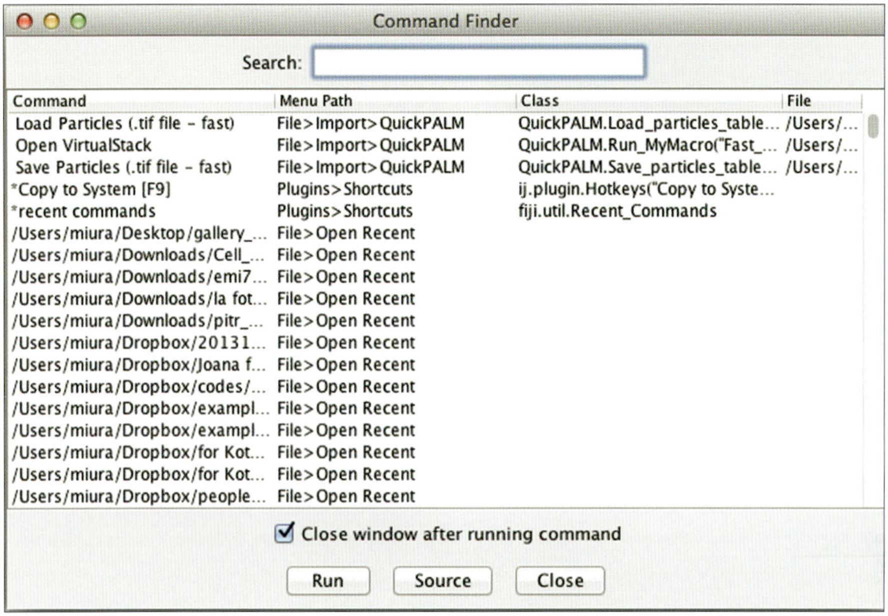

■図1

であればピクセルは赤になり，(255, 255, 0)であれば赤と緑を混ぜた黄色になる．例えば，2種類の蛍光プローブを2つのチャネルを用いて撮影した場合に，RGBのうち赤の部分を1番目のプローブに，2番目のプローブを緑のチャネルに割り当てたとすると，この画像で2つのプローブが共局在するピクセルは黄色に発色する．

　ところでこの節以降，解説するコマンドの種類が多い場合は，メニューツリーを記載せずにコマンド名のみを記述する．これだとメニューのどこをクリックしたらよいのかわからないが，代わりに**コマンドファインダ (Command Finder)** という便利な機能を使いながら読み進めてほしい．コマンドファインダを使うには，まずショートカットである**L**のキーを叩いて図1のウィンドウを立ち上げる[注3]．

　上部にある検索フィールドにコマンド名をタイプすると候補が絞り込まれるので，マウスあるいは矢印のキーで選択し，**"Run"** をクリックすると，そのコマンドが実行される．例えば下記で使う**[Image > Color > Merge Channels…]** は，**merge**とタイプすると，候補が1つだけに絞り込まれるのがわかるだろう．2番目の列には，メニューツリーにおける位置も示されている．コマンドの選択はなるべくこのコマンドファインダを使って行ってもらう．コマンド名だけを四角カッコ**[ ]** で囲んで示す．コマンドが重複している場合にのみ，メニューツリーを明示する．

【演習①】 マルチチャネル画像の取り扱い

　サンプル画像**[Hela Cells]** をまず開こう（図2）．この細胞の画像**"hela-cells.tif"** はRGB画像である[注4]．画像のウィンドウの下側に水平

注3
2019年現在，コマンドファインダの入力フィールドがメニューバーの右下に設置されている．そこに検索するコマンドを入力しはじめると自動的に候補が列挙され，実行できる．

注4
正確には図2の画像はもともとRGB画像（図5，6，7，9についても）だが，印刷された紙の上ではCMYK画像となっている．というのもパソコンのディスプレイと違い，印刷では4つの原色C（シアン），M（マゼンタ），Y（イエロー），K（ブラック）を使ってカラーを表現するからである．

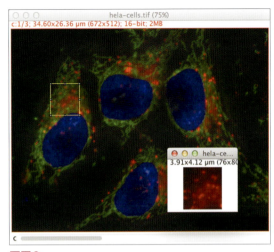

■図2

のスクロールバーが付いている．これはR，G，Bのチャネルそれぞれを選択するためのバーで，右や左に動かすと，画像の周りを囲んでいる境界線の色が変わるのがわかるだろう．このように，各チャネルを明示的に重ねてある画像をコンポジット（composite）画像と言う．なお，このようにいくつかの画像が重なっている状態をImageJでは一般に**スタック**と呼ぶ．スタックの一種であるコンポジット画像では，チャネルごとに操作を行うことが可能である．試しに赤のチャネルがアクティブな状態で画像の一部を矩形ROI（rectangular ROI）によって選択し（▢）注5，**[Duplicate...]** を実行してみよう．立ち上がったダイアログで **"Duplicate Hyperstack"** のチェックを外し，OKをクリックすると図2右下のように赤のチャネルだけが複製される．

コンポジット画像を1枚のRGB画像に変換するには **[RGB Color]** を実行する．結果としてはスクロールバーが消えるだけであるが，これで1枚のカラー画像になる．次にそれぞれの画像を個別に画像にしてみる．**[Split Channels]** を実行すると，元の画像が3枚の画像に分かれる．"hela-cells.tif" という元の画像の名前に接頭詞C1-，C2-，C3- が自動的に加わった画像で，赤，緑，青のチャネル個別の画像である．逆にこれらの画像を1枚のRGB画像にしてみる．**[Merge Channels...]** を実行すると，図3のような設定ウィンドウが開く．

7つのチャネルそれぞれにあらかじめ色が決まっており，この場合には3枚の画像が自動的に最初の3つのチャネルに割り当てられる．この割り当てはドロップダウンメニューを使って差し替えることができる．OKボタンをクリックすると，3枚の画像は元の1枚のコンポジット画像にマージされる．なお，各画像の色の割り当てを変更するだけならば，**[Arrange Channels]** を使うと，インタラクティブに変更することが可能である．

【演習②】ImageJ マクロによる共局在解析

タンパク質同士の局在関係は，チャネルを重ね合わせたカラー画像で目視確認できるが，目の錯覚は意外に侮れない．**[Spiral]** というサンプル画像を開いてみよう．目の痛くなるような画像だが，黄色に見える部分と，薄緑の部分のピクセル輝度を，マウスのポインタを使って確認してほしい．異なって見える

注5
▢のアイコンをクリックして使う．付録4も参照．

36

これらのピクセルの輝度が，まったく同じであることがわかるだろう．この例からもわかるように，主観を廃するために定量的な解析が重要なのであり，例えば共局在解析（colocalization analysis）が行われる．以下，マクロを書いてシンプルな共局在プロットを実装してみよう．

まず図2で選択した領域を今度はすべてのチャネルに関して複製する．**[Duplicate...]**を実行し，設定で**"Duplicate HyperStack"**をONにすると，複製画像には3つのチャネルすべてが含まれることになる．なお，この領域はなるべく小さいほうがよい．筆者が試みた80ピクセル四方の領域であっても，計算には結構な時間がかかった．画像全体ではなかなか終わらないし，ピクセルの数だけプロットすることになるので，点が多すぎてつぶれてしまう．

さて，この画像のチャネル1（リソソーム）とチャネル2（微小管）の共局在を定量的に調べるには，横軸にチャネル1の輝度，縦軸にチャネル2の輝度の散布図をプロットする．チャネル1の輝度の高いピクセルで同時にチャネル2での輝度も高ければ，2つの構造は重なって存在している（すなわち共局在している）と言えるので，散布図でそのことを検証できるのである．以下のマクロは共局在プロットを行う．

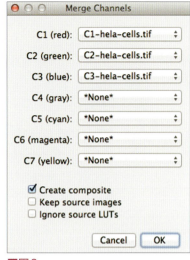

■図3

```
1   ww = getWidth();
2   hh = getHeight();
3   ch1A = newArray(ww * hh);
4   ch2A = newArray(ww * hh);
5   for (ypos = 0; ypos < hh; ypos++){
6     for (xpos = 0; xpos < ww; xpos++){
7       setSlice(1);
8       c1pix = getPixel(xpos, ypos);
9       ch1A[ypos * ww + xpos] = c1pix;
10      setSlice(2);
11      c2pix = getPixel(xpos, ypos);
12      ch2A[ypos * ww + xpos] = c2pix;
13    }
14  }
15  Array.getStatistics(ch1A, min1, max1, mean1, stdDev1);
16  Array.getStatistics(ch2A, min2, max2, mean2, stdDev2);
17  Plot.create("Colocalization", "Lysosome", "Microtubule");
18  Plot.setLimits(min1, max1*1.1, min2, max2*1.1);
19  Plot.add("dots", ch1A, ch2A);
```

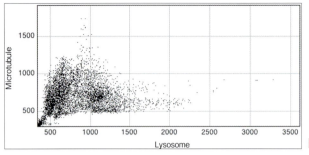
■図4

　1〜2行目で画像の横幅と縦幅を取得する．3〜4行目でチャネル1とチャネル2それぞれのピクセル値を格納するための配列をそれぞれ用意する．5〜6行目は*xy*面のすべての位置を巡るためのループである．ループごとに各 (x, y) の位置で，各チャネルのピクセル値を取得し，上で用意した配列に格納していく．15〜19行目は共局在プロットを行う部分である．

　このマクロの実行結果が図4の散布図である．リソソームの輝度が高い部分と，微小管の輝度の高い部分の分布が一致していないことがわかる．もし共局在しているならば，リソソームの輝度が高いピクセルは同時に微小管の輝度も高い，という関係が見られるはずだが，このプロットはそうではない．このことから，共局在の度合いが低いことが推察される．ここでは共局在解析の原理を示すために共局在プロットのみを行ったが，さらに，ピアソン係数などの相関を算出し，共局在の度合いを比較することも可能である．ただし，相関係数が背景の輝度の設定値に左右されやすいなどの問題もある．共局在解析のより詳しい解説は文献[1), 2)]を参考にしてほしい．本格的な解析にはシミュレーションを併用することが推奨されており，その機能はFijiのcoloc2に実装されている．

深さの次元*xy-z*，時間の次元*xy-t*

　顕微鏡のステージを*z*方向にずらしながら取得した連続した光学切片像が*xy-z*の三次元画像である．また，二次元の画像をタイムラプス撮影した時系列が*xy-t*の三次元画像である．ファイルの形式としては*xy*二次元画像の複数のファイルが1つのフォルダに収まってセットになっていることもあるが，前述のコンポジット画像のように，ImageJで扱う際にはスタックとしてひとまとまりのまま扱う．スタックはその状態のまま保存することができる．スタックはMulti-Tiff Imageと呼ばれることもある．

【演習③】*xy-z*，*xy-t* 画像の可視化
　画像を表示するコンピュータのディスプレイは二次元である．したがって，三次元以上の画像を表示する際にはどうしても何らかの工夫が必要であり，様々な可視化方法が考案されている．一番単純なのはスタックそのものであ

る．**[Fly Brain]**を開いてみよう．このスタックは57枚の光学切片像がセットになっている．切片間の距離は**[Properties]**によって開くウィンドウで確認することができる．画像の下部にあるスクロールバーを使って切片間を移動して表示することができる．表示中の画像が全体の何枚目なのかは画像の外側左上に示される．

時系列 xy-t のデータもスタックの形式で扱うサンプルのスタック**[listeriacells.tif]**を開いてみよう[注6]．ウィンドウの左下にある三角のプレイボタンをクリックすると，自動再生が始まる．停止するには同じ位置の停止ボタンをクリックする．再生速度（fps；frames per second）は，**[Animation Options...]**で変更することができる．

スタックの編集は二次元画像の編集と異なり，専門の編集ツールが必要になる．例えば，一定の枚数ごとに画像を削除する（**[Reduce...]**），あるスタックの中に別のスタックをインセットとして挿入する（**[Insert...]**）などといったスタックの編集ツールは，**[Image > Stacks > Tools]**以下に集められている．ぜひそれぞれ自分で一度試してみてほしい．

四次元以上の場合にはスクロールバーが1つでは足りなくなる．このために**ハイパースタック（Hyperstack）**と呼ばれる形式がある．xy-ztc の五次元画像，**[Mitosis]**を開いてみよう．画像の直下に3つのスクロールバーがある．それぞれの次元をスクロールして表示することが可能である．

① 投影

次元が多いならば次元を下げて見やすくするのが投影（projection）を用いた可視化の方法である．投影の原理は次のようなものである．三次元のデータは x, y, z（ないし t）の直方体として捉えることができる．この直方体は，座標 (x, y) の位置ごとに z の高さを持つ柱が林立して構成されていると見なせる．それぞれの柱は，各々輝度を持つ z 個の立方体が1つずつ積み重なってできている．この z 個の輝度の平均値を出力画像の (x, y) の位置の輝度とすると，平均値による z 軸方向の投影像が得られる．平均値の他にも様々な統計量による投影が可能である．

実際に投影を行ってみよう．xy-t のデータ**[listeriacells.tif]**をまず開き，次に，**[Z Project...]**（データは xy-t であるが）を実行する．これで開くウィンドウには **"Projection Type"** というドロップダウン

注6
このサンプル画像は1章2節で行ったプラグインのインストールをしているとネットを経由して開くことができる．

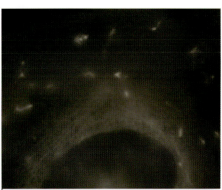

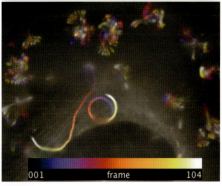

■図5

メニューがあり，これで投影にどの統計量を使うかを選択する．最小値（Min Intensity）をまずは試してみよう．次に，あらためて最大値（Max Intensity）を試そう．最小値の場合は，輝度が最も低い値が投影値となるので*Listeria*が消えるが（図5上段），最大値の投影像の場合，輝度の高い*Listeria*のシグナルがすべて投影像に残る（図5中段）．

最大値による投影は，*Listeria*の動きを二次元にマッピングしたことになり，その軌跡が可視化される．運動の方向はこの投影像からは読み取れないが，**色符号化（Color Coding）**

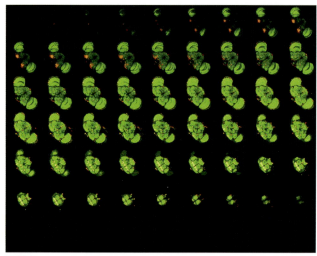

■図6

によって可視化することが可能である．同じ**listeriacells.tif**のデータで**[Temporal-Color Code]**を実行し，デフォルトの設定でOKをクリックすると，カラー画像が出力される（図5下段）．最初の時点が紺，最後の時点が白になるように，FireのLUTに従って時点を符号化しているので（図5下段に時間の色スケールを示した），運動方向を読み取ることが可能である．

②モンタージュ

スタックのままでも*z*方向の連続切片や，*t*方向の時系列を手でスクロールバーを操作しながら確認することは可能であるが，全体を概観するのも重要である．**[Fly Brain]**を再び開こう．**[Make Montage…]**を実行すると，ウィンドウが立ち上がる．デフォルトの設定のままでOKをクリックすると，左から右に，下に向かってすべての切片が1枚の画像に収められて表示される．これをモンタージュ画像と呼ぶ（図6）．

デフォルトでは画像が25%の大きさ（スケール＝0.25）に縮小されて表示されるが，原画像と同じ大きさでモンタージュを作ったり，行や列を好みにアレンジすることも可能である．試みに，10列，6行，スケール1.0でモンタージュを作成してみるとよい．この場合，設定の最初の3つのパラメータの設定は次のようになる．

- Columns: 10
- Rows: 6
- Scale Factor: 1.0

③Orthogonal Views

*xy-z*の画像は三次元の空間データなので，断面がどうなっているのかを確認

する必要が頻繁に生じる．**[Fly Brain]**の画像で**[Orthogonal Views]**を実行してみよう．元のxy面を表示しているスタックの右側と下側に，yz面とxz面の画像が現れる（図7）．これは，xy-zの画像データを立体として想像したときに，横や縦から断面を眺めている，と考えればよい．また，それぞれの画像には黄色の十字線が表示される．この十字線はマウスでドラッグすることができる．十字線の位置の変化に伴って，表示される切断面が変わるのを確かめてみよう．

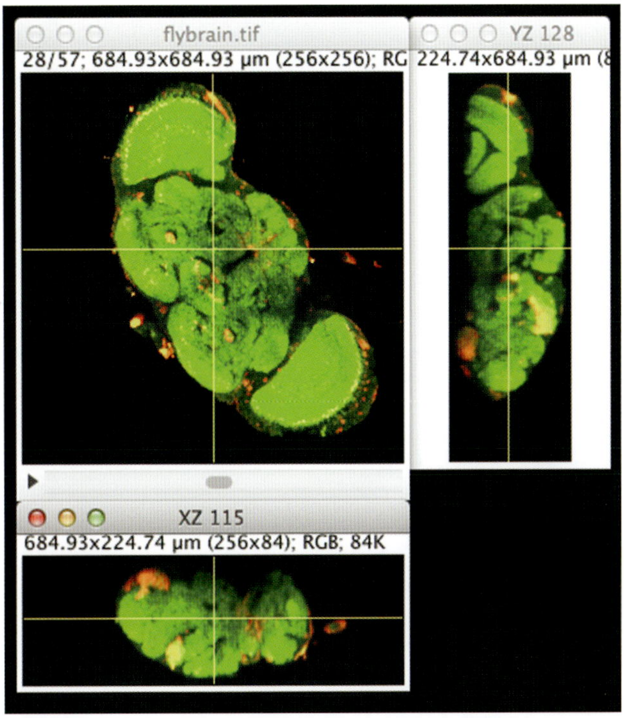

④ 3D Viewer

三次元のデータは，Java3Dのオブジェクトとして三次元再構築することも可能である．再び**[Fly Brain]**を開こう．まずチャネルを**[Split Channels]**によって分割する．青のチャネル（flybrain.tif (blue)）にはデータがないので，閉じてよい．緑と赤のチャネルはそれぞれスタックであり，スクロールして画像全体の概要をまず把握しよう．データはグレースケールで表示されているはずである．

次に，**[3D Viewer]**を実行する．緑のチャネルの**表層再構築（surface rendering）**を行うには立ち上がったウィンドウで以下の設定を変更する（図8）．

- Image: flybrain.tif (green)
- Display as: Surface
- Color: Green

■図7

■図8

OKを押すと，再構築画像がImageJ 3D Viewerのウィンドウに表示される．Fijiのメニューバーからハンドツール（手の形をしたアイコン）を選択すると，表示されているオブジェクトを自由に回転させることができる．また，マウスのスクロールホイールでズームイン・ズームアウトも可能である．

さらに，赤のチャネルも加えることができる．3D Viewerのウィンドウが

41

アクティブなときにはメニューが3D Viewer用のメニューになる．ここから**[Add > From Image]**を選ぶと，再構築画像追加の設定ウィンドウが表示される．赤のチャネルの画像で同じように設定（色は赤）し，OKをクリックすると，赤のチャネルの再構築像が追加される．図9に示したのは，再構築されたオブジェクトを下側から眺めたところである．

このプラグインはBen Schmidが数年にわたって開発した労作である．ここに感謝の意を示したい．

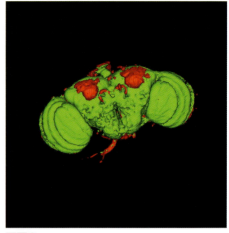

■図9

文献

1) Bolte S, et al: J Microsc (2006) 224: 213-2321
2) Cordelières FP & Bolte S: Methods Cell Biol (2014) 123: 395-408

■■■ COLUMN

　Fijiの開発は多くの人たちによって行われているが，その中心で全体を管理してきたのはJohannes Schindelinである．数学者として教育を受けた人物だが，ハッカーの世界では相当な有名人で，バージョン管理システムGitの3番目のコミッターとして名を馳せている……．と言っても生物学の世界ではピンとこないかもしれない．Gitは，Linuxを開発したLinus Torvaldsを中心とするオープンソースのプロジェクトで，いまや全世界のプログラマーが駆使するツールである．その開発に携わるナンバー3の人物が同時にFijiも管理していた．一緒に飲んだときに「よくそんな時間があるね」と聞いたところ，「ハッカーに普通の生活はない．ハッキングがすべてだ」と笑いながら答えていた（と言いながらも飲んでいるわけだが……）．これもすべて，オープンソース運動への情熱なのだそうだ．ちなみに彼のハンドル dscho は"ジョー"と読む．ドイツ語の読み方である．

 TEST ☞ **確認テスト**　解答 P46

問題　五次元のサンプル画像**[Mitosis]**を使って，

1 微小管像（緑）の時系列のz軸最大輝度投影モンタージュ画像を作成せよ．

2 最初の時間フレームにおけるDNAビーズ（赤）の三次元表面再構築に微小管のVolume Renderingを重ねて示せ．

3 問題**1**を自動化せよ．

☞ 確認テストの**解答**

第**2**章 1 節

■■■ 問題**1**-①

4bit画像は何階調か？

■■■ 解 答

16（2^4）階調

■■■ 問題**1**-②

横幅100ピクセル，縦100ピクセルの8bit画像のファイルサイズ（バイト）は？
またその根拠は？ 画像のフォーマットはbitmap（bmp）とする．

■■■ 解 答

11,078バイト（画像のみでは10,000バイト）

1バイト＝8bitなので，100×100＝10,000バイトであると推定される．ただし，画像のフォーマットによってヘッダー部分の大きさが異なる．bitmapの画像の場合は次のようである．Fijiのメニューで**[File > New…]**を選び，Width＝100，Height＝100の画像を新規に作成する．この画像を**[File > SaveAs > BMP…]**によりBMPファイルとして保存する．ファイルの大きさを確認すると，11,078バイトであることがわかるだろう．このことから，BMPファイルは1,078バイトの大きさのヘッダー部分を持っていることがわかると推測できる．なお，11,078バイトをキロバイトで表示する際には，通常とは異なり，

$1Kbyte = 2^{10} byte = 1,024 byte$

であることに留意する必要がある．11,078バイトはおよそ10.8キロバイトである．

■■■ 問題2

この節では水平な実線を描いた．垂直な点線を描くスクリプトを書いてみよ．

■■■ 解 答

　画像の高さを取得するgetHeightを使ってループを構成する．setPixelの引数のxを固定し，yをiによって移動させる．このときに，ループのステップサイズを通常の1ではなく，3などの数字にすれば点線になる．

```
for (i = 0; i < getHeight(); i += 3){
    setPixel(158, i, 30000);
}
```

第2章2節

■■■■ 問題2

　2章1節で説明したマクロ実行の仕方を使って，以下のスクリプトを実行し，線形に配置されたグレースケールから非線形に配置されたグレースケールへLUTを変換してみよう．20行目をコメントアウトし，21行目のコメントを外すと曲線の形を変えることができるので試してみよう．さらに余裕のある方はこれをγ補正の曲線になるように改造してみよう．なおγ補正は入力信号をディスプレイに表示する際に階調が直線になるようにするための伝統的な補正手段であり，アナログテレビでも使われていた．近似式は$y=x^\gamma$である．入力信号のγ値を2.2として，これが1になるように補正をかける変換を実装してみよう．

■■■■ 解　答

```
20          return exp( 0.02 * in); // convex upwards
21          //return 164 - exp(-1 * 0.02 * in); // convex downwards
22      }
```

　γ曲線に変換する場合は，20行目の返り値の部分を return pow(in, 1/2.2) に置き換える．

```
20          return pow(in, 1/2.2); // convex upwards
21          //return 164 - exp(-1 * 0.02 * in); // convex downwards
22      }
```

第2章4節

■■■ 問題1

　五次元のサンプル画像[Mitosis]を使って，微小管像（緑）の時系列のz軸最大輝度投影モンタージュ画像を作成せよ．

■■■ 解　答

　まず[Split Channels]によって，チャネルごとのハイパースタックに分割する．次に，緑のチャネル（c2）に関して最大輝度投影法を実行する（[Z Project...]）．設定では"Max Intensity"を選び，"All Time Frames"のチェックボックスをチェックし，OKをクリックする．こうすると，各時点での投影が行われ，投影像の時系列スタックが得られる．最後に[Make Montage...]を実行すれば，結果が得られる．

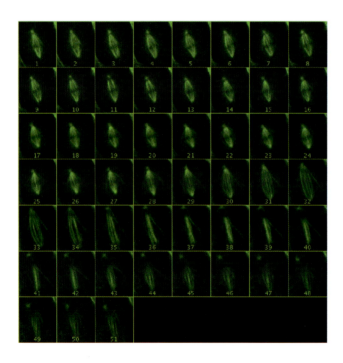

■■■ 問題2

最初の時間フレームにおけるDNAビーズ（赤）の三次元表層再構築に微小管のVolume Renderingを重ねて示せ．

■■■ 解　答

まず**[Mitosis]**ハイパースタックの1番目の時点が表示されている状態（1番下のスクロールバーの位置が左端にあれば最初の時点のフレームである）で，**[Reduce Dimensionality]**で，**"Frames"**のチェックを外して実行すると（図1），その時点のcz軸のスタックが得られる．

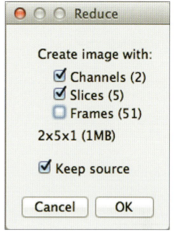

■図1

次にこのハイパースタックを**[Split Channels]**によって分割し，それぞれのスタックで3枚目のスライスに表示を合わせてから**[Brightness/Contrast..]**で**"Auto"**をクリックしてコントラストを調整した後に**[8-bit]**で8ビット変換する．**3D Viewer**を立ち上げ，次のように設定する．

- Image: C1-mitosis.tif
- Display as: Surface
- Color: Red
- Threshold: 100

この100という値は，赤チャネルの画像をチェックして，ビーズがうまく分節化されるように目視で選んだ輝度値である．最後に，ImageJ 3D Viewerのメニューから，**[Add > From Image]**を使って

- Image: C2-mitosis.tif
- Display as: Volume
- Color: Green

とすると，図2のような再構築が行われる．

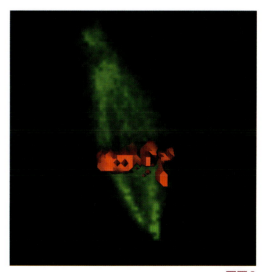

■図2

■■■■ 問題❸

問題❶を自動化せよ.

■■■■ 解 答

問題❶で行った作業をコマンドレコーダ(**[Record…]**)がアクティブな状態でマニュアルでまず行う. この結果,

```
1   run("Split Channels");
2   run("Z Project...",
        "start=1 stop=5 projection=[Max Intensity] all");
3   run("Make Montage...",
        "columns=8 rows=7 scale=0.50 first=1 last=51 " +
        "increment=1 border=1 font=12 label use");
```

がレコーダに自動的に記録されるはずである(途中で画面をクリックしたりするとその動作も記録されてしまうが, これらは削除する). レコーダの右上にある**"Create"**ボタンをクリックすると, スクリプトエディタが開く. なお, このコードはレコーダでは3行だが, ページの幅の制約上, 改行をあとから挿入した. それぞれの行はセミコロンで終わる. スクリプトエディタでこのように改行を加えてもマクロは作動するが, どこでも改行すればよい, というわけではない. 2行目のように, 引数の切れ目のカンマのあと, あるいは3行目のように, 引数の内部で改行する際には, プラスで分割する.

このまま**[Mitosis]**のハイパースタックに関して実行すれば, この3行で望みの結果が得られるはずであるが, 実践的にはもう少し改変する必要がある. というのも, 1行目でチャネルを分割すると, 2つのスタックになる. 上のマクロでは, 2つ目の緑のチャネルのスタックが暗黙のうちに選択されている. この緑のチャネルをマクロの中で明示的に選択して2〜3行目の処理を行ったほうがよい. というのも, 選択できれば, 緑のチャネルではなく赤のチャネルを処理することも可能になるからである. この明示的に画像を選ぶ部分を加えたのが, 以下のコードである.

```
1    title = getTitle();
2    run("Split Channels");
3    ch2title = "C2-" + title;
4    selectWindow(ch2title);
5    run("Z Project…",
         "start=1 stop=5 projection=[Max Intensity] all");
6    run("Make Montage…",
         "columns=8 rows=7 scale=0.50 first=1 last=51 " +
         "increment=1 border=1 font=12 label use");
```

　1行目と3，4行目が新たに加えられた部分である．1行目で画像の名前を取得する．
この取得した変数titleを利用して，3行目で2チャネルの画像の名前を構成する．チャネ
ル分割後にはデフォルトで元の画像の名前の前に"C1-"，"C2-"といった接頭辞が加えられ
るので，3行目のようにすると，緑のチャネルの画像の名前になる．4行目はこの名前
を使って，明示的に緑のチャネルをアクティブにしている．赤のチャネルのモンタージュ
を作成したければ，3〜4行目を

```
ch1title = "C1-" + title;
selectWindow(ch1title);
```

に差し替えればよい．

第3章 画像の領域分割

1 測定対象の特定

ImageJ

三浦耕太

　顕微鏡で取得した画像には，細胞やタンパク質といった対象と，その背景が写っている．その画像を見ている人間は無意識に対象物に着目するが，コンピュータに同じことをやらせるには，数値的な処理によって画像の領域を分割し，それぞれの領域を何らかの基準により対象を特定し，背景から判別させる必要がある．こうした領域の分割は，画像処理の世界で一般に**分節化（Segmentation）**と呼ばれ，画像認識，より広くはコンピュータビジョンに分類される研究分野・技術の一部である．画像認識の応用範囲はかなり広く，生体認証など一般生活にも使われている基盤技術の一つでもある．最近見かけるデジタルカメラの画像中の個人特定機能や，携帯電話の指紋認証もこれである．生物画像解析では，対象をまず分節化によって抜き出し，その対象に関して測定を行う，ということが一般的な作業の流れであることから，分節化はとても重要な技術である．分節化のアルゴリズムには単純なものから機械学習によるものまで様々である．最も簡単な方法は**輝度閾値（Intensity Threshold）**の設定による分節化だ．ここでは，複数の核を撮影した画像を用いて，核のDAPI染色の輝度の総和を測定することを目的として，まず核を分節化し，それぞれの核の輝度総和を測定してみよう．また，より発展的な技術としてプラグインを使った機械学習による分節化にも触れてみる．

【演習①】複数の核の自動的な輝度測定

 輝度閾値による核の分節化

　サンプル画像**[Hela Cells]**を開こう（キーボードショートカットの**L**キーによるコマンドファインダを使おう）．核の分節化を行うので，まず**[Split Channels]**によってチャネルの分割を行う．次に，青の核の画像に関して，**[Threshold…]**を行うと，図1のような小さな閾値調整のためのウィンドウが現れ，同時に核の画像が赤くなる．図1のウィンドウには閾値調整のための水平のスクロールバーが2つある．これをマウスで左右に動かすと，上部のヒストグラムの赤枠で囲まれた範囲が変わり，同期して画像のほ

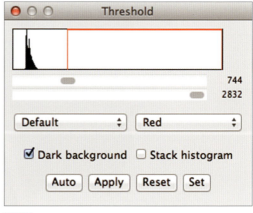

■図1

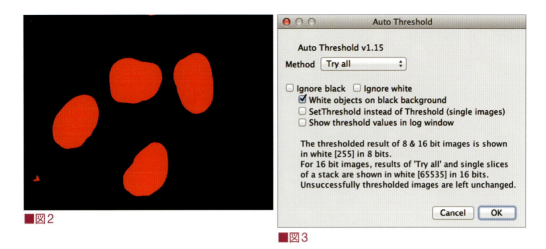

■図2

■図3

うでは赤い領域が大きくなったり小さくなったりする．上のスクロールバーは**輝度の閾値の下側値（Lower Threshold Value）**，下のスクロールバーは**輝度の閾値の上側値（Upper Threshold Value）**を指定する．画像で赤く示されている領域はこの2つの閾値の間の輝度を持つ領域である．下側値を478に，上側値を2832にすると，図2のようにうまく核の領域を赤くすることができる．単純な作業だが，これで立派に「核を分節化して認識した」ことになる．なお，閾値をきっちり数値で設定したいときには右下にある**"Set"**というボタンをクリックすると可能である．

 自動的な輝度閾値の設定

　スクロールバーを調整しながら閾値を設定する作業は，目と手による作業である．自動的な手段を使えば多くの画像で一貫した処理を行うことができるため，閾値を自動的に設定するアルゴリズムが多く存在する．目視で見当をつけながら閾値を決めるよりも再現性があり，より客観的なので科学的にも好ましいと言える．

　図1のウィンドウにある2つのドロップダウンメニューのうち，左側をクリックすると（開いた状態ではDefaultとなっている），様々な閾値設定アルゴリズムを選択できる．どれでもよいので選択してみよう．自動的に閾値が設定され，赤で示される領域が変化することがわかるだろう．ここでは核の分節化として最適な結果が得られるアルゴリズムを選べばよいのであるが，この選択の際に便利な機能が**[Auto Threshold]**である．これを実行すると，設定ウィンドウが立ち上がる（図3）．

　Methodの項が**Try all**となっている状態でOKのボタンをクリックすると，それぞれのアルゴリズムを使って**白黒に二値化**した核の画像の一覧が表示される（図4）．白い部分が分節化された核になる．

　これらのうち，核がうまく分節化されているものに着目し，**+**キーを何度か

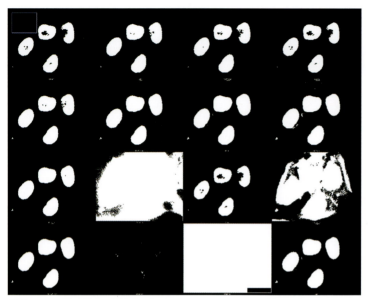

■図4

叩いてズームすると，その二値画像の下にアルゴリズムの名前が書かれていることがわかる（図5）．かなり小さいサイズのフォントなので見つけにくいかもしれない．ここでは **Max Entropy** というアルゴリズムを選ぼう．

元の画像に戻り，**[Threshold...]** のウィンドウ（図1）で，ドロップダウンメニューから Max Entropy を選べば，うまく核が分節化されることがわかるだろう．このように明示的に特定のアルゴリズムを使うことができるならば，マクロを書いて自動化することが可能になる．

 核の測定

以上で4つの核を分節化し，二値画像にすることができたわけだが，さて，もうお気づきだろう．図2の画像をよく眺めると，左下に小さなゴミが紛れ込んでいることがわかる．サイズから見て，核ではなく，意図せず分節化された領域であることがほぼ明白だが，この余計な領域は測定時に対象から除くことができるので作業を先に進めよう．

測定の前にまず，どのような項目を測定するのかを決める．**[Set Measurements...]** を選択すると，測定項目のリストが表示される．各項目の先頭にあるチェックボックスをチェックすると，その項目の測定結果が表示されることになる．輝度の総和を測定するには **Integrated density**

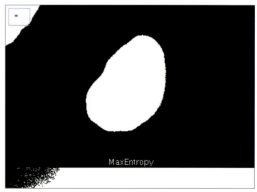

■図5

を選べばよいのだが，ついでなので他の項目も図6にあるようにチェックしてみよう．

　選んだ測定項目の解説をする（他の測定項目に関しては付録2：[Set Measurements...]の測定項目を参照）．括弧内は測定結果に表示されるヘッダーである（図8）．なお，単位については**[Image > Properties...]**で設定されたものが反映されるが，ここではサンプル画像の設定を例に説明する．

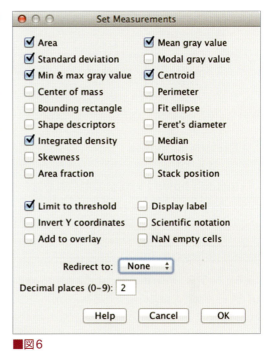

- **Area（Area）**：
  面積．サンプル画像ではスケールが設定されており，単位は平方μm．
- **Mean gray value（Mean）**：
  輝度の平均値．単位は輝度/平方μm．
- **Standard deviation（StdDev）**：
  輝度の標準偏差．単位は輝度/平方μm．
- **Min & max gray value（Min, Max）**：
  輝度の最小値・最大値．

■図6

- **Integrated density（IntDen, RawIntDen）**：
  面積と輝度の平均値の積がIntDenに，単純な輝度の総和がRawIntDenに表示される．スケールが設定されていない画像ではIntDenだけの結果表示であり，輝度の総和となるので要注意．
- **Centroid（X, Y）**：
  幾何学的な重心．領域の座標の平均値．単位はμm．

　また，**Limit to threshold**もチェックする．核の画像は目下，閾値で領域を分節化した状態にあり，測定をこの領域に限定するオプションである．OKボタンを押すと設定は完了する．

　次に**[Analyze Particles...]**を実行して立ち上がる設定の画面（図7）で，Showのドロップダウンメニューから Outlinesを選択する．これは測定となった対象物の輪郭を新しい画像として出力するオプションである．他のチェックボックスも図7にあるように選択しよう．

　それぞれの意味を簡単に解説する．

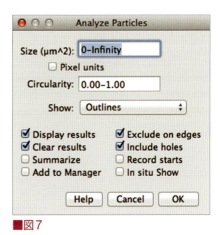

■図7

- **Display results**：測定結果を表示する．
- **Clear results**：すでに表示されている測定結果があればそれを消去する．

3章　画像の領域分割

55

	Area	Mean	StdDev	Min	Max	X	Y	IntDen	RawIntDen
1	36.25	1089.39	424.56	389	2598	23.70	9.21	39492.63	14894206.00
2	37.22	1072.49	328.70	389	2272	15.35	8.91	39915.08	15053529
3	35.16	1168.31	375.49	389	2527	7.26	14.47	41077.06	15491755
4	33.24	1172.34	390.93	389	2832	17.15	21.11	38968.32	14696468
5	0.45	609.83	167.01	393	1093	1.84	22.17	274.89	103671

■図8

- **Exclude on edges**：画像の縁にある対象物は除外する．
- **Include holes**：対象物の中にある穴も含める．

これらをチェックし，OKを押すと測定が行われて新しいウィンドウが2つ現れる．1つはResultsというウィンドウに表示される測定結果の表であり（図8），もう1つは **Drawing of C3-hela-cells.tif** という対象物の輪郭の画像である（図9）．この画像では核それぞれに固有の番号が自動的にふってある．この番号は結果の表の中の1列目の番号に対応しており，各々の核の測定結果を知ることができる．

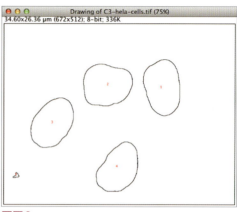

■図9

 面積・形態による測定対象物の限定

上で行った測定では左下の核ではないシグナルも対象物にして測定している．先ほどの結果を見ると，5番目の対象物の面積は他に比べてとても小さい．これがゴミである．面積は0.45となっている（読者の設定した閾値によって，この値は多少違っているかもしれない）．これを測定対象から除外するには，閾値を設定した核の画像がアクティブな状態で，もう一度 **[Analyze Particles...]** を実行する．図7の設定画面で，Sizeと書かれた1番上の項目で，1-Infinityと入力し，測定対象を面積が1以上のもののみに限定する．これでOKのボタンを押せば，測定からゴミは除外され，表は4行になるだろう．輪郭の画像からも左下のゴミはなくなっているはず，測定対象から外れたことが確認できるだろう．ところで，今回は「小さいからゴミだろう」という直感的な判断に基づいて除外したが，本来はある程度の科学的根拠と判断を持って「ゴミである」と説明できるようにしてから除外すべきである．もしかするとそこに大発見が潜んでいるかもしれないからだ．

対象物は **Circularity（真円度）** という測定項目によっても限定することが可能である．この値は対象物の形が真円の場合に1.0，長細く線に近くなるほど0.0に近づく値である[注1]．形態によって測定物のスクリーニングを行いたい場合に使う項目である．例えば，ほとんど円に近い形のものだけを測定したければ0.9-1.0とすればよい[注2]．

注1
4章1節の「単純な構造を組み合わせた指標」の項も参照．

注2
面積や真円度以外の測定量で対象物をスクリーニングしたい場合には，アップデートサイトに登録されているプラグイン"BioVoxcel Toolbox"をインストールするとよい．様々な小技がパッケージされたプラグインで，そのうち"Extended Particle Analyzer"を使うとより多くの特徴量によって対象物のスクリーニングが可能になる．

【演習②】測定領域の転送：Redirection

　画像に閾値を設定して分節化し測定する，という作業をここまで行ったが，実際の研究の場面では，分節化を行う画像と，測定のための画像は別個であることが頻繁にある．核の場合であれば，あるチャネルで核を分節化し，そのうえで核に存在する何らかのタンパク質の総量を別のチャネルで測る，といったような例である．この場合，核の領域情報を測定対象画像に転送（Redirection）して使用するが，これは次のように行う．ここでは，核の領域にある1番目のチャネル（赤の画像）のシグナルの総量を測ることにしよう．もしこのチャネルの画像をすでに閉じているならば，あらためて開いてほしい．

　まず青のチャネルを使って核を分節化した画像を用意する．**[Threshold...]** による閾値の設定は（図1）すでに行ったようにMax Entropyアルゴリズムで自動的に行う．さらにここでは **"Apply"** というボタンを押す．二値化処理が行われ，画像が白黒になる．これは核の領域を示した二値画像ということになる（マスクとも言う．3章2節参照）．次に **[Set Measurements...]** を実行し（図6），測定項目のチェックはそのまま，Redirect toのドロップダウンメニューをクリックし，選択項目を1番目のチャネルの画像（C1-hela-cells.tif）に変更して設定は完了である．このことで，**[Analyze Particles...]** を実行したときの，対象認識は核の二値画像で行われ，測定対象は1番目のチャネル，という設定になる．この設定を終えた後，**[Analyze Particles...]** は，すでに説明した方法と同様である．結果が異なることを確認しよう．

マクロで測定を自動化する

　3番目のチャネルの核を分節化し，1番目のシグナルを測定するマクロを書いてみよう．コマンドレコーダ **[Recorder...]** を使えば，ほとんどのコマンドは生成することができるが，若干の改変が必要になる．

```
1   run("HeLa Cells (1.3M, 48-bit RGB)");
2   title = getTitle();
3   run("Split Channels");
4   selectWindow("C3-" + title);
5   setAutoThreshold("MaxEntropy dark");
6   run("Set Measurements...",
7     "area mean standard min centroid" +
8     "integrated limit redirect=" + "C1-" + title + " decimal=2");
9   run("Analyze Particles...",
10    "size=1-Infinity circularity=0.00-1.00 " +
11    "show=Outlines display exclude clear include");
```

このコードでは最初の行でサンプル画像を開いている．そのあとの3行は画像の名前を取得し，チャネルを分割，3番目のチャネルを選ぶ，という2章4節確認テスト**3**で解説したマクロと同じことをしている．5行目は自動的に閾値を設定するコマンドで，レコーダで生成したものである．引数にアルゴリズムの名前が使われていることに注意しよう．

6〜8行目は測定項目の設定のコマンドで，レコーダで生成したものに改変を加えている．もともとは1行のコマンドであるが，見やすくするために3行に分割した[注3]．コマンドの分割の仕方を少々詳しく解説しよう．例えば，

```
run(引数1, 引数2);
```

という2つの引数を持つコマンドの場合，

```
run(引数1,
   引数2);
```

のようにコンマの後で改行して2行に分割することができる．分割した後の二行目は字下げしてあるが，しなくても作動は同じである．あくまでも見やすさのためだが，字下げすることをおすすめする．さらに，このコマンドの場合，2番目の引数が長いので，文字列を+で分割し複数行に分けた．これは引数の間で分割することとは異なるので注意しよう．例えば，

```
str = "area mean standard min centroid";
```

という文字列は，

```
str = "area mean standard
   min centroid";
```

と分割すると実行の際にエラーとなる．そこで文字列をまず2つに分ける．

```
str = "area mean standard" + " min centroid";
```

その上で改行を加えるとうまく実行される．

```
str = "area mean standard" +
   " min centroid";
```

さて，2番目の引数を詳しく見てみよう．これは測定項目のリストとなっており，図6と比較すると，選択した測定項目だけがここにリストされているこ

注3
動けばよいという考え方であってもコードの見やすさはじつは重要である．のちにデバッグや改造をするときに，間違いや直すべき部分を探す効率が飛躍的に上昇するからである．

とがわかると思う．リストから省かれているものは，チェックしていない，ということと同義である．limitからは図6のオプションの部分である．大きな改変はredirect=以降である．

```
redirect=" + "C1-" + title + " decimal=2"
```

この部分は，測定対象を1番目のチャネルの画像に転送するように指定している．"C1-" + titleは4行目と同じ理屈であり，1番目のチャネルの画像の名前の文字列を構成している．

9～11行目は，レコーダで生成した**[Analyze Particles…]**のコマンドを複数行に分割しただけである．ここでも，2番目の引数をじっくり眺めるとよい．図7と比較すると，図7の設定ウィンドウでの指定が，コマンドではどのように表現されるかを理解できるだろう．

【演習③】機械学習を使った分節化

機械学習（machine learning）と呼ばれる分野がある．自動的にモノを分類するアルゴリズム，と考えるとよい．例を挙げて説明しよう．シャーレに培養した細胞を低倍率の明視野光学系で撮影したとする．この画像には多くの細胞が写っており，間期の細胞と分裂期の細胞が存在する．これらの細胞を自動的に2種類に分類するのはどうしたらよいだろうか．目で見れば分裂期の細胞はすぐにわかるが，数値的に分類するのである．そこで形態的な特徴を考える．分裂期に細胞は丸くなる．したがって例えば真円度などによって丸さを数値化し，それを指標に分類すれば，まずまずの成果が得られるだろう．こうした特徴を他にも数多く集めて測定すれば，多次元の測定値空間の中で，どのような分類が最も正確に分裂期と間期の細胞を区別することができるのかが，数値的に判明するだろう．ただし，多次元空間なので人間の頭では難しい．機械学習はこのための様々なアルゴリズムであり，人間があらかじめその区別の方針を与えるのが教師付き機械学習である．方針を与えずにまったく機械的にグループ分けすることを教師なし機械学習と呼ぶ．

さて，演習②では分節化の作業と測定の作業を分割した．分節化は核の領域を抜き出すことが目的なので，輝度の閾値設定による方法ではなく，他の方法で行ってもよいことになる．ここでは教師付き機械学習を使った方法を試みよう．FijiにはWekaというオープンソースの機械学習のライブラリ[注4]を使った**Trainable Weka Segmentation**という分節化ツールが実装されている．画像上で対象領域と背景領域をマウスを使ってマーキングし，この人間による領域指定の情報を学習させて画像全体を分節化する．

とりあえずやってみよう．核の画像の青いチャネルをまずアクティブにし，次に**[Trainable Weka Segmentation]**を実行する．すると，左側

注4
http://www.cs.waikato.
ac.nz/ml/weka/

に様々なボタン，右側にテキストフィールドがあるウィンドウの中心に画像がはめこまれた状態で開く（図10）.

次にズームツール（**+**のキー）とハンドツール（メニューバーの掌のアイコン）を使って1つの核を大きく表示し，さらに自由曲線選択ツール（）[注5]を選択し，核の領域を雑でよいのでマウスを使ってマークする．**Add to class1**という右側のボタンをクリックすると，その下のテキストフィールドにtrace 0（Z＝1）というアイテムが加わる．今度は背景部分をマークし，**Add to class2**というボタンをクリックする．その下のフィールドに，trace 0（Z＝1）というアイテムが加わる（図11）．これらの領域を"教え"，分節化を行わせるために，左側の**Train classifier**というボタンをクリックする．計算にはしばらく時間がかかるが，終了すると画像は半透明の緑の部分と赤の部分に分割されていることがわかるだろう．左側の**Create result**というボタンをクリックすると分節化した二値画像が現れる.

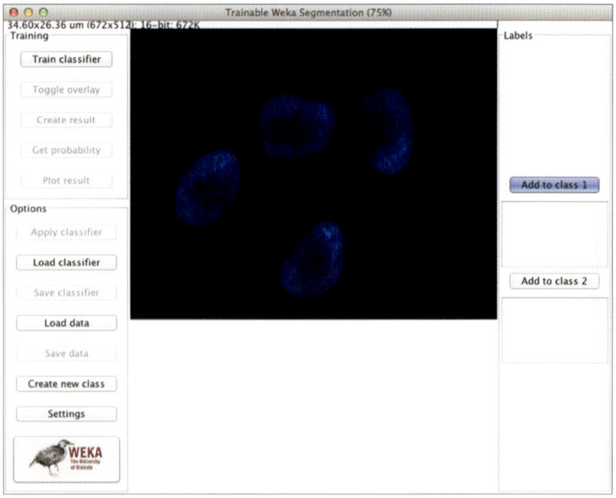

もし分節化の結果が芳しくないならば，さらに追加して"教え"ることもできる．対象なのに背景に分類されている部分やその逆の部分を正しくマーキングし，**Add to class1**ないしは**Add to class2**のボタンで追加する．そして再び**Train classifier**を使えばよい.

"教え"た結果，生成された分類モデル（classifier）は**Apply classifier**のボタンで他の画像に適用することができる．また，分類モデルは保存することも可能である．Save classifierによって.modelファイルとして保存し，後にLoad classifierによって再利用できる．同じようなシグナルの画像を複数処理しなければならない場合に便利である[注6].

機械学習の結果得られた分節化画像は，演習②の測定の際の領域指定用画像として利用することができる．余裕のある方は試してみることをおすすめする．なお，本節の核の画像の場合，輝度の閾値を設定することでも簡単に分節化することが可能なので，機械学習の威力を十分に発揮しているとは言いがたい．複雑な形状や肌理を特徴とするような対象物の場合に機械学習を

■図10

■図11

注5
のアイコンをクリックして使う．このツールはデフォルトでは表示されておらず，直線ROIツールを右クリックし，ドロップダウンのリストから"Freehand Line"を選択すると切り替わる．なお，Trainable Weka Segmentationを起動すると自動的に現れる.

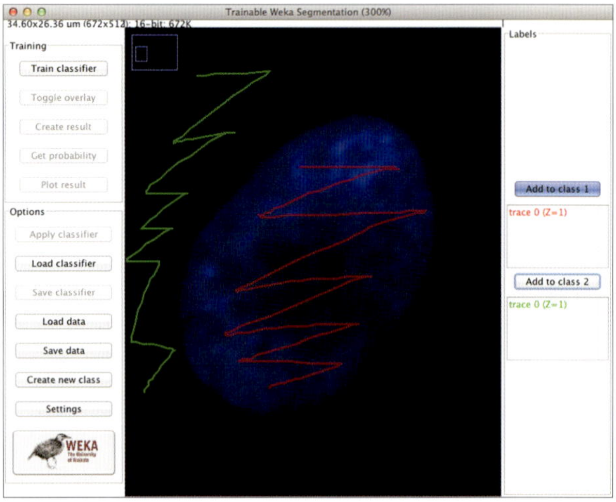

注6
大量の画像を処理する場合でも，デスクトップで用意したモデルを使ってクラスタで計算することが可能である.

使った分節化を行うと，その威力を感じることができる．人の集合写真など
で個人を判別できるかどうか，試してみると面白いだろう．

　機械学習を使った分節化の原理は，簡単に説明すると次のようになる．元
の画像に様々なフィルタ処理を行い，**Feature Stack**と呼ばれる数十種類
の画像群を用意する．これにより各ピクセルに関して数十次元の特徴ベク
トルが生成されるので，各々のピクセルに関してそれが対象領域である確
率と背景領域である確率を分類モデルを使って計算できる．そして確率が
高い部分を対象の領域とする．なお，このツールが使用している分類器は
FastRandomForestアルゴリズムである．また，Feature Stackを生成す
る際のフィルタの数と種類は設定で変更可能である．これらの設定は左下の
Settingsというボタンから行える．

　このプラグインは機械学習のライブラリをJavaのオープンソースライブ
ラリとして長年開発し続けてきたニュージーランドのWekaグループと，そ
れをImageJに融合させたVerena KaynigとIgnacio Arganda-Carrerasと
を中心とするグループの膨大な労力の結果である．ここに感謝の意を表した
い．また，このプラグインは上で紹介したようなインタラクティブな使用法
だけでなく，ライブラリとして使用することも前提に作られているので，
Jythonなどのプログラム言語でスクリプトを書いて大量の画像を処理する
ことができる．

　この節では分節化と測定という画像定量における骨格にあたるテクニック
の流れを知ってもらうために紹介した．特に分節化と測定は別種の作業であ
る，という点がポイントである．分節化をうまく行うことが測定の成功への
近道であり，ここで紹介した以外にも様々な分節化テクニックが考案されて
いる．

■■■ COLUMN

　Shoulderという英単語がある．日本語に訳せば"肩"が普通だろう．しかし英語を母語とする人間がShoulderといったときにイメージしているのは日本語の"肩"よりも広い領域を示しており，左右にある丸っとした肩それぞれの領域とは異なっている．この意味でShoulderは"肩"ではない．言語ごとに微妙に異なるこうした解剖学的な領域の差異は，生物画像の分節化の本質的な問題とどこか共通している．分節化は生物画像解析においてほぼ必須な工程であり，盛んに研究が行われている．何らかのシグナルに基づいて生物システムの中の構造を領域として規定するのが分節化という作業であるが，例えば今回使用した核の画像はDAPIのシグナルであり，DNAの局在を反映しているにすぎない．DAPIのシグナルの縁は本当に核の縁なのだろうか？こうした細かい点はあまり言及されずにそれが「核の領域である」として研究は進みがちであるが，解析者はこうした点によく注意を払って解析を行うべきだろう．また，原理的な問題もある．我々は19世紀的な細胞内構造の分類にかなりとらわれており，名前を与えられた構造と教科書の図を念頭に分節化を行おうとする．そうした構造に一貫した分子的基盤がないならば，もしかしたら分節化を工夫すること自体が生物システムを解明するうえではムダなことかもしれない．モノの名前は恣意的であるといったのはスイスの言語学者ソシュールである．我々は名前ではなくあくまでも分子の分布とそのダイナミクスに素直に従うべきであろう．

 TEST ☞ **確認テスト**　解答 P87

問題❶
① 自動的な閾値の設定の際にアルゴリズムMeanを使うと，どのような違いが生じるかを説明せよ．
② 練習のため，あえて核を除外し，「小さなゴミ」だけを測定するプロトコルを作成せよ．
③ ②をマクロにせよ．

問題❷ サンプル画像[Hela Cells]の1番目のチャネルはリソソームの画像である．ドット状のシグナルを確認できるだろう．[Trainable Weka Segmentation]と[Analyze Particles...]を用いてリソソームの数を数えよ．

第3章 画像の領域分割

2 分節化と画像演算

ImageJ

塚田祐基

　本節では測定対象の分節化を成功に導くための基本的な画像演算の操作やマスクについて説明し，さらに曖昧な対象と背景の境界をはっきりさせるためのアンシャープマスクや，ヒストグラムを使った鮮鋭化処理などのテクニックにも触れる．なお，操作手順の説明はコマンド名で示すので，コマンドファインダ（キーボードショートカットL）を駆使して操作を追ってほしい．

 簡単な画像演算

　2章1節で，画像の本質は数値であり，画像処理とはその数値に演算を施す操作であることを示した．ここではまず，実際の画像を用いた演算を実感するために，時系列の足し算画像を作ってみる．例として細胞性粘菌の時系列画像を扱おう．細胞性粘菌（*Dictyostelium discoideum*）のコミュニティが運営している **dictyBase**（http://dictybase.org/）に粘菌の走化性応答の時系列画像が公開されている[注1]ので，これを使ってみる．じつはこの動画の**ファイル圧縮形式**はImageJがサポートしていない形式のため，そのままImageJに読み込もうとするとエラーが出て，開くことができない[注2]．そこで，**FFmpeg**というプログラムでファイルの圧縮形式を変更して，保存し直した後に読み込むとうまく読み込める．FFmpegは様々なOSで使用できるメディア変換ソフトウェアであり，ImageJのプラグインもあるのでそれを利用してみよう．1章2節の図3で説明している **[Update Fiji]** のアップデートサイトのリストを見ると，FFMPEGというものがあるので，チェックを入れてアップデートを実行すると，FFmpegがインストールされるはずだ．インストールされた後は **[File>Import>Movie(FFMPEG)...]** から任意の動画ファイルを読み込むことができるので，dictyBaseからダウンロードしたaviファイルを読み込んでみよう．この動画では，誘引物質をポインタの位置にあるガラス管の先端から少しずつ拡散させており，粘菌が誘引物質へ集まってくる様子がわかる（図1）．動画ではもちろんそのいきいきとした動きがわかるが，誌面でもそれがわかるように時系列画像に対して，画像処理，演算を施してみよう．

注1
http://dictybase.org/Multimedia/motility/motility.htm"Coronin in chemotaxis"の動画．

注2
この動画はAVIというポピュラーな動画形式のファイルであるが，動画圧縮方法によってImageJでそのまま開けるものと開けないものがある．圧縮がかかっていなければ開くことが可能である．

【演習①】時系列画像の描画

　初めに画像演算を適用させるための準備を以下の流れで行う．

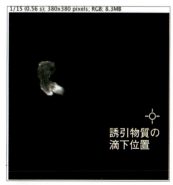

■図1

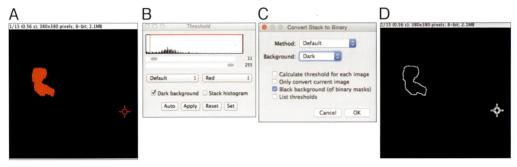

■図2

ダウンロードした粘菌の時系列データをFFmpegプラグインを使って読み込み, データ形式をまず **[RGB to Luminance]** で8bitに変換する. 次に処理を軽くするため, **[Duplicate…]** でDuplicate stackにチェックを入れ, Range:を100-150にしてOKボタンを押す. さらに, **[Threshold…]** で各画像の細胞領域が選択されるように閾値を決め(図2A), Thresholdウィンドウの **Apply** ボタンを押すことで二値化を実行する(図2B). このとき二値化の設定は図2Cのようにする. 次に **[Find Edges]** で選択した細胞領域の輪郭を抽出する. このときスタックの画像のすべてを処理するかどうかを聞かれるのでYesを選択する. 画像の枚数が多いので **[Duplicate…]** でRangeを1-3として3枚分だけ複製しよう(枚数は実際何枚でもよい). 以下の操作でわかりやすくするため, TitleはDictyTimeLapseとしよう. ここまで作成した画像は背景が0, 粘菌の輪郭が255の時系列画像となる(図2D). ここで, 輪郭部分が255であると統合画像を作る際にそれ以上の値をとれないため, 画像全体に割り算を行い, 輪郭部分の値を1に変換する. 操作としては, **[Divide…]** を実行し, ここまでで作成したDictyTimeLapseを255で割る. 現れる画像は真っ暗であるが, 慌てずに **[Brightness/Contrast…]** でコントラストを調整すると, これまでに見ていた画像が現れる. マウスのポインタを輪郭部分に移動し, 輝度値を確認してみると, **[Divide…]** 実行前は255だった値が1になっているはずである. すべてのxy座標の値に対して割り算が行われた結果であり, 黒い部分は輝度値が0のため割り算をしても値が変わらない. さらに, この時系列データを **[Stack to Images]** でスタックから個別の画像に分ける. ここまでできたら **[Image Calculator…]** でImage1に1枚目の画像, Image2に2枚目の画像を選択し, OperationにAddを選んで, 分割したスタック画像を統合してみよう. 3枚の画像を統合すると図3のようになるはずである. ここで一工夫し, 時間が後の画像ほど数値が高くなるようにしてみる. つまり,

(統合画像)＝(1枚目の画像)×1＋(2枚目の画像)×2＋(3枚目の画像)×3＋…

■図3

■図4

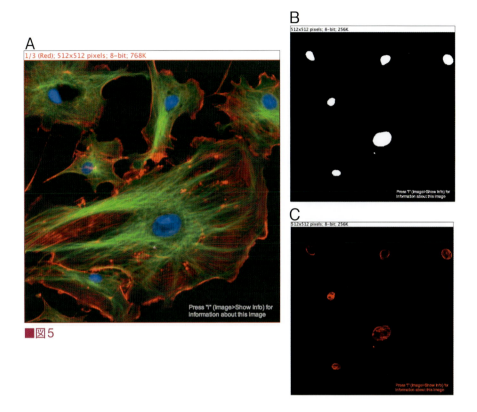

■図5

といった規則に従って統合してみる．

　最後に，結果をわかりやすくするためにLookupTableを変えてみる．図4のような画像を見ることができれば成功である[注3]．色の変化は時間変化に対応している．これを**色符号化（color-coding）**と言う．

　以上の操作で行ったことは，粘菌の細胞輪郭抽出，輪郭の値調整，時系列の統合である．結果，粘菌の形態変化の様子が1枚の画像で時系列でわかるようになった．ちなみに，同様の統合画像は，**[Z Project...]** でMax Intensityを選べば白黒の画像を，**[Temporal-Color Code]** を使えば色符号化した画像を作成できるが，今回は画像演算の理解・練習のため **[Image Calculator]** を用いた手順の解説を行った．

注3
色がうまく判別できるのならばどのLUTを使ってもよいが，glasbey invertedがおすすめである．色が無作為に並んでいるので，輪郭を区別しやすくなる．

 ## 画像演算の道具：マスク

　注目する領域を限定する際に，画像処理ではマスクという概念が重要となる．生物画像解析では，例えば細胞核マーカー画像を使って核内マスクを作成し，別の蛍光マーカー輝度値の核内の値を取り出すことなどに利用できる．以下の例を実行してみよう．

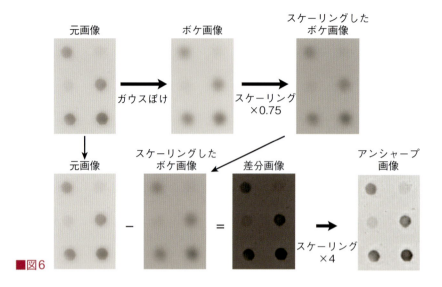

■図6

【演習②】マスクの作成

　[Fluorescent Cells]（図5A）を開き，**[Split Channels]** で各波長の画像に分ける．C3はDAPIで染めた核の画像なので，この画像に **[Threshold...]** を適用することで核領域を抽出する（図5B）．粘菌のときと同じように，二値化した画像を **[Divide...]** で割ることで核領域を255から1に変換する．できた画像をマスクと呼ぶ．このマスクと分割した別の蛍光マーカー（抗体で染めたチューブリンとファロイジンで染めたF-アクチン）とを画像として掛け合わせることで，核領域の値を抽出する．**[Image Calculator...]** でImage1に作成したマスク，Image2にC1やC2の別の蛍光マーカー画像，OperationにMultiplyを選んで実行すると，核領域の別マーカーの輝度値を抽出することができる（図5C）．このサンプル画像の場合，マスクで抽出した値は核領域のチューブリンやF-アクチンの量を意味することになる．マスクは画像処理で非常によく使われる操作でその応用範囲も広い．色々な場面で使えるので，慣れておくと便利である．

 ## アンシャープマスク

　ぼけた画像での輪郭抽出や区画化はやりずらい．しかし，生物画像のほとんどは往々にしてぼけていて，画像をはっきりさせる処理が必要になることが多い．このようなときアンシャープマスクと呼ばれるアルゴリズムは生物画像に限らず一般的な画像処理で非常によく使われる．
　このアルゴリズムを図6に示す．元になる画像を標準偏差σのガウス分布でぼかし，さらに荷重係数wで重みをつけた画像を作る．元画像と重みつき（スケーリング）ぼけ画像との差分をとり，最後に重み分を元に戻すことで鮮鋭化された画像を作る．より簡単には，わざとぼけさせた画像を元の画像から引く

ことでくっきりとした画像が得られる，ということである．例えば，細胞骨格の画像などでは目標となる細胞骨格のシグナルにもやもやとした背景のシグナルが映り込んでしまい（焦点面の上下にある構造がぼけて映り込んでしまっている場合が多い），構造がはっきりしないことがある．このようなときに使うと強力な前処理となるテクニックである．信号処理的な表現すると，ローパス画像を引くことになるので，ハイパス・フィルタと同じような効果を得ることになる．また，点分布関数を使ったデコンボリューションの最も荒っぽいやり方，と言ってもよい．

ImageJには**[Unsharp Mask...]**として実装されているが，この機能をあえて使わず，そこで行われている個々の演算を手で実行することでアンシャープマスクのメカニズムを理解し，画像演算の効果を実感しよう．以下に具体的な手順を示す．

【演習③】アンシャープマスクを使った鮮鋭化

[Dot Blot]を**[Duplicate...]**で複製する．**[Gaussian Blur...]**で$\sigma = 2.0$とし，複製した画像をぼかす．さらに，**[Multiply...]**で荷重係数$w = 0.75$を掛けてぼかした画像の重みつけを行う．**[Image Calculator...]**で元画像から重みつきぼけ画像を引く．

$w = 0.75$の場合を考えてみよう．スパイク状のシグナルはぼけによって輝度が大きく変化する．例えば，輝度200のピクセルがぼかすことで輝度100になるとしよう．重みつきの引き算は$200 - (0.75 \times 100) = 125$となる．重み分を元に戻すためにこの値を$(1 - 0.75)$で割り，結果は500となる．なお，8bit画像であれば，すべての計算を終えた後に輝度値は正規化され，輝度は8bit内の分布に収められる．なお，**[Unsharp Mask...]**で入力が必要となるパラメータのうち，Weightが荷重係数wであり，Radiusが標準偏差σである．同じパラメータを使えば，手による演算と同じ結果になるはずである．確かめてみよう．

ヒストグラムの正規化，均一化

さて，画像の演算は基本的にマトリクス上の数値に対して画素ごと，もしくは画像全体へ均一に演算を行うものである．ここで考え方を少し変えて，ヒストグラムに対する処理を紹介する．具体的にはアンシャープマスクと別の鮮鋭化の処理である**[Enhance Contrast...]**を例にとろう．

[Dot Blot]を開いてから**[Histogram]**を使うと，画素値のヒストグラムを見ることができる（図7A）．続いて**[Duplicate...]**でDot Blotを複製した後に**[Enhance Contrast...]**を実行する．現れるウィンドウで**Saturated pixels**に1％などの適当な値を入れ，Normalizeのチェック有効，Equalize histogramのチェック無効で実行する．出来上がった画像はコントラストが強調された画像になっているはずである．再度**[Histogram]**を使うと，コン

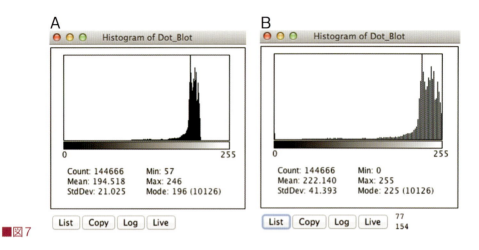

■図7

トラストが強調された画像の輝度値ヒストグラムを見ることができる．輝度値ヒストグラムの形が変わっていることがわかる（図7B）．ここで行った操作は輝度値ヒストグラムの正規化で，ヒストグラムの裾野が輝度値の取りうる範囲（8bitの場合は0から255）いっぱいに広がるように変換を行っている．具体的に行っている変換は以下である．

$$I_{out}(x,y) = I_{org}(x,y) \frac{255}{I_{max} - I_{min}} + 0$$

ここで変数の意味は以下である．

$I_{org}(x,y)$：元画像の輝度値
I_{max}　　：元画像の輝度最大値
I_{min}　　：元画像の輝度最小値
$I_{out}(x,y)$：処理後の輝度値

　255と0の値はそれぞれ，8bitの場合の輝度値が取りうる範囲と，最小値を示す．
　ただし，この変換は極端に輝度値が小さかったり大きかったりする外れ値の影響を強く受ける．そのため，最低値と最大値ではなく，上から数%，下から数%の値を最低値，最大値の代わり使うことで外れ値への影響を抑える手段が一般的に用いられ，ImageJでもこの閾値をパラメータとして使っている．**[Enhance Contrast…]**を実行するときに入力したSaturated pixelsがこれに当たる．
　より洗練された輝度値ヒストグラムを用いた処理方法として，ヒストグラムの均一化（equalization）がある．先ほどと同じように**[Dot Blot]**を開き**[Duplicate…]**してから**[Enhance Contrast…]**を実行したら，Normalizeのチェックを外し，Equalize histogramのチェックを入れてOKボタンを押してみよう．コントラストが強調された画像が現れる．先ほどと同じように

[Histogram]で輝度値のヒストグラムを見ると，分布の形が元画像とも，先ほどの正規化したものとも違うことがわかる．処理の概要を知るために，元の画像を選択し[Plugins > New > Macro]から以下のマクロを実行し，その後に均一化処理した画像を選択してから同様にマクロを実行してみよう．

```
getRawStatistics(area, mean, min, max, std, h);
for (i=1;i< h.length;i++){
    h[i] = h[i-1]+h[i];
}
Plot.create("Cumulative Histogram", "Intensity Level", "Cumulative
 Count", h);
Plot.show();
```

このマクロは累積度数分布を描くもので，横軸は輝度値，縦軸は最小値から任意の輝度値までの累積度数（ピクセル数の積算に相当する）である．図8に均一化前後の累積度数分布を載せるので見比べてほしい．均一化を行った後（図8B）は元の画像（図8A）に比べて累積度数が対角線に近くなっていることがわかる．つまり，各輝度値の画像内の存在頻度が均一になるようにピクセル輝度の変換を行ったということになる．なお，輝度値のヒストグラムの正規化・均一化による画像のコントラスト調整は生物画像処理に限らず，一般的にもよく用いられる．

 どの方法を選ぶか？

さて，分節化を目的とする鮮鋭化についていくつかの処理方法を示したので，実際に鮮鋭化が必要になったときに，どれを使えばよいか迷う読者もいると思う．画像処理一般的に言えることであるが，画像処理における個々の問題については，解決方法は複数ある場合が多い．また逆に，例えば輪郭抽出などの特定の問題に対してであっても，どんな状況・データでもうまくいくという処理はほとんどない．

生物画像処理は，問題ごとに画像データの質が大きく違うということが特徴であり，これに対する戦略としては，画像処理

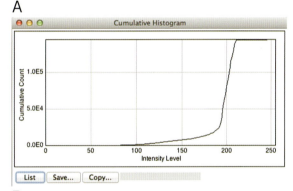
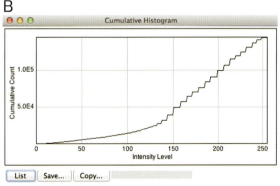
■図8

の内容を理解したうえで，対峙している問題を解決する方法を**試行錯誤で選び出す**ということしかないように思う．体系化した知識と，いくつかの具体的な引き出しを持ち合わせることで，様々な問題に対応する力をつけることができるはずなので，本書では一段ずつその力をつけることを目標としている．

　本節では分節化を目的とする画像処理が具体的にどのような操作であるかを実感できる例として鮮鋭化について説明し，また画素値ごとの演算以外にもヒストグラムに対する処理を紹介した．また，分節化後の画像を使って解析をする際に重要となるマスクの概念も紹介した．これらの例はあとで取り扱うフィルタの話や形態の定量化などの言わば前提となる手法なので，しっかり押さえておきたい．ちなみにImageJでは単純な四則演算に加えて，ANDなどの論理演算や，最大値の抽出などの高度な演算も実装されている．また，複雑な画像演算を行う際には，式を書いて計算させるためのプラグインもFijiに実装されている．**[Image Expression Parser]**という機能である．上記のアンシャープマスクの演算をこの機能で試してみるとよいだろう．

■■■ COLUMN

画像演算と行列：本節では画像処理として演算の話が出てきたので，数学に苦手意識がある人は少し身構えたかもしれない．追い打ちをかけるようだが，画像処理の多くは行列演算そのものであり，線形代数が深く関わる．しかしながら，画像処理で出てくる演算は，数学の授業でありがちな，抽象的な話で具体例が見えないということはなく，具体的な演算結果が目に見えるということが理解を助けてくれる．世にあまたある画像処理ソフトとImageJが区別される点は，画像処理の演算内容がユーザにわかりやすく，簡単なマクロ言語で種々のアルゴリズムが実装できることから，非常に教育的なソフトであることだろう．数学やプログラミングを苦手と思っている人も，逆にImageJを用いた画像処理を通して線形代数やプログラミングの世界に足を踏み入れることを，だまされたと思って試してみてはいかがだろうか．

TEST ☞ 確認テスト　　解答 P89

問題1 演習①の操作で統合した画像は，じつは輪郭が別の時間と重なる部分は値が高くなってしまい，LookupTableを変えたときに輪郭が重なった部分の見栄えが悪い．画像演算を使ってこの重なった部分の値を下げる操作を考えてみよう．

問題2 演習①の操作をそのまま時系列データに適用するのは大変手間がかかる．100枚の画像を統合する手順をマウス操作で行うのは現実的ではない．そこでマクロを使って時系列画像の系列すべてを統合してみよう．

第3章 画像の領域分割

二値化前のフィルタ処理

塚田祐基

　生物画像解析において，画像処理の目的は3つある．それは「可視化」と「領域分割」，そして「量の測定」だ．フィルタ処理はこれらをうまく達成するための操作の1つで，特定の情報を取り出すことにより，一般に次のような効果が得られる．

- 画像を見やすくする
- 特定の部分を強調する
- ノイズを除去する
- よりサンプル本来の姿に近い画像を復元する
- 背景の除去や平坦化を行う

　これらの効果はいずれも画像改善・復元に貢献し，フィルタ処理を工夫することで画像解析の検出力や信頼性の向上を図ることができる．

　この節で説明するフィルタは「領域分割」を行うための分節化処理の前に使用し，分節化の成否にも大きく影響する．分節化は注目する構造を捉えるための処理なので，長さ，距離，面積，体積，角度，形態記述子，数，空間分布など，構造の定量における成功の鍵を握っている．このような測定は解析者が目で画像の領域を指定してもできるが，解析者の主観を排除し，より客観的にシグナルとバックグラウンドを区別するため，もしくは大量の画像を自動的に処理するためには，アルゴリズムを明確に決めた分節化により画像内の注目領域を設定することが必要となる．さらに，蛍光強度の定量のようなラベルされたタンパク質などの「量の測定」も，分節化された領域の輝度の測定を行うことになるので，この分節化が重要であり，分節化を達成するためのフィルタ処理に趣向を凝らすことになる．

　輝度値の測定を目的とする場合，その値を変えるようなフィルタ処理は通常行わず，測定についてはなるべくそのまま，生データから行うことが賢明である．一方，分節化をうまく行うためには，どのような画像処理をしても構わない．絶対に正しい操作というものはなく，生物学的に納得のいく分節化が異なる方法で複数見つかることも多いため，解析者の腕の見せ所でもあるだろう．

　この節で説明するフィルタは「可視化」についても，人間が見やすい情報をうまく取り出す絶大な効果がある一方，処理の原理を知らないと意識せずにシグナルの捏造を行うような危険性もはらむ．ここでは，これらの観点を念頭に置きながら，生物学画像解析におけるフィルタについて解説する．

フィルタの使い方

　工学的な意味での画像処理や信号処理において，フィルタは重大な関心事項である．一方で，生物画像解析ではフィルタを使いたがらない人が多いように思う．これはフィルタを使うことで画像データの情報が変わってしまうことを恐れるためであるが，解析する姿勢としては慎重すぎるきらいもある．余計な操作をしてデータを汚してしまうことを極力避けたいのは生物画像処理の特徴であり，先ほど述べたように，測定についてはなるべくそのまま生データで行うという考え方にもつながる．しかし，原理を理解して適切にフィルタを使うことで隠された真実を明らかにできる可能性があることも，生物画像処理の重要な存在意義の一つだ．

　ここでは以下，フィルタの原理と毒にならない具体的なフィルタの使い方，特に分節化を行う前に二値化を成功させる手段としてよく用いられるフィルタを中心に解説し，手持ちのデータを活かす方法を紹介したい．これまで同様，Fijiを起動して，コマンドファインダ（**L**キーで起動）で**[ ]**で示したコマンドを検索しながら読んでほしい．

【演習①】平滑化フィルタによるノイズ除去

　初めに簡単な例で，フィルタがどのようなものか実感しよう．3章2節で扱った鮮鋭化に用いるアンシャープマスクなどもフィルタの一種だが，ここではシンプルで一般的にもよく用いる平滑化（smoothing）フィルタを例に挙げる．

　まず，平滑化フィルタの効果をわかりやすくするため，ノイズを加えた画像を作ってみる．**[Neuron (1.6M, 5 channels)]**で神経細胞の多色画像を開いた後，**[Split Channels]**で各チャネルに分け，その中から好きなものをクリックして，**[8-bit]**を実行し，8bit画像に変換する（図1A）．続いて**[Salt and Pepper]**でごま塩ノイズを付け加えると，図1Bが現れるはずだ（誌面の都合により拡大図を掲載）．このごま塩ノイズを人工的だと思われる読者もいるかもしれないが，このごま塩ノイズはそもそもショットノイズと呼ばれる電流のゆらぎによる雑音を模倣したもので，CCDカメラでは不可避的に生じる雑音である．また，CCDカメラのドット落ちとしてこのよう

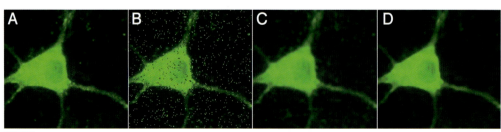

■図1

なノイズが加わることは，蛍光イメージングではまれにあり，カメラを買い替えるほどではないが，ドット落ちが気になる場合などを想定していただければと思う．

　準備した画像をクリックしてアクティブにした状態で**[Mean…]**を実行し，平均値を使った平滑化フィルタをかけてみよう．パラメータであるRadiusは2.0あたりにしておこう．**[Mean…]**を実行して現れた画像は図1Cのようにごま塩ノイズが軽減されたものになる．

フィルタ操作で気をつけること

　さて，単純にノイズが除去されただけなら，めでたしめでたしなのだが，実際はそうではない．これらの画像処理を試したことのある方はお気づきだと思うが，図1Aと図1Cは画質が異なり，平滑化フィルタ後は輪郭のぼやけた画像となっている．また，**[Brightness/Contrast…]**でフィルタをかけた画像のコントラストを調整してみると，ドットノイズは完全に消えたわけではなく，弱くぼかされて軽減しているということがわかる．

　フィルタをかけた後に元画像の輪郭を残したい場合，そして逆にノイズの値に強く引っ張られ，フィルタをかけた後にその残像が残ることを防ぎたい場合の常套手段としては，いま使った平均値ではなく，中央値（median）を使うことが一般的だ．上記の手順で**[Mean…]**の代わりに**[Median…]**を使って結果を確かめてみよう（図1D）．ここまでの操作でどのような処理が行われたのかについては，次の原理の説明で触れるが，ここではフィルタをかけたことで意図しない効果も現れるということを強調しておく．

　このようなアーティファクトに囚われないためには，大雑把にでも原理を理解しておく必要があるので，その原理について簡単に触れる．

線形フィルタの原理

　平均値を使った平滑化フィルタは，具体的には図2に示す操作をしていることになる．手順を分けるとやっていることは非常に単純だが，想像がつきにくい場合は図2を見ながら手を動かしてみてほしい．まず，3×3ピクセルなどの小さな画像を定義し，これを**"カーネル"**と呼ぶ．2章1節で述べたように，画像が数値であることを意識しながら図2Aを見てみよう．このカーネルの構造によりフィルタの効果は劇的に変わる．次にフィルタをかける画像のエッジにおける値を，画像の外側向きに複製する（図2B）．これは**"パディング"**という操作で，次に行う画像とカーネルとの掛け合わせを，画像の端でも行えるようにするための処理だ．そしてパディングした画像の左上の角にカーネルを重ね（図2C），対応するピクセルごとに掛算を行う．さらに，掛け合わせた値をすべて足し合わせたものを中央のピクセルに代入する．次にカーネルを1ピクセル横にずらし，同じようにパディングした画像と掛け

73

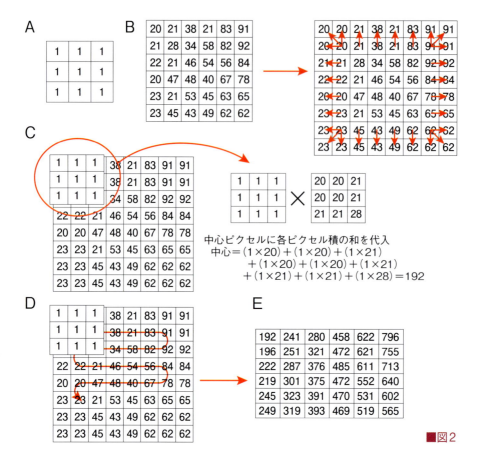

合わせる．以降，これを1ピクセルずつずらしながら同様に掛け算と数値の代入を繰り返す（図2D）．最後にできあがった，代入した値のかたまりがフィルタ後の画像となる（図2E）．この操作は画像に対して定義したカーネルを**畳み込み演算（Convolution）**したことに相当する．

【演習②】フィルタカーネルの設計

それでは，実際に自分で値を指定したカーネルを使って，フィルタ処理を行ってみよう．先ほどと同じように**[Neuron (1.6M, 5 channels)]**を開いた後，**[Split Channels]**で各チャネルに分け，その中から好きなものをクリックした後，**[Convolve…]**を実行する．現れたConvolver…とタイトルのついたウィンドウ（図3）に自分の使いたいカーネルを入力する．図3のように3×3のマトリクスにすべて1が入っているカーネルを使うと3×3サイズのカーネルを使っ

■図2

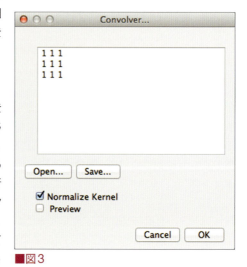

■図3

た平均値フィルタとなる．**Normalize Kernel**のチェックを付けると，カーネル内のそれぞれの値はカーネル内数値の総和で割ったものに置き換わり（正規化され），フィルタをかけた後も元画像の輝度値の平均を保った画像となる．ぜひ，カーネルのサイズや値を色々と変えてフィルタの効果を試してほしい．生物画像の定量に役に立つかどうかは別として，カーネルによってフィルタの効果が変わることが実感できれば処理の理解に役立つだろう．

 ## 二値化の前処理としてのフィルタ

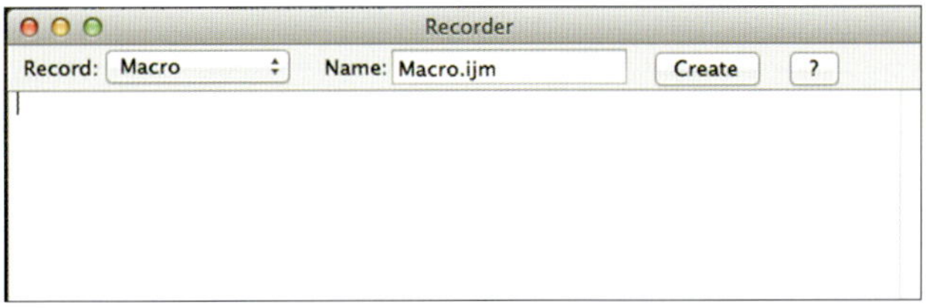

　原理を理解して，カーネルも設計できるようになったところで，毒にならないフィルタの使い方の例を挙げる．生物画像解析における具体的なフィルタの用途としては，測定したい対象の構造がわかっているものや，除去したいノイズの構造がわかっている画像における情報抽出のための前処理がある．値の変化が滑らかなことがわかっているもの，例えば，濃度勾配やサーモグラフィで撮影した均一な組織の温度勾配画像などには，平滑化フィルタを使ってカメラなどを起因とするノイズを取り除くことが有効で，フィルタをかけることで真の値に近づくことが予想される．一方，それ以外の場合，つまり測りたいものの構造が未知の場合は，フィルタによりデータが歪む可能性がある．ただし，その場合も冒頭でも述べたように，フィルタをかけた画像自体は，輝

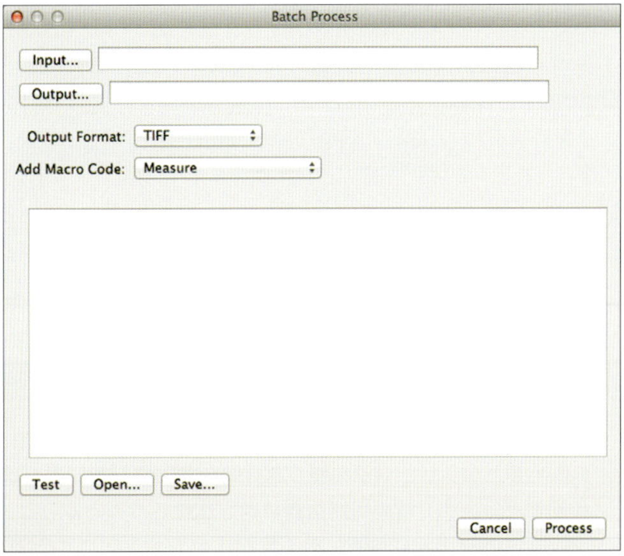

■図4

■図5

度そのものの定量には適していないが，分節化において正しく目的の構造を取り出せるかどうかはフィルタのうまい掛け方が鍵を握っていることが多い．例えば，前述の平滑化フィルタやガウスボケフィルタなどは，ノイズを除去して二値化をうまく行うために使われるフィルタの代表である．逆にぼやっとした構造の縁を分節化の目的でくっきりさせるべくラプラシアンフィルタが使われる．こうした場合，様々な種類のフィルタ処理を組み合わせて複数回実施することで目的の構造を抽出することが1つの戦略となる．複数回の色々な処理が必要になると，煩雑な手順が解

析するうえで障害となるが，ImageJではこのための便利なツールも用意されているので以下で紹介する．

【演習③】バッチ処理によるフィルタの組み合わせ

　ライブイメージングで時系列画像を取得した際に，それらの画像データすべてに複数の同じ処理をしたいときがある．このような場合にはBatch Processingが便利だ．これは複数の画像ファイルを1つのフォルダに入れておき，指定したマクロをフォルダ内の画像すべてに適用する機能で，非常に簡単に使うことができる．以下に手順を説明する．

　まず，処理をしたい複数の画像ファイルを1つのフォルダに入れる．次に，**[Record...]**で繰り返し処理をマクロに記録する．例えば，画像ファイルを1つ開いてから**[Record...]**を実行して図4のウィンドウが出たら，**[Mean...]**など，行いたい処理を実行する．そして図4に示すRecorderに各処理が記録されることを確認する．もし間違った処理を記録してしまったら，単純にその行を削除すればよい．操作の記録が終わったら，**[Macro...]**（Batch Process）を実行し，図5のウィンドウを表示させる．ウィンドウ内下部の一番広い欄に先ほど記録したマクロをコピー＆ペーストしよう．Inputに入力したい画像ファイル群，Outputに処理が終わった後のファイル群の置き場所を指定し，**Output Format:**で出力フォーマットを選択する．後は**Process**ボタンを押して実行すると，しばらく処理が続き，指定したフォルダに処理後のファイルが保存される．時系列画像などの多次元データを扱っている人に重宝される機能だ．

■■■ COLUMN

　本節で扱ったバッチ処理はコンピュータの威力をはっきりと体感できる例だろう．画像処理に限らず，コンピュータを使う本質的な意義は"繰り返し処理の実現"に尽きる．100万回，1億回など，人間では不可能な繰り返し作業を淡々と実行してくれる機械がコンピュータであり，フィルタの原理でも説明したような1ピクセルごとの演算を，ひたすら繰り返すことができるおかげで，様々な画像処理を実現することができる．さて，ImageJを使っているうちに繰り返し処理が出てくると，自分で何回かクリックなどの繰り返し操作をするか，バッチ処理やマクロを設計するか悩むことがある．3回ぐらいの繰り返しだったら手で行ったほうが速いが，1000回の繰り返しになると自動化するのが妥当だろう．では何回ぐらいから切り替えるのがよいのか？処理内容にもよるが，個人的には12回（1ダース）程度を越える繰り返し処理が出てきたら自動化に移行することが多く，またそのほうが速いと思われる．自動化の良い点は，一度その仕組みを作ると使い回すことができる点で，作業の積み重ねが効くことだ．ImageJは自動化がしやすいように設計されているので，自動化の機会を見つけたら積極的に取り入れることで，結果的に作業のスピードが増し，技術的な経験も積める．

TEST ☞ **確認テスト**　解答 P92

問題 1 今回扱った平均値フィルタを，いくつかのサンプル画像に1回，10回，100回適用してみよう（Batch Processを使って繰り返し処理をマクロに記述する必要がある）．

第3章 画像の領域分割

4 二値化後のフィルタ処理

ImageJ

三浦耕太

 分節化のための二値画像の処理

分節化のために画像を二値化する手段をこれまでに紹介してきたが，二値化した後に，さらにフィルタ処理が必要になることがしばしばある．例えば，二値画像の背景に当たる部分にノイズが二値化されて残ってしまっているような場合である．このようなときには，処理工程を最初からやり直して二値化の前にメディアン・フィルタ（**[Median...]**）であらかじめ処理するか[注1]，二値化した画像に対して次のような処理を行う．なお，フィルタのコマンドはほぼすべて **[Process > Binary >]** 以下にある．

【演習①】

コマンドファインダでサンプル画像 **[noisy-fingerprint.tif]** を開いてみよう[注2]．

これは指紋の白黒画像だが，背景にノイズの小さな点がパラパラと混入している（図1左上）．以下の作業の前にまず，画像の背景色を確認しよう．**[Process > Binary > Options...]** を実行すると，小さな設定ウィンドウが表示され，そこに **"Black background"** という項目がある（図2）．サンプル画像の背景は黒なので，チェックを入れてOKをクリックする．

さて，背景ノイズの除去を行ってみよう．**[Erode]** を実行する．この処理で背景のノイズが消える（図1中央上）．とはいえ，よく見てみると，指紋の線の幅が狭くなってしまっている．そこで **[Dilate]** をさらに実行する．すると，指紋の線の幅が元の大きさに戻ることがわかるだろう．とはいえ背景の黒い部分からはノイズが消えたままである．

[Erode] は，シグナル（白い部分）を1ピクセル分削る，という**侵食処理（erosion）** であり，**[Dilate]** はシグナルを1ピクセル分追加する，という**膨張処理（dilation）** である．ノイズの場合，サイズが小さいので侵食処理によってすっかりその姿が消える．一方で指紋はある程度の幅があるので，削られてもその構造は残っている．したがって，引き続く膨張処理はノイズの膨張は行わないが，指紋は1ピクセル分太くなるので，元の大きさに戻ることになる．

サンプル画像 **[noisy-fingerprint.tif]** をもう一度ダウンロードして，今度は **[Dilate]**（図1右上）の後に **[Erode]** を行ってみよう．ノイズは消えないが，この場合，指紋の白い部分にあった穴や，不連続な部分がきれいになくなっていることがわかるだろう．重要なのは，侵食と膨張処理は，その処理の順番に

[注1] 3章3節演習①「平滑フィルタによるノイズ除去」を参照．

[注2] 実習用のプラグインをインストールしている必要がある．まだインストールしていない方は1章2節の「サンプル画像用のプラグインとアップデートサイト」の手順に従ってプラグインをインストールしてほしい．

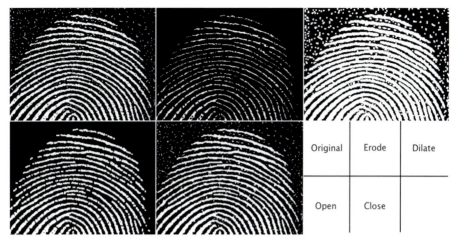

■図1 画像noisy-fingerprint.tifと数理形態演算の結果

よって結果する画像が異なるということである．背景ノイズ除去の場合であれば侵食させてから膨張，という処理をしなければならない．

なお，侵食させてから膨張という処理はまとめて**[Process > Binary > Open]**というコマンドになっている（図1左下）．また，膨張させてから侵食，という処理は**[Process > Binary > Close-]**というコマンドである（図1中央下）．

これらの処理は数理形態演算（morphological processing）と呼ばれる一連のアルゴリズムの代表的なものである．アルゴリズムは簡単には次のようになっている．3章3節で解説した畳み込み演算と似ており，小さなカーネルを用意する．数理形態演算の場合，これを**構造要素（structuring element）**と呼ぶ．計算方法も少々異なり，一定の論理的な規則に基づいて出力画像を構成する．

例えば，3×3の構造要素を使った膨張処理の場合を考えよう．まず構造要素を画像の左上に重ねることから始める．この構造要素は画像上の座標で，(1, 1)を中心とする位置にあることになる．この構造要素が重なっている画像の3×3の領域に，もし白いピクセルがあったら，出力画像の(1, 1)のピクセルを白にする．まったくなければ黒にする．これでこの位置での処理は終わりである．構造要素を右方向に1ピクセル動かし(2, 1)に置く．画像の重なった部分に白いピクセルがあるかどうかを同じように判定し，出力画像の座標(2, 1)を白か黒にする．順繰りに同様の判定を行い，右端に到達する．次の行に下がって再び左端から右に向かって1ピクセルずつ構造要素を動かし，次々に判定をする．結果として出力画像は入力画像の白い部分が1ピクセル分膨張して

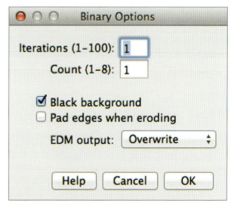

■図2 二値画像のオプション（Binary Options）設定ウィンドウ

いることになる．

　侵食処理では，膨張処理の判定基準を変えるだけである．構造要素が重なっている画像の3×3の領域がすべて白であった場合にのみ出力画像に白を返すという判定を行えば，1ピクセル分侵食した結果が得られる．骨格化処理（細線化処理とも呼ばれ，ImageJでは**[Skeletonize]**で実行できる）も似たような判定基準を用いるが，侵食の結果が1ピクセルの太さの線になるまで再帰的に処理が行われるように判定基準を構成している．

　構造要素が3×3といった等方的なカーネルであれば，等方的な膨張・侵食が行われるが，構造要素は5×1のように異方性を与えても上述のような処理は行える．5×1の構造要素の場合，上下方向にのみ，膨張・侵食が起きる．ImageJに実装されているのは3×3の等方的な構造要素である．異方性のある構造要素を使いたい場合には，実習用のプラグインに**[Morphology]**という機能が実装されており，構造要素を自分でデザインすることができる．興味のある方は試してみるとよいだろう．

核膜タンパク質の定量

　数理形態演算の侵食・膨張処理は，ノイズの除去に限らず様々な応用が可能である．ここでは，核膜タンパク質の定量を行う例を紹介しよう．

　核膜タンパク質の輝度を定量する場合，核の縁に当たる部分を測定対象の**選択領域（region of interest；ROI）**としなければならない．核全体はHoechstやDAPIといったプローブでDNAを染色することで標識可能であり，その分節化は輝度閾値の設定や機械学習を使った手法で行える[注3]．ここではさらに核の縁を分節化することを目標とする．これは次のような手順で行う．

> 注3
> 3章1節参照．

【演習②】

　サンプル画像**[NPC_T01.tif]**を開こう．赤のチャネルが核のシグナル，緑のチャネルが核膜タンパク質のシグナルである．細胞を1つだけ選んで長方形の矩形ROIで囲み，**[Crop]**で切り抜こう（図3）．

　[Split Channels]でチャネルを分割してみよう．2つのチャネルを比較してみると，核膜タンパク質が核の縁を縁取るように局在していることがわかるだろう（図4）．この縁の部分にある核膜タンパク質の量を総輝度値として定量することを目的とする．

　まず核を分節化する．**[Gaussian Blur…]**でSigma（Radius）の値を1としてガウスボケを若干加え，画像を滑らかにする．次に**[Auto Threshold]**でMethodはLiを使って二値化する．画像の上部に小さなゴミが二値化されていることがわかるだろう．また，核の内部にも小さな穴がある．そこで**[Open]**，次に**[Fill Holes]**の処理を行い，これらを除去する．

　さて，核膜周辺すなわち二値化した核の縁の部分を分節化しよう．上の二

値画像を複製し，片方に膨張処理，もう片方に侵食処理を行う．そして，膨張処理した画像から侵食処理した画像を引き算すれば，縁の部分だけを分節化することができる．

具体的には **[Duplicate…]** で複製，片方に **[Dilate]**，もう片方に **[Erode]** で処理を行う．これらの画像間の引き算は **[Image Calculator…]** によって行えばよい．なお，分節化する核の縁の幅の広さは，膨張処理，あるいは侵食処理の繰り返しの回数によって調節することが可能である．それぞれを例えば2回ずつ行ってから引き算すれば，4ピクセルの幅になる．もし片方に膨張処理を0回（処理しない），もう片方に1回だけ侵食処理してから引き算を行えば，縁の内側の部分だけを分節化することになる．ここでは1回ずつのままで測定を行うことにしよう．

さて，うまくいけば図5の中央にあるような核の縁を分節化した（赤）二値画像ができているはずである．この画像に **[Create Selection]** を実行すると，図5の右にあるように，二値画像に選択領域が付加される．この選択領域を使って核膜タンパク質のチャネルの画像を測定すればよい．簡単には，選択領域が付加されている核の画像（図5右）のタイトルを一度クリックした後[注4]，核膜タン

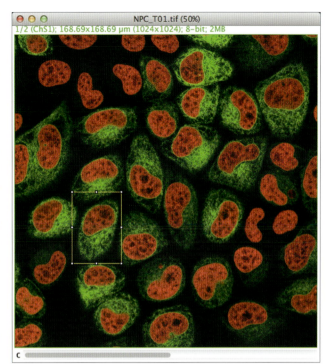

■図3　画像NPC_T01.tifと細胞の切り抜き

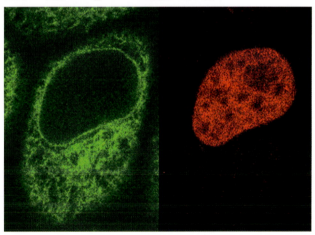

■図4　核膜タンパク質（左）と核（右）の比較

パク質の画像のタイトルをクリックしてアクティベートし，**[Restore Selection]** によって核膜タンパク質の画像上に先ほどの選択領域を複製し，**[Measure]** を実行すればよい（図6）．ただし，**[Set Measurements…]** であらかじめ "**Integrated density（総輝度値）**" をチェックしておくことが必要である．

1つのウィンドウにある選択領域を別のウィンドウで使って測定を行うに

注4
タイトルをクリックするのは，この画像の選択領域を次の Restore Selection の操作の参照にするため．なお，画像をクリックすると選択領域が消えてしまう．

3章　画像の領域分割

81

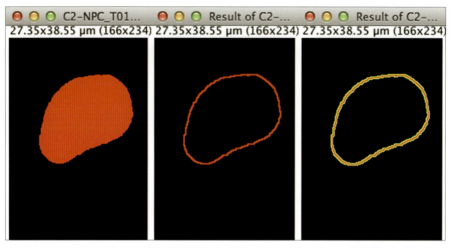

■図5 二値化した核（左），膨張処理画像から侵食処理画像を引いて分節化した核の縁（中央），核の縁の領域選択（右）

は，[Restore Selection]を使う以外にも，転送機能（redirection）を使用するか[注5]，あるいは[ROI Manager…]に選択領域を登録して測定することもできる[注6]．ROI managerでは選択領域の情報をファイルとして保存することもできるので，測定の記録にもなる．

なお，この画像は，EMBLのJan Ellenberg研究室のAndrea Boniに提供していただいた画像である．ここに感謝したい．

注5
3章1節演習②参照．

注6
4章3節参照．

距離変換とFISHの測定

さらに侵食処理の応用を考えてみよう．1回の処理で対象の構造が1ピクセル分だけ侵食される．この侵食されたピクセルの値を1としよう．さらに二度目の侵食処理をする．この二度目の処理で侵食されたピクセルの値を今度は2としよう．このようにしてすべてのピクセルが侵食されるまで処理を繰り返し，侵食された部分のピクセルを処理回数で置き換えていく．結果として，元の構造の縁から中心に向かってピクセル値がだんだんと増えていく画像となる〔距離分布画像（distance map）と呼ばれる〕．この変換をユークリッド距離変換（Eucledian distance

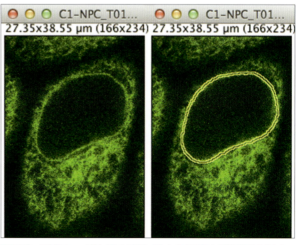

■図6 核膜タンパク質の画像（左）と核膜の選択領域（右）

transformation；EDT）という．なぜこのように呼ばれるかと言えば，この出力画像のピクセルの値は，元の構造における縁からの距離になっているからである．距離分布画像は，構造の内部にあるサブ構造の縁からの距離を測定するのに便利である．FISHのシグナルを定量する次の演習を行ってみよう．

【演習③】距離分布画像を使った測定

サンプル画像**[FISH2D.tif]**を開こう．2チャネルの画像で青がDAPI，赤がFISHのシグナルである．このシグナルの位置を核の縁からの距離として測定することをここでは目的とする．まずチャネルを分割し，DAPIのシグナル（核）を閾値（Otsu's method）を使って二値化しよう[注7]．次に，二値化した核を**[Distance Map]**で距離変換する（図7）．後の工程のために，画像の名前を**[Rename...]**で"**NucleusDistMap**"と変更しておく．

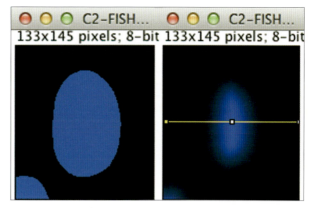

■図7 距離変換（左：核の二値画像，右：距離分布画像）

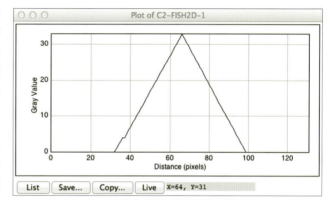

■図8 距離分布画像の輝度プロファイル

図7右にあるように短軸に相当する部分に水平の直線選択領域を引いて**[Plot Profile]**で輝度プロファイルをとってみると，図8にあるようなプロットになる．ピクセル値が縁からの距離に変換されているということがわかるだろう．

次に，FISHの画像に輝度閾値を設定しての二値化を行う．**[Auto Threshold]**でMinimum Methodを選ぶとよい．1点だけが選ばれるはずだ．このFISHシグナルの領域を自動認識し，その領域を距離分布画像に転送して輝度の測定を行う．この場合の輝度は，核の縁からの距離に相当することになる．具体的には次のような手順で行う．

①**[Set Measurements...]**で，**Mean gray value**および**Min & max gray value**がチェックされていることを確認．また"**Redirect to:**"のドロップダウンメニューから，距離画像**NucleusDistMap**を選ぶ．

②FISHの二値画像をアクティベート（クリックして1番上に持ってくる）し，**[Analyze Particles...]**を行う．立ち上がった設定ウィンドウでは**Show:**を**Outlines**に，**Display results**と**Clear results**をチェッ

注7
この演習ではとりあえず目視で行ってよいが，核の縁の位置がとても重要になるので，分節化はより丁寧に行う必要がある．次の2つの論文を参照にするとよいだろう．Pickersgill H, et al: Nat Genet (2006) 38: 1005-1014, PMID: 16878134, Vaquerizas JM, et al: PLoS Genet (2010) 6: e1000846, PMID: 20174442

クしておくとよいだろう.

　③出力される画像にFISHの1点がラベル付きで表示されていれば成功である. Resultsのウィンドウには1行のみ表示される. 平均（Mean）9, 最小（Min）が8, 最大（Max）が10なので, FISHの1番近い部分で核の縁まで8ピクセル, 1番遠い部分で10ピクセル, 全体としては核の縁から9ピクセルの位置にある, と結論できる.

　ここで紹介したのは二次元の距離の測定であるが, 三次元画像の場合は三次元の距離変換を行う. 同じような手順で測定することになるが, 少々異なる部分もある. また, この演習で使ったFISHの画像はEdouard Bertrand (IGMM, モンペリエ) とFlorian Müller (パスツール研究所) に提供していただいた. ここに感謝したい. なお, Florian Müllerは"fish-quant"というFISHの定量のツールを開発している[注8]. 三次元の遺伝子座測定には, ImageJのプラグインでTANGOというパッケージがある. データベースを使ったプロジェクト単位の解析過程・結果の管理を行う本格的な機能が実装されている[注9].

[注8]
https://bitbucket.org/muellerflorian/fish_quant

[注9]
アップデートサイトから簡単にインストール可能である. URL：http://biophysique.mnhn.fr/tango/HomePage

 ## 分水嶺変換

　多細胞の核や細胞膜の画像を輝度閾値の設定によって分節化しようとすると, 核や細胞が重なっている部分で, うまく分割できない場合がある. このような状況を**過小分節化（under-segmentation）**と言う. この問題を解決する代表的な手段が**分水嶺変換（watershed transformation）**である. 簡単な画像でこの変換を試してみよう.

【演習④】重なりを分割する

　サンプル画像**[circles.tif]**を開こう. これは2つの円が重なっている二値画像である. **[Process > Binary > Options…]** であらためて "**Black background**" にチェックが入っていることを確認してから **[Watershed]** を実行する. 2つの円の重なった部分にうまく分割線が加わることがわかるだろう（図9）.

　二値画像の分水嶺変換の原理は, 次のようなものである. まず, 二値画像を距離分布画像に変換する. すると先ほど試みたように, 対象となる構造の縁から中心に向かってだんだんとピクセル値が増える画像が出力される. この値を谷に向かう負の標高として地図の等高線のように考えると, 対象物の中心に向かって谷底になっている地形と捉えることができる（図10）. 谷底は2つある. 突然

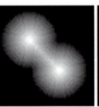

■図9　circles.pngの画像（左）. 2つの円が重なって二値化されている. 距離変換画像（中）. 分水嶺変換によって2つの円を分割した画像（右）

だが，ここで雨が降るところを想像してみる．すると，それぞれの雨粒はそれが落ちた場所によってどちらの谷底に流れるかが決まる．このようにして重なった円の領域にあるピクセルの各々の位置で，そこに落ちた水がどちらの谷底に流れるかがわかるのでそれぞれの谷に属する2つの領域に分割される．その境界が分水嶺であり，それを背景色とすれば円が分割された状態になる．

実際に核の画像を処理してみよう．サンプル画像 **[NucleiDAPI confocal.png (245k)]** を開く．**[Gaussian Blur...]** をSigma (Radius) ＝3で実行，続いて **[Auto Threshold]** をOtsu's methodで二値化する．核が重なったまま分節化されていることを確認した後，**[Watershed]** を実行する．核が1つ1つにうまく分かれることがわかるだろう．なお，この手順はFijiのWebサイトに掲載されている方法である[注10]．

最後になるが，分水嶺変換は二値画像でしかできないと考えている人が結構多い．アルゴリズムからわかるように通常のグレースケール画像でも処理可能である．

フィルタ処理は信号処理と呼ばれる分野の成果で，より広い応用がある．ここでは生物画像処理でよく使われるテクニックに絞って実戦的な解説を行ったが，他にも様々なフィルタ処理が開発されていることに留意していただきたい．

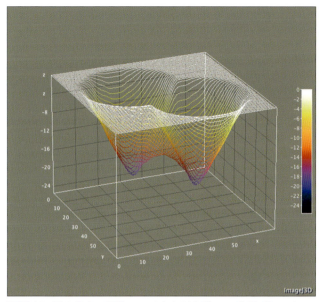

■図10 図9中央の画像に−1をかけた値の三次元プロット

谷底が2つあり，よって谷が2つあることがわかるだろう．上から水滴を落とした時に，斜面のどの位置に落ちたかによってどちらの谷に属するかが決まる．このことで，1つの対象として二値化された画像を2つの領域（谷）に分割することができる．なお，このプロットには[3D Surface Plot]を使った．

注10
http://fiji.sc/Nuclei_Watershed_Separation

■■■ COLUMN

　分水嶺変換には対象の構造を分割しすぎてしまう過大分節化 (over-segmentation) と，分割が少なすぎてしまう過小分節化 (under-segmentation) の問題がよく起きる．例えば核の二値画像で言えば，分割する必要のないうまく分節化された核まで分割してしまう，といった問題である．分水嶺変換のアルゴリズムの説明に倣って言えば，これは谷底の数に依存している．「どこが谷底か」という判断は，どれだけの深さの凹みがあれば谷底と呼ぶか，ということに依存する．もし「凹みがかなり深くなければ谷底とは言わない」ということで，谷底である要件を厳しくすれば，谷底の数は減る．逆に条件を緩めれば谷底は増える．したがって，谷底の定義を厳しくしたり緩めたりできれば，過大・過小分節化の問題はある程度解決できる．谷底条件の調節はこれまでImageJでは使いやすい実装がなされていなかった．より正確に言うと，[Watershed] のコマンドにオプションはなく，非常に手の込んだ手順でしか調整できなかった．2014年3月にメーリングリストでこのことが議論になり，Michael Schmidt がまだ開発途上だが，と調節が簡単にできる分水嶺変換のプラグインを公開して紹介している．興味のある方は試してみるとよいだろう．Tolerance を増やすと谷底条件は厳しくなり（分割は減る）減らすと緩む（分割が増える）．
http://imagejdocu.tudor.lu/doku.php?id＝plugin:segmentation:adjustable_watershed:start

 TEST ☞ **確認テスト**　解答 P93

問題❶ 演習②の1の細胞をクロップしたステップ以降をマクロとして記述せよ．縁の幅は6ピクセルとせよ．

問題❷ サンプル画像 **[quantumdots.tif (0.11M)]** を開き，ドットの数を数えよ．ドットが重なって分節化されないように注意せよ．ドットの大きさ（面積）の分布をヒストグラムで示せ．

☞ 確認テストの解答

第**3**章 1 節

■■■■ 問題**1**

①自動的な閾値の設定の際にアルゴリズムMeanを使うと，どのような違いが生じる
かを説明せよ.
②練習のため，あえて核を除外し，「小さなゴミ」だけを測定するプロトコルを作成せよ.
③②をマクロにせよ.

■■■■ 解 答

①Max Entropyによる下側閾値は389であるが，Meanによる下側閾値は366とな
る．この結果，核は若干大きめに分節化され，またバックグラウンドの余計なシグナル
も分節化される.

②（1）**[Threshold…]**でMax Entropyによる自動閾値設定を行う．（2）**[Set
Measurements…]**で測定項目を本文と同じように設定する．（3）**[Analyze
Particles…]**で，Sizeの設定を0-1にして行う.

③コードはほぼ本文にあるものと同じであるが，1カ所だけ書き換えればよい．7行
目のsize＝1-Infinityをsize＝0-1にする.

```
1   run("HeLa Cells (1.3M, 48-bit RGB)");
2   title = getTitle();
3   run("Split Channels");
4   selectWindow("C3-" + title);
5   setAutoThreshold("MaxEntropy dark");
6   run("Set Measurements...",
        "area mean standard min centroid" +
        " integrated limit redirect=" + "C1-" + title + " decimal=2");
7   run("Analyze Particles...",
        "size=0-1 circularity=0.00-1.00 " +
        "show=Outlines display exclude clear include");
```

■■■ 問題2

サンプル画像[Hela Cells]の1番目のチャネルはリソソームの画像である．ドット状のシグナルを確認できるだろう．[Trainable Weka Segmentation]と[Analyze Particles...]を用いてリソソームの数を数えよ．

■■■ 解　答

[Hela Cells]のチャネルを分割し，赤のチャネルに関して解析を行う．[Trainable Weka Segmentation]を用いて，ドット状のシグナルをclass1に，背景をclass2に指定する．ドット同士がつながって分節化されることがしばしばあるが，その間に背景を指定するように，何度か指定領域の追加を行う．満足できる分節化が行えたら，Create resultsで白黒の分節化画像を出力する．こ 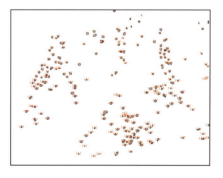 の二値画像で[Analyze Particle...]を行い，リストされるオブジェクトの数は215個であった．なお，人によってシグナルと領域の指定の仕方は異なってしまうのが通常であり，結果，リソソームの数は多少異なることが予想される．この場合にはどうしたらよいのだろうか？

機械学習のアルゴリズムは人が指定する領域の法則性を学習する．この法則性は"分類モデル"と呼ばれ，ファイルとして保存することが可能である．この同一のモデルを使用すれば，まず再現性は確保される．また，モデルはブラックボックスではない．モデルは人間が理解できるような形で記述し直すことも可能であり（ただしものすごく長い記述になる），この点で分類の詳しいプロセスも確認可能である．

なお，筆者が領域を指定して作成した分類モデルはサポートサイト（1章2節参照）からダウンロードできる．モデルを使用する際には，**"Load classifier"**でファイルをロードした後，**"Apply classifier"**で赤チャネル，すなわちリソソームのシグナルの画像ファイルを選べばよい．"Create probability maps instead of segmentation？"と聞かれるので，Noをクリックする．215個のリソソームがカウントされるか試してみよう．

モデルは明確に記述された手順である．使ったモデルを公開すれば誰が行っても同じ結果になることから，再現性という点で好ましい手段であると言える．が，そのためにも分節化に使ったモデルは，実験のプロトコルのように大事に保存しなくてはいけない．論文で使われた手段ならば，Supplementary Materialsの一部として公表することが望まれる．

第3章2節

問題1

　演習①の操作で統合した画像は，輪郭が別の時間と重なる部分の値が高くなってしまい，LookupTableを変えたときにその部分の見栄えが悪い．画像演算を使ってこの重なった部分の値を下げる操作を考えてみよう．

解　答

　重なった部分の余計な値を取り除くには，あらかじめ重なった部分のマスクを作っておき，それを統合した画像から引く操作が必要になる．

　図a1Aとa1Bは演習①で説明した二値画像の連続した2枚である．この2つの画像をそのまま統合すると図a1Cのようになり，赤色で示した重なった部分が余計である．そこで，**[Image Calculator]** でOperationにANDを選び，a1A画像とa1B画像の重なる部分を示す画像を作る（図a2A）．さらに，単純に統合したa1Cの画像からa2Aの画像を **[Image Calculator]** のSubtractを使い，引き算した後，2枚目の画像の2倍にするためにもう一度a1Bの画像を **[Image Calculator]** で足すことで，重なりを除去した画像を得ることができる（図a2B）．あとは繰り返し同じ処理をすることで時系列画像の重なりを除去することができる．

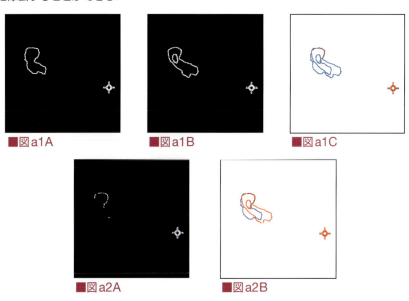

■図a1A　　■図a1B　　■図a1C

■図a2A　　■図a2B

■■■■ 問題2

　演習①の操作をそのまま時系列データに適用するのは大変手間がかかる．100枚の画像を統合する操作をマウス操作で行うのは現実的ではない．そこでマクロを使って時系列画像の系列すべてを統合してみよう．

■■■■ 解　答

　以下にImageJマクロスクリプトを示す（//以下はプログラム各行の説明）．スクリプトを適当な名前（time2colors.ijmなど）で保存し，本文でダウンロードした動画を**[File > Import > Movie(FFMPEG)…]** でファイルを開いた後，**[Plugins > Macros > Run…]** でスクリプトを実行すると，時系列画像を統合したものができあがる．これでメモリの許すかぎり大量の画像を処理することができる．

```
run("RGB to Luminance"); // 8bit への変換
rename("dicty.avi"); 変換したデータの名前を変更
selectWindow("dicty.avi"); // 動画の選択
run("RGB to Luminance");
setAutoThreshold("Default dark"); // 閾値処理の設定
setThreshold(16, 255); // 閾値処理の設定
setOption("BlackBackground", true); // 閾値処理の設定
run("Convert to Mask", "method=Default background=Dark black"); // 閾値処理の実行
run("Find Edges", "stack"); // 輪郭抽出
run("Divide...", "value=255.000 stack"); // 輝度値を255から1へ変換
N = nSlices(); // 動画の枚数を得る
// N = N - 120;  // 前半部分だけ処理する場合
for (i=1;i<=N;i++){ // 動画の枚数だけ繰り返し
  setSlice(i); // i番目の画像を選択
  run("Duplicate...","title=dicty-1.avi"); // i番目の画像を1枚複製
  rename(i); // 複製した画像の名前をi番に変更
  selectWindow("dicty.avi"); // 元の動画を選択
}

selectWindow(1); // 1番目の画像を選択
rename("Ans"); // 1番目の画像名をAns と変更
```

```
for (j=2;j<=N;j++){ // 2枚目から動画枚数まで繰り返し
  selectWindow(j); // j番目の画像を選択
  run("Multiply...","value=j"); // j番目の画像の1の値をjに変換
  imageCalculator("Add create","Ans",j); // 画像Ansに選択しているj番目の画像
  を統合し，新しく作成
  selectWindow("Ans"); // 画像Ansを選択
  close(); // 画像Ansを閉じる
  selectWindow("Result of Ans"); // 統合した画像を選択
  rename("Ans"); // 統合した画像の名前を新しくAnsと設定
}

run("16_colors"); // LUTを16 colorsに変更
run("Brightness/Contrast..."); // Brightness/Contrastを開く
```

　スクリプトを動かしてみるとわかるが，今回扱ったデータの場合，途中で画面が切り替わる横線も含め，すべて統合されていることがわかる．11行目の//を消してコメントアウトをなくすと，前半の部分だけ処理することになるので試してほしい．このように，任意のフレームだけ統合したい場合もスクリプトを変更することで対応可能だ．

第3章3節

■■■ 問題❶

　今回扱った平均値フィルタを，いくつかのサンプル画像に1回，10回，100回適用してみよう．

■■■ 解　答

　まず適当なフォルダを2つ作成し，一方のフォルダに処理したい画像データを置く．
　次に**[Macro...]**でBatch Processのウィンドウを開く．
　以下の図に示すようにInputに入力画像を置いたフォルダ，Outputに画像処理後の画像ファイルを置くフォルダを指定し，Output Formatに適当な形式を選ぶ．
　Add Macro Codeは**[Select from list]**そのままにし，下のダイアログボックスに

```
for(i=1;i<=10;i++){
    run("Mean...", "radius=2");
}
```

と入力する．i<=10の部分の数字が繰り返しなので，1回のときは1，10回のときは10，100回のときは100を指定する．

　あとは**Process**ボタンを押すだけで処理後の画像が指定したフォルダに保存される．平滑化だけでなく，色々な処理も同様に行えるので，特に時系列画像で絶大な威力を発揮するだろう．

第3章4節

■■■■ 問題1

　演習②の1細胞をクロップしたステップ以降をマクロとして記述せよ．縁の幅は6ピクセルとせよ．

■■■■ 解　答

以下のようなマクロになる．

```
1    title = getTitle();
2    c1 = "C1-" + title;
3    c2 = "C2-" + title;
4    run("Split Channels");
5    selectWindow(c1);
6    c1ID = getImageID();
7    selectWindow(c2);
8    c2ID = getImageID();
9
10   run("Gaussian Blur...", "sigma=1");
11   run("Auto Threshold", "method=Li white");
12   run("Open");
13   run("Fill Holes");
14   run("Duplicate...", "title=C2-2-" + title);
15   c2bID = getImageID();
16   setOption("BlackBackground", true);
17   for (i = 0; i < 3; i++)
18       run("Erode");
19   selectImage(c2ID);
20   for (i = 0; i < 3; i++)
21       run("Dilate");
22   imageCalculator("Subtract create", c2ID, c2bID);
23   rimID = getImageID();
24   run("Create Selection");
25   run("Make Inverse");
```

```
26    selectImage(c1ID);
27    run("Restore Selection");
28    run("Set Measurements...", "area mean min integrated redirect=None
29     decimal=2");
30    run("Measure");
31
32    //cleanup
33    selectImage(c2ID); close();
34    selectImage(c2bID); close();
35    selectImage(rimID); close();
```

　1～8行目はこれまでにも何度か登場したように，2チャネルの画像を分割し，それぞれのチャネルの画像のImageIDを取得している．10～13行目までが核の二値化の工程である．分節化された画像の膨張処理と侵食処理は17～21行目までである．このようにforループを使えば，処理の回数を調節するのに便利である．ここではループが3回なので，22行目で行われる引き算の結果は，6ピクセルの核の縁を中心とする帯状の構造の分節化となる．24～25行目が二値画像を選択領域に変換するコマンドである．26～29行目がその選択領域を使った測定である．31行目以降は，このマクロで生成される画像の数が多いので，不要なものを閉じている．

　26～29行目の選択領域を使った測定の部分は，ROI managerを使うと以下のようになる．

```
ROI manager("Add");
selectImage(c1ID);
run("Set Measurements...", "area mean min integrated redirect=None
 decimal=2");
ROI manager("select", 0)
ROI manager("Measure");
```

　ROI managerをマクロから使う場合，基本的にはROI managerのウィンドウにあるボタンの名前を引数にすれば，ボタンをクリックすることと同じ操作ができる．上のスニペットでは1行目で選択領域をROI managerに登録し，それを核膜タンパク質のチャネルでアクティブにする．この際にROI manager(**"select", index**)のコマンドを使う．indexはROI managerにリストされた選択領域のインデックスということで，今回は1つしかないので最初のインデックスである0になる．測定の実行はrun(**"Measure"**)で

もよいのだが，ROI managerを使っているのでROI managerに付属している測定機能を使った．このコマンドからわかるように，ROI managerを使えば複数の選択領域を登録して任意の領域を自由に測定することが可能になる．

また，今回のようにマクロが生成する画像が多い場合，実行中にいろいろなウィンドウが現れてチカチカする．このようなときには**"setBatchMode"**を使って描画を一時的に停止するとよい．一番最初の行に**"setBatchMode(true)"**を挿入し，最初から描画を一時停止する．また一番最後の行でこの一時停止を解除して，結果の画像を描画する．

以上の改造を行ったのが以下のコードである．

```
setBatchMode(true);
title = getTitle();
c1 = "C1-" + title;
c2 = "C2-" + title;
run("Split Channels");
selectWindow(c1);
c1ID = getImageID();
selectWindow(c2);
c2ID = getImageID();

run("Gaussian Blur...", "sigma=1");
run("Auto Threshold", "method=Li white");
run("Open");
run("Fill Holes");
run("Duplicate...", "title=C2-2-" + title);
c2bID = getImageID();
setOption("BlackBackground", true);
for (i = 0; i < 3; i++)
    run("Erode");
selectImage(c2ID);
for (i = 0; i < 3; i++)
    run("Dilate");
imageCalculator("Subtract create", c2ID, c2bID);
rimID = getImageID();
run("Create Selection");
```

```
run("Make Inverse");
ROI manager("Add");
selectImage(c1ID)
run("Set Measurements...",
    "area mean min integrated redirect=None decimal=2");
ROI manager("select", 0);
ROI manager("Measure");

//clean up
selectImage(c2ID); close();
selectImage(c2bID); close();
selectImage(rimID); close();
setBatchMode("exit and display");
```

　改造前と比較すると，実行速度が格段に速くなっていることがわかるだろう．最初の
マクロの実行にかかる時間のほとんどはじつはディスプレイへの描画にかかっている時
間なのである．**"setBatchMode"** によって，このムダな時間を省くことができるととも
に，処理中の表示もスマートになる．

　なお，このコードは以下のGitHubのリンクにも掲載している．
https://gist.github.com/miura/9845061
改造前と改造後を比較したいときには，差分を見るとわかりやすい．
https://gist.github.com/miura/9845061/revisions

■■■■　問題**2**

　サンプル画像 [quantumdots.tif（0.11M）] を開き，ドットの数を数えよ．ドットが
重なって分節化されないように注意せよ．ドットの大きさ（面積）の分布をヒストグラ
ムで示せ．

■■■■　解　答

　画像の背景をよく見るとわかるのだが，均一な背景ではなく濃淡がある．そこでま
ず背景を差し引く．ここでは **[Subtract Backgound…]** によって行う．**Rolling ball
radius** を5に設定し，チェックボックスはすべて選択しない．OKをクリックして実

行すると，背景は完全に均一ではないが，元画像よりもかなり改善されていることがわかるだろう．次に**[Auto Local Threshold]**で**Method Bernsen**を選択（最初にTry Allを選んで結果を比較して適切なアルゴリズムを選ぶ），**Diameter**を30として画像を二値化する．重なっているドットを分離するため**[Watershed]**を処理する．最後に測定である．**[Set measurements...]**で"**Area**"が選択されていることを確認した後，**[Analyze particles...]**を実行する．**Size**を3-Infinityとし，**Show**は"**Outlines**"，チェックボックスは"**Display results**"，"**Clear results**"，"**Exclude on edges**"，"**Include holes**"を選択する．

筆者の結果では244のq-dotsが分節化され，面積のヒストグラムはResults tableに独自についている**[Results > Distribution...]**によってヒストグラムをプロットした（図1）．

■図1　q-dotの面積のヒストグラム

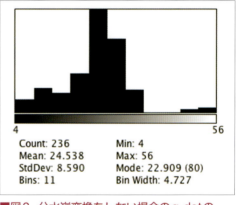

■図2　分水嶺変換をしない場合のq-dotの面積のヒストグラム

なお，**[Watershed]**を行わない場合は236個が分節化される　面積のヒストグラムを見ると図2のようである．

　右の方に小さなピークがある．かなり大きなドットあることがこのことからわかる．これらのドットの面積がモードの値である22の2倍程度であることから，これらは2つのq-dotsが1つのq-dotとして分節化されたものであると推測される．図1のヒストグラムと比べれば分水嶺変換がこれらの重なっているドットを分割したことがわかる．

第4章 画像解析の実際

1 形態の定量・形状の検出

ImageJ

塚田祐基

　生き物は様々な縮尺において複雑な形を見せてくれる．その形が意味するところは内在する分子機構やその動的な営みの結果であり，形の違いを客観的に正しく評価することで生命を形成する仕組みの理解が進むことも多い．そのため，形態に着目することの多い発生生物学に限らず，形の定量は生物学全般において非常に重要な問題であるが，じつは定量という意味では非常に難しい問題でもある．

　本節ではこの形の定量に関する話題を中心にして，ImageJを使った画像処理をどのように実際の研究に役立てるかについて紹介する．3章3，4節で扱ったフィルタ処理の主な目的は，いかにうまく画像を二値化するか，ということであったが，その結果得られた二値画像は，形の定量や，さらには形に基づいた輝度値の測定に用いるものであった．本節では，二値化はすでに十分な質のものが得られたということを前提にしたうえで，形をどのように測定をするかについていくつかの例や戦略を紹介する．なお，ここでもFijiを起動して，コマンドファインダ（**L**キーで起動）で**[ ]**で示したコマンドや画像を検索して実行してほしい．

形を定量する戦略

　物の形はヒトが違いを認識する明らかな性質であるが，数値として定量することが難しい対象でもある．さらに，神経細胞のような複雑な形態を持ち出すまでもなく，日頃我々が目にする生物らしい形は複雑なものが多い．そのため，形態に注目した解析の戦略としては，まずはなるべく単純な構造に注目することが第一の選択肢となる．第二の選択肢としては，単純な構造の組み合わせを使って，より複雑な情報を定量する方法がある．そして第三の選択肢としてはモデル化，つまり任意の形にフィッティングさせたうえでのパラメータを定量するという方法がある．これらのいずれについてもImageJは使いやすいツールと拡張性を提供する．

単純な構造を計測する

　形に関する最も単純な構造と言えば，二点間の距離が挙げられる．ImageJの領域選択ツールで直線を選び，開いている画像上をクリックすれば，二点間の距離は簡単に表示できる．単に相対的な比較をするのであれば，画像のピク

■図1

　セル数で距離を比較してもよいが，スケールを設定すれば絶対値としての比較ができるのでその方法も覚えよう．ステータスバーに表示される数値は画像に埋め込まれているスケール情報を反映するため，画像に正しいスケールが設定されているかどうか，**[Properties...]** で確かめよう．この **[Properties...]** で画像のピクセルと実際の大きさを対応させることで，簡単に実際の長さを求めることができる．逆にステータスバーに表示されるスケールがおかしければ，この設定を初めに疑う必要がある．解析ごとにスケールを設定することができるので，そのやり方も紹介しよう．

　例として **[Leaf(36K)]** を開き，直線選択ツール（図1A）をクリックした後，画像に写っている定規のメモリに合わせて適当な長さ（50mmなど）を選択する（図1B）．この時点でステータスバーには選択した長さがピクセル数で表示されているはずだ．この状態で **[Set Scale...]** を実行すると，図1Cに示すウィンドウが現れる．**"Distance in pixels:"** に，選択している直線の長さがピクセルで表示されているので，**"Known distance:"** に **"50"**，**"Unit of length:"** に **"mm"** と入力してOKボタンをクリックする．あらためて画像内を直線選択ツールで選択すると，ステータスバーにmm単位での長さが表示

4章　画像解析の実際

101

される．試しに葉身の長さを測ってみると，61mm程度であることがわかる．さらに直線選択ツールのボタンを右クリックすると選択できるようになる，Segmented lineツールで葉の周りを囲ってみると（図1D），葉の周囲長が200mm程度であることがわかる．**[Measure]**のキーボードショートカットである**M**キーを押すと計測値が数値として出力できるので活用しよう．色々な場所を測定，**M**キーで数値を出力した後に，まとめてファイルとして出力することもできる．

■図2

さらに，3章1節で見たように，ImageJでは**[Set Measurements...]**を設定することで，画像内に含まれる複数の計測対象を自動的に認識し，形態に関する測定データ（面積や重心など）も得ることができる．単純な形質を数多く定量する必要がある場合に，これらの機能を利用することをおすすめする．

【演習①】面積の定量

上記の**[Set Measurements...]**にも含まれる面積は，画像データ内の対象物について，簡単に得られる計測量の中でも生物画像解析において使う機会の多いものだろう．ここで少し面積の定量について，基本と注意すべき点を確認する．ご存知の方も多いと思うが，画像における面積の定量は画像を二値化した後にそのピクセル数を数える操作と同等であり，三次元データにおける体積の場合はボクセル（立方体）を数える操作と同等である．

適当な画像（上記の**[Leaf(36K)]**でよい）を開き，適当な領域選択ツール（図2のどれか）を選択してから，開いている画像上で適当な領域を選択してみてほしい．**[Set Measurements...]**を動かしてareaにチェックが入っていることを確かめてから**M**を押すと，指定された領域の面積が計測される．ここ

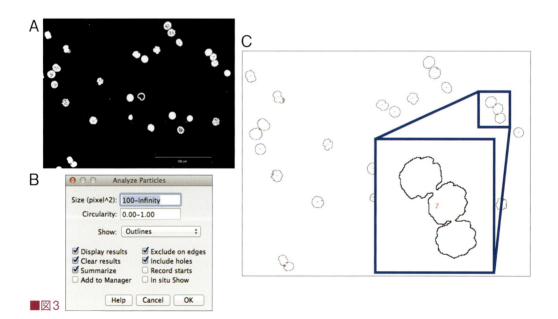
■図3

で1つ注意したいのは，ピクセルが面積の最小単位になっているということだ．つまり，画像の解像度よりも細かい面積の分割はできない．2章1節では画像のビット深度と量子化について紹介したが，面積の場合はビット深度ではなく解像度によって量子化誤差が規定される．

　さて，ImageJでは画像上複数の面積測定も一気にできる．その場合は領域選択ツールで1つの領域を選択するのではなく，測定したい領域を二値化によって指定する．**[Embryos(42k)]** を開き，**[8-bit]** でグレースケールにした後に，**[Auto Threshold]** でIsoDataなどの適当なメソッドを選び二値化すると，図3Aが得られる．この画像をクリックしてアクティブにしたうえで**[Analyze Particles...]** を動かし，設定値を図3BのようにしてOKをクリックしてみよう．図3Cの画像とともに，測定値がResultsという名前のウィンドウの表に得られる．その中に面積(area)が含まれているはずだ．一番左の番号は認識している測定領域の番号で，図3Cに表示されている番号と対応する．ここで認識されている領域は，一続きのつながったピクセルの塊である．そのため，測定したい領域が個別にきちんと分割されているかどうか，二値化の際に注意する必要がある．例えば，図3Cの例では7番の領域に3つの個体があるものの，二値化の際に一続きになってしまったため1つの個体として分節化されている．これらをどう分離するかは，3章3，4節で紹介したフィルタなどを駆使して実現することが求められる．

単純な構造を組み合わせた指標

　距離や面積，対象物の周囲長などは単純な指標であり，計測することが比較的簡単であるが，もう少し複雑な情報を扱うためには，これらの計測を組み合わせて形態の指標にすることも選択肢となる．この指標を**形態記述子(shape descriptors)** と呼び，ImageJに実装されている形態記述子は以下のようなものが用意されている．

- **真円度(Circularity)**：$4\pi \times (面積)/(円周)^2$
  1.0で完全な円，0.0に近づくほど形が複雑になる．極端には線である．
- **アスペクト比(Aspect Ratio)**：長軸/短軸
  楕円にフィッティングしたときの長軸の長さを短軸で割った値．
- **円形度(Roundness)**：$4 \times (面積)/[\pi \times (長軸)^2]$
  真円度と似ており，完全な円の場合には1.0になるが，より条件を緩くした値である．例えば視覚検査の時に使われるような中抜きの円の一部が欠けた形状を測定した場合，真円度は低下するが，円形度は1.0に近くなる．これは分母を比較するとわかるように，真円度では円周が使われている一方，円形度ではフィットした楕円の長軸が使われているからである．
- **凸度(Solidity)**：(面積)/(凸包面積)
  形態の凹みの少なさを表す数値である．凸包(Convex Hull)処理と関連し

ている．凸包処理によって任意の領域はすべて凸型の輪郭によって領域を包み込む．直感的には領域の凹んだ部分がなくなるようなアウトラインを引く，ということになる．この際に，元の領域の面積を凸包処理した後の面積で割ると，凹みが大きければ小さい値，凹みが少なければ1.0に近づく．

表1に，図4に示す色々な形状に対する形態記述子の比較を載せる．それぞれの値は円のときにほぼ1を示すが，形態記述子の違いにより変形の種類を反映する度合いが異なることに注目してほしい．

これらの指標は，主に円形からどれだけ離れた形状をしているかという点について定量性のある目安となる．実際にこれらの指標が効果的に使える状況としては，多数の細胞など多くの画像を解析する場合であり，明示的な定義に基づく形態の指標値（形態記述子）を用いることで，大規模な画像データを自動的に解析することが可能となる．例えば，異なる実験条件で細胞の形を比較する際，個々の細胞を比べた結果がよくわからなくとも，多くの細胞の形態記述子を統計的に解析することで，条件間の違いを定量的に比較することができる．

■表1　各画像の形態記述子の値

	1	2	3	4	5	6
真円度	1	0.574	0.887	0.543	0.73	0.572
アスペクト比	0.902	1.026	1.14	1	1	1
円形度	1	0.975	0.877	1	1	1
凸度	1	0.967	0.997	0.823	0.938	0.878

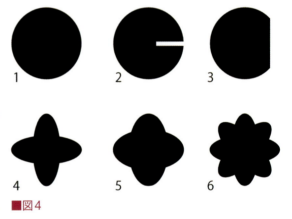

■図4

形態記述子のより高度な用法として機械学習を使った形態の分類・認識がある．例えば細胞分裂の際に細胞は段階的に特徴的な微小管の形態変化を示す．n個の形態記述子によるn次元のベクトル空間を使って，個々の細胞が細胞周期のどの段階にあるのかを自動的に分類することが可能である．これを応用し時系列画像の大規模な取得によって細胞分裂の形質のスクリーニングを行った例がある[1]．画像を使った大規模スクリーニングにおける形態記述子の使用はもはやスタンダードな方法と言ってもよいだろう．

形状をモデルにフィットさせた定量

ある程度複雑な形態になると，測定値そのものや測定値から直接計算した指標を使うよりも，モデルにフィッティングさせた上でのパラメータを抽出した方が性質を的確に表現してくれる場合も出てくる．ImageJでは簡単なフィッティングも行ってくれるため，円や楕円にフィッティングさせたときのパラメータを計測することも容易に実行できるので試してみよう．

再び**[Embryos(42k)]**を開き，図5Aのように楕円に近い細胞を選び，ポリ

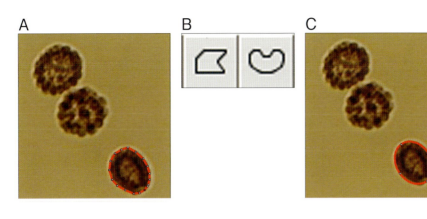

■図5

ゴン選択ツールもしくはフリーハンド選択ツール（図5B）で輪郭を囲う．この状態で**[Fit Ellipse]**を実行すると，選択した領域が楕円にフィッティングされる（図5C）．さらに**[Set Measurements...]**でFit ellipseとCenter of massにチェックを入れた上で**M**キーを叩くと，フィッティングされた楕円の重心座標がXMとXYに，長軸と短軸の長さがMajorとMinorの列に表示される．

　このような領域のフィッティングは楕円だけでなく，円や，スプライン曲線と呼ばれる滑らかな曲線，上でも説明した凸包と呼ばれる形状にも適用できる．これらはメニューの**[Edit > Selection]**にリストされる領域選択の調節ツールにあるので，領域選択に工夫が必要なときは活用するとよいだろう．

【演習②】骨格化

　形状の解析の1つとして，線状の構造を取り出してその長さや角度などの量を計測することがある．このときに便利なのは骨格化（skeletonize）と呼ばれる手法だ．ImageJでも**[Skeletonize]**として実装されているので，これを使わない手はない．ここではモデル生物として有名な線虫（C. elegans）の体の長さを例に解析方法を説明する．**[Celegans.png]**を読み込むと，図6Aの画像が現れる（見当たらない場合は1章2節で説明している手順でEMBLプラグインをインストールすると見つかるはずだ）．これを**[Threshold...]**で二値化すると，図6Bとなる（Threshold colorはB&Wとする）．体の長さ

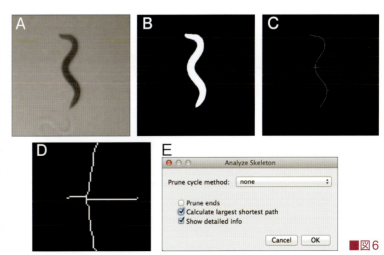

■図6

105

や曲がり具合に注目する場合，このままでは処理しにくいため，骨格化処理で体の中心を通る線を取り出してみよう．

　[Skeletonize]を実行すると図6Cが現れ，太さのあった体が細い1本の線で表現される．この抽出された線の長さや角度を測ることが目的であるのだが，skeletonizeでは問題となる現象が1つある．枝別れである．骨格化した画像を拡大してよく見ると，図6Dで示すように枝分かれをしていることがわかる．葉の葉脈や血管，神経細胞など，実際に枝分かれしている構造であればこれを定量する場合もあるが，単純な線の長さや角度を測るうえでは，この枝分かれは邪魔になるし，そもそも今回のケースのように枝の構造がない場合でも骨格化処理により構造が生み出されてしまう．そのため，骨格化した構造の解析はこの点に留意するか，枝を刈る作業を行う[注1]．骨格化構造の解析ツールの1つとして，ImageJでは**[Analyze Skeltone(2D/3D)]**があるのでこれを紹介する．なお，このツールはマドリード自治大学のIgnacio Arganda-Carrerasによって開発された[2]．Ignacioはその後MITを経て現在はパリのフランス国立農学研究所（INRA）に在籍し，様々なプラグインを開発している．

注1
この枝刈りはヒゲの除去とも言う．

　さて，先ほど抽出した線虫の骨格化画像を開き，**[Analyze Skeltone (2D/3D)]**を実行する．ウィンドウが現れるので，図6Eのように設定してOKボタンを押すと，結果が現れる．Resultsと表示されている表が主な解析結果であり，骨格化した構造を測定した結果が現れる．ここで注目するのは**Longest Shortest Path**という項目だ．ややこしい名前だが，骨格化した対象の，最も長い構造の長さであり，ここでは線虫の体の長さに対応する．また，枝分かれの構造が何か余計な情報をこれらの計量に入れ込んでしまっている場合，Branch informationと題がついたウィンドウに枝の長さなど詳細情報が表示されるので，これを組み合わせることで目的の構造を解析することもできる．さらに**[Analyze Skeltone(2D/3D)]**を実行したときに**Prune cycle method:**を選び，**Prune ends**にチェックを入れると，枝が刈り取られた構造が表示され，この解析結果も表示される．当然，画像によっては余計な刈り取りをしてしまうこともあるが，うまく使うことで目的の構造を取り出すのに役立つだろう．

　最後に骨格化を使った解析で1つ注意したい点を挙げる．それは取り出す線はあくまで画像から一定の操作により抽出した構造であり，生物学的な体の構造と必ずしも一致はしないことだ．適切な操作を選べば，体軸の中心など，生物学的に意味のある構造と見なして解析を進めて問題ないが，行った操作で目的の構造が的確に抽出されているかどうかは常に確認することが必要だ．統計的な性質や，元画像と抽出した構造の重ね合わせなど，確認する作業を解析の中に含めることをおすすめする．

│文 献│

1) Neumann B, et al: Nature (2010) 464: 721-727
2) Arganda-Carreras I, et al: Microsc Res Tech (2010) 73: 1019-1029

■■■ COLUMN

　ImageJは強力なツールであり，これだけで必要な解析をすべて賄えることも多いが，実際の研究では他のツールと組み合わせて解析を行う機会も多い．本節で抽出した測定値の統計解析や，あまり一般的でない画像解析をExcelやR，MATLABやJavaなど他のツールで解析することもぜひ柔軟に考えてほしい．他のツールを使う理由は様々であり，例えば，今回の形態記述子を例に挙げれば，その測定結果を機械学習で使用するには機械学習のライブラリが充実しているRを使うことが一般的である．このように，他のツールのほうが効率良く解析できる点があるならば，ツールを複合的に使うことが選択肢に入ってくる．単に解析する者が特定のツールに慣れているという理由で1つのツールだけに特化することもしばしばあるが，これでは解析の限界がツールによって規定されてしまう．5章で触れるImageJのプラグインを開発することも，解析の再利用や一般化という意味で非常に意義があり，選択肢の1つであろう．ImageJの利点を知ったうえで，効率良く解析に必要な要件を満たす方法を複数のツールから探すことができるようになれば，より実践的な研究力として画像解析の威力を発揮できるはずだ．

TEST ☞ 確認テスト　解答 P172

問題❶ [Embryos(42k)]を開き，分化の進み度合いと紹介した形態記述子との対応を見てみよう．その際，各指標の分布も表示してみよう．

問題❷ 面積や形状の指標と同様に，モデルにフィットさせたときのパラメータも二値化した画像から定量することができる．[Embryos(42k)]を使って各個体を楕円にフィッティングしたときのそれぞれの楕円の形と，長軸の長さの分布を眺めてみよう．

第4章 画像解析の実際

2 ImageJ ── 3Dデータにおける形態解析

塚田祐基

　本節では，形態解析の中でも近年需要が高まっている三次元データの解析について述べたい．三次元データは画像の集合（スタック）という意味で時系列画像と似ており，データの扱い方には共通することも多いが，実験者が知りたい情報は異なるため，画像処理も本質的に異なる点に留意していただきたい．また，ここでもFijiを起動して，コマンドファインダ（**L**キーで起動）を用い，[ ]で示したコマンドや画像を検索して実行してほしい．

三次元データの形態解析の難しさ

　4章1節の形態解析でも触れたように，形態は数値化することが難しい対象であり，二次元の画像でさえ苦労することが多い．まして三次元データの形態解析となると，データ量が増える割に記述できる形態の質は落ち，可視化やデータに含まれている情報を引き出すだけでも一苦労である．さらに生物は三次元空間を最大限に活かした複雑な形態を見せ，その多様性は人工物の比ではない．三次元データの形態解析は，根本的に難しい問題なのである．

　三次元形態解析の主なハードルとしては，データサイズが大きくなること，見る角度を変えた像の表示や，透明でない部分に内包された領域の可視化など，気の利いた可視化ツールが必要なこと，可視化しても形の把握が難しいこと，などがある．データサイズの問題は最近の計算機パワーの向上により，だいぶ解決されてきた感もあるが，同時に解像度の高いデータも撮れるようになってきているため，引き続き頭を悩ませてくれる問題である．

三次元形態マイニングツールTrakEM2

　なにかといくつもハードルがある三次元データの形態解析であるが，当然，解析するためのソフトウェアも開発されている．ここではImageJのプラグインであるTrakEM2を紹介する．TrakEM2は3D Viewerと連動して動く三次元データのマイニングツールで，特に透過型電子顕微鏡（TEM）画像の解析に適した形態解析のプラットホームを提供する．具体的には，複数の画像に対して位置合わせや変形を適宜加えながら統合し，分節化や構造の抽出を行いながら三次元の形態をモデリングし，可視化や測定に使うツールである．ちなみにTrakEM2はチューリッヒ大学からハワードヒューズ医学研究所（ジャネリアファーム）へ移ったAlbert Cardonaが筆頭開発者であり，主に神経回路の形

態解析に利用されている.

　非常に機能が多いプラグインなので，詳しく説明するよりも触りながら慣れてみよう.

TrakEM2を使う前にJava実行環境の確認

　ImageJの高機能パッケージであるFijiにはTrakEM2は最初から含まれており，何もしないでもすぐに使えるはずであるが，1つ注意する点がある．それはTrakEM2が三次元可視化に利用している3D ViewerのJavaライブラリの互換性で，Fijiを実行するコンピュータのJava実行環境が3D Viewerのそれと対応している必要がある．これを確認するためには，TrakEM2の前に3D Viewer自体を動かせばよく，コマンドファインダもしくはメニューから**[3D Viewer]**を起動して，ImageJ 3D Viewerとタイトルの付いた黒いウィンドウが出ればOKである．Javaの互換性に不一致があれば自動的に新しいバージョンをインストールするかどうか聞かれるので，OKボタンを押してインストールが完了するまで待てば解決できる．気をつけることは，Javaライブラリの不一致があるままでTrakEM2を動かすとエラーメッセージが出て止まってしまうので，問題を理解しないと先に進めないということだ．コンピュータに慣れない方にはこの手の問題は非常にストレスを与えるものだが，おまじないと思って対処していただきたい．

【演習①】3Dデータの可視化

　それではまず，わかりやすい三次元のサンプルデータであるヒトの頭部MRI（核磁気共鳴）画像を開いてみることで，三次元データの特徴をつかもう．**[MRI Stack (528K)]**を開くと，図1のウィンドウが現れる．このウィンドウ下部のスライダーを動かすと輪切りにされた頭部の水平面を見ることができる．このデータを3D Viewerを使って立体像として見よう．**[Image > Properties...]**を選択し，Voxel depth:を5に設定する．この設定は深さ方向のスケールで，画像取得時の値を入れることが最も適しているが，今回はそれが未知なので結果が見やすい適当な値を入力した．**[3D Viewer]**を起動すると図2のウィンドウが現れるので，図2に示した値（デフォルトで入力されているもの）のままOKボタンを押す．すると，図3に示すリアルな頭部が現れるはずだ．クリックやドラッグ，マウスのスクロール機能を動かすと位置の移動や回転など，三次元データ特有の視野の移動ができるので試してほしい．さらにもう1つ**[3D Viewer]**を起動し，今

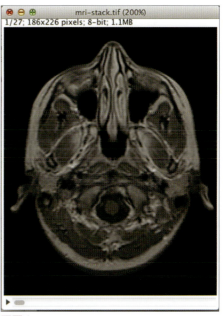

■図1

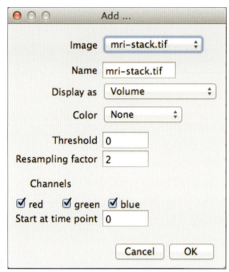
■図2

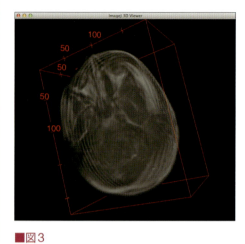
■図3

度はDisplay asにSurfaceを選んで実行してみよう．設定した閾値に従って面を描画した図が得られるはずだ．閾値が50の場合と100の場合を比べると，当然，三次元の像に違いがある．ここで注意してほしいのは，三次元データの場合，対象物の内部にある構造は可視化が難しいということだ．二次元の画像の場合，含まれている情報は画像を表示することですべて見ることができるが，三次元データの場合，二次元のモニタで表現しているため，データに含まれるすべての情報を一度に表示することができない．そのため三次元データは二次元の画像データ以上に可視化や情報注釈が重要になってくる．特に，重なり合う構造や，他の構造に内包される構造などは注意が必要である．

【演習②】TrakEM2による三次元モデリング

　3D Viewerでは三次元に配置された輝度値情報をそのまま可視化し，閾値を設定することで三次元像を描画したが，これを実験者の意のままに扱うために，TrakEM2を使ってモデリングをしてみよう．先ほどと同じように**[MRI Stack (528K)]**を開いたら，TrakEM2の新規プロジェクトを作ろう．**[TrakEM2 (blank)]**を動かすと，プロジェクトを保存するフォルダの選択ウィンドウが現れるので，適当な場所にフォルダを作成する．すると，図4に示すcanvas

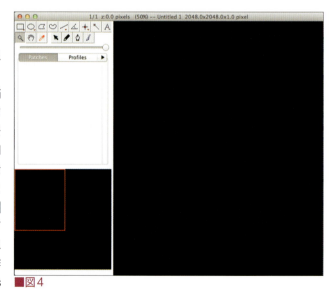
■図4

■図5

（右側の黒い領域）を含むウィンドウ，図5に示すメインウィンドウが現れる．canvasのあるウィンドウは，画像を使ってモデルを作成するための作業用のウィンドウ，メインウィンドウは作成するモデルや，もともとの画像を整理して表示しているウィンドウだと思っていただけるとよい．さて，実際に画像を読み込んでみよう．図4に示すcanvasを右クリックするとメニューが現れるので，まず**[Project > Flush image cache]**をクリックし，メモリ空間を開放する．環境にもよるが，この操作をしないとファイルが正しく読み込まれないことがあるので読み込み前に行うことをおすすめする．次に，同じくcanvas上を右クリックしてから**"Import"**を選び，さらに現れる**"Import stack…"**をクリックする．読み込むファイルを選択するウィンドウが現れるので，開いているMRIのスタックデータを選択してOKボタンを押す．するとz方向の厚さを指定するウィンドウが現れるので，3D Viewerのときと同じ5を入力してOKボタンを押す．図4に示すウィンドウの右側に脳画像が表示されれば読み込み成功だ．ウィンドウ左上にある虫眼鏡ツールを選択してから右ウィンドウの脳画像をクリックすると表示サイズが変更できるので（Macの場合，**option**＋クリックで縮小）見やすい大きさに調整するとよいだろう．

　この時点でメインウィンドウ（図5）の右側Layers欄には脳画像の各スライスがスライスの番号と，z軸方向の位置とともに表示されているはずだ．一方，canvasを含むウィンドウ（図4）の左下にはナビゲータウィンドウがあり，下部のスライダーを動かすと，表示されている脳画像が別スライスになると同時に，メインウィンドウ右側Layers欄の各脳画像の選択表示が移動することを確認してみよう．表示されるスライスの移動はマウスのスクロールホイールを回すことでも可能である．ちなみにTrakEM2において**"Layer"**は任意のz座標と厚さを持ち，その集合である**"Layer set"**は幅と高さを持つ構造である．

　データが表示されたら，モデル化する構造を定義し，三次元で構築してみよう．様々な種類の構造をモデル化することを考慮し，TrakEM2ではモデル化の実際の作業を行う前に，その名前と構造がどの構造に帰属するか，という分類も定義してから作業を始めるようになっている．これは一見，面倒な手続きに思えるかもしれないが，後々のことを考えるとこのようにしておかないと，どの構造が何だったのかわからなくなってしまう．ここでは，目の

構造をモデル化することにしよう．メインウィンドウ左側，Template欄の**"anything"**を右クリックするとメニューが現れるので，**"Rename"**をクリックし，例えば**"tissue1"**のように定義したい構造の名前を付ける．さらにその**"tissue1"**を右クリックし，**Add new child**から**new**...を選び，定義したい下位の構造（例えばeye）を定義する．同様にその**"eye"**を右クリックし，Add new childからarea_listを選ぶ．これで定義したいテンプレートを作成したことになる．

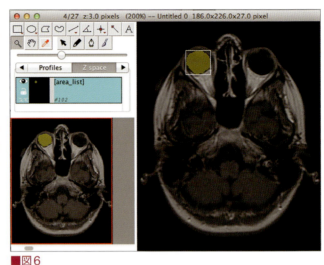

■図6

次にメインウィンドウの真ん中，Project Objects欄のフォルダに，今定義した**"tissue1"**をドラッグ＆ドロップすることで実際のモデルの作成を開始する．テンプレートで行った操作と同様にProject Objects欄の**tissue1**を右クリックし，**Add**...から**new eye**を選択する．再び今作成したeyeを選択し，**Add**...から**new area_list**を選択すると，canvasウィンドウの左側，ナビゲータウィンドウの上（Z spaceパネル）に水色の**[area_list]**が表示される（図6）．選択されている[area_list]の構造を，読み込んでいるデータ上に作成するにはブラシツールを使う．canvasウィンドウの左上にあるツールからブラシの絵を選び，canvasウィンドウ上にカーソルを移動すると色が変わり，領域が選択できるようになる．このとき**shift**キーを押しながらマウスのホイールを動かすとブラシの大きさを変更することができ，Macの場合**option**キーを押しながらクリックすると選択された領域を消すことができる．また，閉じた領域を→で選択してからその領域の内側で**shift**＋クリック

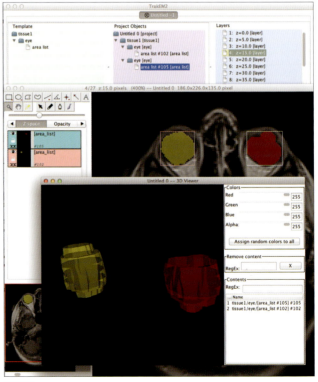

■図7

112

AreaContainer results

	units	id	name-id	layer index	area
1	pixel	102	0	2	206
2	pixel	102	0	3	416
3	pixel	102	0	4	439
4	pixel	102	0	5	418
5	pixel	102	0	6	187
6	pixel	105	0	3	297
7	pixel	105	0	4	451
8	pixel	105	0	5	503
9	pixel	105	0	6	330
10	pixel	105	0	7	109

■図8

AreaList results

	units	id	volume	LB-surface	UBs-surface	UB-surface	AVGs-surface	AVG-surface	max diameter	Sum of tops	name-id	Xcm	Ycm	Zcm
1	pixel	102	10057.50	2159.38	2628.42	3088	2393.90	2623.69	NaN	187	0	63.06	39.83	14.59
2	pixel	105	9950.00	2136.05	2584.35	2961	2360.20	2548.53	NaN	406	0	125.57	40.15	19.07

■図9

すると領域内を全部選択することができる．図6は黄色で眼球の部分を選択した例になる．

マウスのスクロール機能もしくはナビゲーションウィンドウのスライダで*z*軸方向の移動ができるので，深さを移動しながら連続した対象物の領域を同様に選択することができる．この例では深さを変えながら左の眼球領域をすべて選択してみよう．一通り選択し終わったら，Z spaceにある**[area_list]**を右クリックし，現れるメニューからShow in 3Dを選択する．Resampleを指定するウィンドウが現れるので1を指定してOKボタンを押す．このResampleはデータサイズが大きいときにデータ量を落として描画する機能で，描画に時間がかかる場合などに数値を増やすと，詳細情報を減らす代わりにメモリ消費量が減る．

せっかくなのでTemplateからtissue1をProject Objectsにもう一度ドラッグ＆ドロップして，2つ目の目のモデルも作成し，領域選択をもう片方の目で同じようにすることで両目のモデルを作った例を図7に示す．このとき，canvasウィンドウ左上の色選択ツール（スポイトの絵）をダブルクリックして選ぶことで領域の色を変えることができる（同じことは，**[area_list]**を右クリックしてメニューからColor...を選ぶことでも行える）．

一度モデリングしてしまえば，すべてのオブジェクトの体積や表面積などの測定はワンクリックで示すことができる．メインウィンドウのProject Objectsから，作成したオブジェクトであるtissue1を選択し，右クリックして**"Measure"**を選択すると測定結果である図8と図9が現れる．図9ではLB-surfaceやUBs-surfaceなど，表面積の表示にいくつか種類があるが，表面積の定義の仕方による違いである．

かなりの駆け足で説明してきたが，以上が，TrakEM2を使って三次元データから分節化と注釈付けによるモデリングを行い，三次元像の可視化と測定結果の表示まで行う，大まかな操作である．この例では面積（体積）としての領域選択を示したが，TrakEM2では棒や球などの違った構造もモデルに定義することができ，詳しい属性を定義したモデリングが可能である．詳細についてはTrakEM2のサイト（**http://www.ini.uzh.ch/~acardona/trakem2.html**）と

論文[1])を参照してほしい．また，輝度の閾値の設定によって簡単に分節化できるような三次元の構造であれば，**[3D Objects Counter]** を使って自動的に測定を行えばよい．ただし，自動的な測定になるので，分節化した構造を**[3D Viewer]**などで分節化の正確度を確認することが重要である．

TrakEM2による画像間の位置合わせ

　三次元データの形態解析とは直接関わらないが，せっかくなのでTrakEM2のもう1つの主な機能である画像間の位置合わせ機能（Registration & Stitching）についても少し触れる．生物画像における位置合わせには主に2つの目的がある．1つは純粋な位置合わせである．例えば二次元の時系列画像を取得したときに，サンプルの位置が何らかの理由で少しずつずれていっているデータでは，このズレを補正する必要がある．あるいは，三次元の立体画像であれば，スライスごとに位置がずれているので，三次元立体構築を行う際にも，このズレを補正する必要がある．2つ目は，複数の画像を貼り合わせる際に行う位置合わせである．例えば，透過型電子顕微鏡の写真は一度に撮影できる領域が狭いため，何枚もの部分的な画像を張り合わせて全体像を把握することが必要になる．このとき，隣り合った画像の重なり部分の画像パターンが適合するように位置合わせをする（Stitching）．

　これらの位置補正に役立つのが，TrakEM2の位置合わせ機能だ．この機能では，上下左右の移動はもちろん，回転や変形といった画像処理も含めて対応する部位を重ね合わせる必要がある．先ほどの脳画像で例を示そう．

　TrakEM2で先ほどと同様に脳画像を読み込んだら，左上ツールボックス下のZ spaceを選択していた欄の▶を押して**"Layers"**を選択する．ここで現在選択しているLayerが緑で表示されているが，そのすぐ下の**"Layer"**を右クリックし，**"Set as red channel"**を選択する．さらに▶でPatchesを選び，表示しているスタックが水色表示のアクティブであることをクリックで確認する．次にcanvasウィンドウ上で右クリックし，**[Transform > Transform (affine)]**を選ぶ．すると，canvas上に取っ手のついた十字のアイコンが現れる．この状態が位置合わせモードであり，画像全体をクリック＆ドラッグによって上下左右にずらしたり，十字アイコンの取っ手をクリックした状態で回転させることで画像を十字の位置を中心にして回転させることができる．こうして赤色画像と緑色画像の位置関係を調整することで，選択しているスライスの回転や位置合わせなどを行う．位置合わせが完了したら**enter**キーを押すと変更が決定され，データをプロジェクトに保存できる．位置合わせの途中でリセットしたくなったら，**esc**キーを押す．

　以上，紹介した位置合わせの手段は，目と手を使って行う位置合わせである．これを自動的に行うにはパターンマッチングなどのアルゴリズムを使ったツールを使う．こうしたImageJのプラグインとしては例えばTurboReg（あるいは2枚の二次元画像の位置合わせのみを行うTurboRegをバックエンド

として，複数のスライスを持つスタックで使えるようにしたStackReg）や，三次元の時系列画像でよく起きる位置のズレを補正するCorrect 3D driftなどがある．Correct 3D drift はFijiに同梱されており，TurboRge, StackRegは1章2節の図3で説明している**[Update Fiji]**のアップデートサイトから**BIG-EPFL**にチェックを入れることでインストールされるので，必要な方は使ってみるとよいだろう．

 おわりに

　TrakEM2は機能が豊富なため，説明しきれていない項目も多い．詳細についてはTrakEM2のサイトや参考文献[1]を参照してほしい．3Dデータの形態解析は，まず取得したデータを可視化すること，そして領域を分割し，測定する作業へと進められ，その流れ自体は2Dと変わりがない．ただし1つ1つの過程が大変なので，使いやすい補助ツールが必須になってくる．3Dデータを扱う機会は今後ますます増えることが予想されるので，それぞれの操作におけるツールの発展に期待したい．

文献

1) Cardona A, et al: PLoS One (2012) 7: e38011

COLUMN

　生物画像処理のツールは，その自動的な処理にばかり恩恵があると思っている人が多いのではないだろうか．寝ている間に処理が終わって結果が出る，というのは確かにすばらしいことである．しかし，人間の手作業を補助するツールが重要な位置を占めていることにも注目すべきだろう．本節で紹介したTrakEM2はまさにこのタイプのツールであるし，4章4節のトラッキングの問題でも同じように人間の作業を補助し，整理してデータを記録するためのMTrackJを紹介する．こうした手作業の補助ツールを使う理由は，人間の認識能力を計算機に実装することの難しさも1つであるが，研究における生物の構造の把握は人間の認識能力が基準になっていることが大きい．どのような自動解析ソフトでも最終的には人間の認識との対応を確認しなければ，そのソフトが出力するデータにはお墨付きを与えにくい．もちろん，自動化アルゴリズムはこの人間の認識との対応について丁寧な試験が繰り返されているものがほとんどである．しかしそれでも，各々の画像データは特性が異なるので，確認が必要になる．考え方を変えて最初から手作業で行うことを前提にすれば，作業を効率的にし，データを整理するための使いやすい補助ツールが必要になる．また，自動化ソフトが出力する結果を確認するうえで，どうしても人間が手で行った測定と比較したくなる．特に三次元の構造のような問題の場合，手作業で測定を行うにはTrackEMのような強力な補助ツールを使う以外に，目下方法はないのである．

 TEST ☞ **確認テスト**　解答 P175

問題❶　三次元データのz軸の厚さを変更することで，定義した領域における体積や表面積などの計測値が変更されることを確かめてみよう．

●第4章 画像解析の実際

3 輝度の経時的変化の測定

ImageJ

三浦耕太

顕微鏡を使って取得した時系列画像は生命システムの動態を記録したデータである. こうした動画像は眺めるだけでも楽しい. とはいえ, さらにその動態を測定し, 定量的なデータを得れば, 阻害剤や遺伝子ノックアウトの影響を調べたり, あるいはそれをもとにシミュレーションを行って仮説の妥当性を分析することが可能である. このように, 動画の定量的な解析は大いに魅力的であるが, 通常の画像処理に加えて特殊なテクニックが必要になる. そこで4章3〜6節では, 時系列の画像解析を中心に解説する.

蛍光顕微鏡法による時系列画像には, 大きく分けて2種類の動態が記録されている. まず, 対象となる構造の輝度が変化する場合である. 例えば, 何らかの細胞内構造にある特定の蛍光標識したタンパク質が次々に結合しているとしよう. このとき, その構造の蛍光量は徐々に増加する. これが輝度の変化である. この変化を定量するには, 時間あたりの輝度の変化を測定することになる.

次に, 対象の位置が変化する場合である. 時間あたりの位置の変化を測定することになる. この際によく使われるのは, **粒子追跡法 (Particle Tracking)** である. 対象の構造の時間あたりの位置変化や, 運動方向を測定する. また, キモグラフや光学流動法も, 位置の変化の定量法である. 位置の変化の少々複雑なケースとして, 形態の変化を考えることができる. 位置が点情報であるのに対して, 形態は線や面の構造的な変化である. 例えば, 移動する細胞の形態変化は, 位置を刻々と変えながら同時に形態を変化させている例である.

実際の生物の動画像では, 輝度と位置が両方とも多かれ少なかれ, 変化することが多い. どちらもが大きく変化している場合, 例えば運動する細胞内小器官の輝度変化などには複合的なテクニックが必要になる. 動態のタイプと分析法・ImageJで使えるツールの例を表1にまとめたので, 参考にしてほしい.

この節ではまず, 動画像における輝度変化に着目し, その扱い方および測定法を解説する.

■表1 動態の種類と分析法

動態のタイプ	輝度	位置	形態	分析法	ツールの例	掲載ページ
Ⅰ	+	−	−	輝度変化の測定	[Plot Z-axis profile]	P.118
Ⅱ	−	+	−	粒子追跡法, キモグラフ, 光学流動法	ManualTracking, ParticleTracker, TrackMate	P.139
Ⅲ	+	+	−	複合的手段	PTA	P.204
Ⅳ	−	+	+	Active Contour	JFilament	P.140
Ⅴ	+	−	+	Active Contour, 複合的手段	QuimP	P.149

輝度測定の注意点

　細胞内の蛍光輝度は蛍光ラベルされた分子の量を反映している．したがって，その分子の密度の増減を追うには単に輝度を時系列に沿って測定すればよいのだが，実際の解析では注意すべき点が３つある．

　まず注意しなければならないのは，そもそも分子の密度と輝度の間の関係が１次関数ではない場合があることである．分子密度が多ければ互いに吸収が起こって１次関数から想定されるよりも暗くなったりすることがある．したがって，**分子密度と輝度の関係**は事前に検量線を引き，直線になる輝度範囲で測定を行うべきである．

　次に注意しなければならないのは，**測定対象の背景の輝度**である．まったくシグナルがない状態でも背景の画像の輝度は０ではないことがほとんどであり，この値をバックグラウンド，ないしはベースラインの値と言う．測定した輝度は，このベースラインのゲタをはいているので，輝度の変化を分析する際には背景の輝度値は差し引く必要がある．例を挙げてみよう．蛍光輝度の測定値が400から300に減少したとする．この数字をそのまま解釈すれば25％の減少になるが，背景の輝度が100であれば，それを差し引いて評価し，300から200への33％の減少となる．背景の輝度が200だったら，66％の減少となる．背景の輝度値が異なると，評価も大きく異なる．つまり，背景の輝度値が測定されていないデータは，定量的にはあまり意味を持たないのである．

　最後になるが，蛍光の強さが時間とともにどんどん弱くなっていく**蛍光褪色（fluorescence photobleaching）**という現象にどうにかして対処する必要がある．この褪色は測定したい分子の量の見かけ上の減少となるので，なるべく回避したい現象である．何よりもまず光学系のセットアップや，顕微鏡下で細胞や組織を生かしているバッファーの組成を見直すことが基本であるが，こうしたハード面の工夫により褪色を低減した後，さらにデータ処理により補正することができる．なお，褪色の補正は，輝度の測定においてだけでなく，時系列画像を分節化する際にも重要なテクニックとなる．

　以上３点，特に画像解析に限った注意点ではなく蛍光測定の基本であるが，あらためて念頭においてほしい．

　さて，実際の動画像の解析を行ってみよう．蛍光標識した酵母の核の輝度の経時的変化を追うことを目標とする．この輝度変化は蛍光褪色による変化であり，特に何らかの生物学的な現象によるものではないが，時系列解析の基本を押さえるには好都合の対象である．解析は次のようなステップを踏む．まず，画像全体での輝度の経時変化を測定し，蛍光褪色の様子をプロットで確認する．次に褪色の補正を行い，核の領域を分節化して，マスク画像を作成する．最後にこのマスク画像によって領域指定を行い，核の領域での輝度変化を測定する．ここで行う褪色の補正は，あくまでも分節化のためであることに留意しよう．

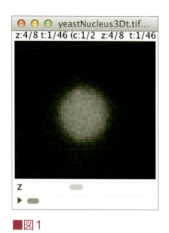

■図1

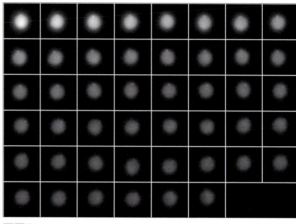

■図2

データの様子をまず眺める

　サンプル画像 [yeastNucleus3Dt.tif] をダウンロードしよう（1章2節でサンプル画像のプラグインをインストールしていることを想定している）．この動画像は酵母の核をラベルした三次元時系列のデータであり，ハイパースタックの形式である（図1）（この酵母の動画は，欧州分子生物学研究所のBoryana PetrovaとChristian Häringに提供していただいた．ここに感謝する）．多次元のデータなので，**[Stack to Hyperstack...]** のコマンドで z 軸，t 軸の2つのスライダがあるハイパースタックの形式にしよう（変換の設定ウィンドウではなにも変更せず，OKをクリックすればよい）．

　ひとまずこれをZ軸投射によって二次元にする．平均値による投射でもよいのだが，分子の総量を測定するという目標にそって，積分値による投射を行おう．**[Z Project...]** を実行し，**"Projection type"** で **"Sum Slices"** を選び，**"All time frames"** のチェックボックスがチェックされていることを確認してOKをクリックする．新たなスタックは32bitの画像の時系列である（図2）．

　このスタックに対して **[Plot Z-axis Profile]** を実行すると，図3のプロットが表示される．縦軸は，画像の輝度の平均値，横軸はフレーム番号，すなわち時間である（図3）．

　動画像を目視しただけでも明白であるが，このプロットからもわかるように，サンプルの平均輝度値は時間とともに著しく減少している．

　次に背景の輝度を測定してみよう．背景の輝度の測定法として最も推奨されるのは，光学系のセットアップ，バッファー，スライドグラスない

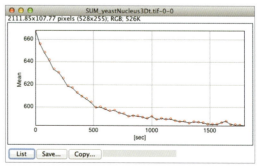

■図3

■図4

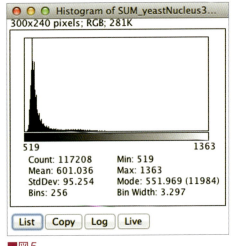
■図5

しチャンバーなどサンプルを観察するための周辺環境はそのまま，ただしサンプルを抜いた状態で顕微鏡画像を取得し，背景の輝度を測定することであるが，ここではサンプルの画像そのもののヒストグラムを使った方法で測定することとしよう．

　動画像のスタックに対して**[Histogram]**を実行する．32bit画像の場合，ヒストグラムの設定ウィンドウが表示される（図4）．ここでは，スタック全体のヒストグラムを作りたいので，**"Stack histogram"** をチェックしておく．他のパラメータはそのままでOKをクリックする．

　即座にヒストグラムが表示される（図5）．左端のほうに見える大きなピークが背景のピクセルの輝度のピークである．このピークの位置が背景の輝度となるが，その詳細を知るために，ヒストグラムのウィンドウの**"List"** というボタンをクリックすると，ヒストグラムの数値が表示される．Countの列を眺めてピークの位置を確かめると，最大値は552～555のBinsであることがわかる．つまり，背景の輝度はおよそ553である．

　図3の輝度変化プロットを眺めると，平均輝度はおよそ580～670の間である．背景の輝度を考慮すると図3の値のほとんどは背景の輝度に由来すると思われる．

　さて，図3の測定結果は核だけではなく背景の輝度も含んだ平均値である．核の輝度だけを測定するには，測定の領域指定を行う必要がある．このために核の領域を分節化するが，一定の閾値を使って輝度を分割すると，蛍光褪色により刻々と輝度が減少しているので，後の時点になるにつれて選択される領域が狭くなっていく．したがって，測定される輝度の総量は見かけ上減少してしまうことになる．輝度を測定するつもりなのに，その測定領域の大きさが輝度に影響されるので，不正確な結果になるのである．この問題を解決するために，まず蛍光褪色を補正する．

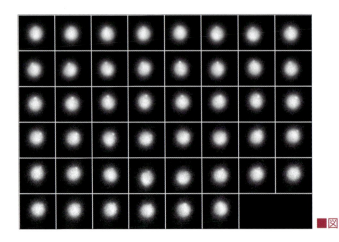

■図6

分節化のための蛍光褪色の補正と二値化

Fijiには褪色補正のプラグインが搭載されている．**[Bleach Correction]**がそれであり，3種類の補正を選ぶことができる．今回は変化の割合による補正を行う．

変化の割合による補正

プラグイン**[Bleach Correction]**は32bit画像を扱えない．そこで，上で用意した32bitの画像を**[16-bit]**で16bitに変換するが，この変換の際に数値が正規化されないように，あらかじめ**[Edit > Options > Conversions…]**で，**"Scale when converting"**のチェックを外してから**[16-bit]**を行う．なお，このオプションについては，2章1節で解説しているので参照してほしい．

さて，この16bit画像に対して蛍光褪色補正のプラグイン**[Bleach Correction]**を実行する．小さなウィンドウが開き，Correction Methodのドロップダウンメニューで補正法を選択することができる．**"Simple Ratio"**を選び，OKをクリックすると，背景の輝度の入力ウィンドウが開くので，すでに求めた553を入力してOKをクリックする．

計算後，新しいウィンドウが表示される（図

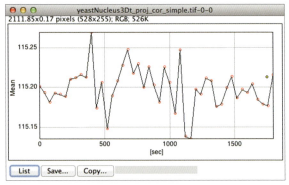

■図7

■図8

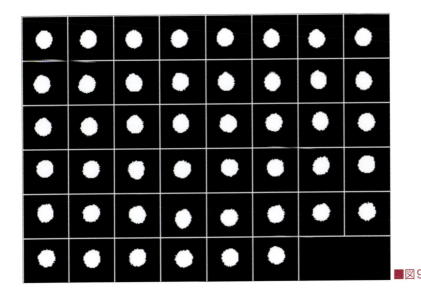

■図9

6). この補正済み16bit動画像はあとで測定することになるので保存するか，あるいは閉じないようにしよう．

　"Simple Ratio"による補正は，すべてのフレームの平均輝度が最初のフレームの平均輝度と同等になる処理を行う．具体的にはまず，背景の輝度値がすべてのフレームから引かれる．次に，フレーム画像のそれぞれの平均輝度を最初のフレームの画像の平均輝度で割る．この割合の逆数をそれぞれの画像にかける．例えば，1番目のフレームの平均輝度が200で，次のフレームの平均輝度が100だったとしよう．100/200＝0.5なので，1.0/0.5＝2.0を2番目のフレーム画像にかけて補正が行われる．背景の輝度をあらかじめ推定しておくことは，この補正ではとても重要である．背景の輝度値を0としても計算は行われるが，試してみればわかるように動画の後半になるに従ってコントラストが下がり，ノイズが目立つようになる．

　補正後の動画の輝度変化を確認してみよう．**[Plot Z-axis Profile]**で行った時系列のプロットが図7である．

　縦軸のレンジを見るとわかるように，補正前の輝度の平均値が668〜580近くまで褪色していたのであるが（図3），補正後は115.2±0.1の間に収まっている．背景の輝度が553を勘案すれば，元の画像の最初のフレームの輝度，668に揃ったことがわかるだろう．

　以上の処理により，蛍光褪色による輝度変化は補正され，核の輝度は時系列を通じてほぼ一定になった．この状態ならば，時系列をうまく二値化することができる．**[Auto Threshold]**を行おう．アルゴリズムはOtsuを選び，**"White objects on black background"**，**"Stack"**，**"Use stack histogram"**のオプションをチェックする（図8）．OKをクリックすると白黒の画像に変換される（図9）．

核の輝度時系列の測定：ROI Managerを使う

　以上で核の領域のマスク画像は完成した．マスク画像を使った二次元画像の測定は3章1節では測定の転送（Redirection）を使って行ったが，今回はROI Managerを使った方法で行ってみる．少々複雑であるが，応用範囲は広いので使い方を覚えておく価値が大いにある．

　まず，**[Set Measurements…]** で測定項目を設定する[注1]．以下の項目を有効にしよう．

- **Area**
- **Standard deviation**
- **Integrated density**
- **Mean gray value**
- **Centroid**
- **Stack position**

　次に先ほど用意した二値化動画像がアクティブな状態で **[Analyze Particles…]** を実行し，"Size（micron^2）" と "Circularity" はデフォルトのまま，"Show" は **"Outlines"** を選択，チェックボックスは以下の項目を有効にする．

- **Display results**
- **Clear results**
- **Add to Manager**
- **Exclude on edges**
- **Include holes**

注1
測定項目の解説は付録2参照．

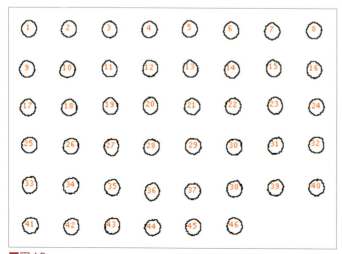
■ 図10

■ 図11

OKをクリックすると,"Process Stack?"というスタック全体を処理するかどうかの確認のウィンドウが表示されるのでYesをクリックする.すると3つの新しいウィンドウが表示される.自動認識された輪郭とそのラベル番号を表示した白い背景のスタック(図10,この図ではスタックをモンタージュにして表示している),ROI Manager(図11)およびResultsの表である.元の二値化動画像にも,自動的に選択された領域と,その番号ラベルが表示されているはずである.

■図12

　ROI Managerに登録されたROIは,それぞれスタックの何フレーム目のROIであるかが記録されている.この情報をROIの表示に反映させるため,**Show All**をチェックした後,ROI Managerの一番下にあるボタン"More >>"から,さらに一番下にある**"Options"**を選び,**"Associate "Show All" ROIs with slices"**をチェックする(図12).

　これらの設定を行った後に,リストにあるROIをクリックして選択すると(選択されたROIの名前が青くハイライトされる)動画像スタックのそれぞれの時点でのROIを表示させることができる.

　さて,おおもとの16bit動画像をこのROI Managerを使って測定してみよう.まず先ほどの工程でResultsのウィンドウが表示されているはずなので,これを閉じる(保存しなくてよい).次に16bit動画像をアクティブにしてから,ROI Managerに戻り,リストにあるROIをすべて選択する(リストの一番目のROIをクリックして反転表示させた後,Shiftキーを押し下げながらリストの一番下のROIをクリックするとすべてを選択できる).この状態で,ROI Managerの**"Measure"**ボタンを押すと,それぞれの時点でのROIを使って,輝度の時系列が測定され,Resultsのウィンドウに表示される.以上で核の領域の輝度変化の測定は完了である.

輝度の時系列のプロットと分析

　Resultsのウィンドウの,Mean(平均輝度)とSlice(スタックの中の位置)の列を確認してみよう.時間とともに(Sliceがスタック内の位置,すなわち時点),平均の輝度が減少していっていることがわかるだろう.

Plot Results機能の追加

　この輝度変化をプロットしてみよう.Resultsの表の数値をプロットする機能はFijiに搭載されていないので,新たに機能を追加する.Tiago Ferreiraが2014年6月に公開したBARというプラグインのパッケージがあり,その中に"Plot Results"という便利なスクリプトがある.アップデートサイトを使ってBARのパッケージをすべて追加してもよいのだが,練習にもなるので,個別の機能だけをインストールする方法を以下に示す.インストール後にFijiの

再起動が必要になるのでResultsに表示されている結果は **[File > Save As > Results…]** であらかじめ保存しておこう。

　プラグインのFileを入手するため、次のWebサイトにアクセスする。

http://fiji.sc/BAR

　List of BARs と言う項にBARの様々な機能がリストされており、そのうち、Data Analysisのカテゴリーにある **"Plot Results"** のリンクをクリックする。リンク先はGitHubにあるページになる。そこに **"Download .bsh"** というリンクがあるので、右クリックし、コンテクストメニューから、**ファイル（Plot_Results.bsh）** をダウンロードする。

　次にFijiに戻り、**[Plugins > Install…]** を実行する。まずファイル選択のウィンドウが表示されるので、ダウンロードした **Plot_Results.bsh** を指定する。次に保存先を指定するウィンドウが表示されるので、Pluginsフォルダ内のScriptsフォルダ内を指定する。Fijiを再起動すると、**[Plugins > Scripts > Plot Results]** がメニューに追加されているはずである。

■図13

Resultsの値のプロット

　[Plot Results] を実行すると、図13にあるようなプロット設定用ウィンドウ "Plot Builder" が表示される。"X-values"、"Y-values" の項目にあるドロップダウンメニューには、"Results" の表のヘッダーがリストされており、XとYそれぞれの軸に使う結果を選ぶことができる。また、プロットの形式は "Style"、色は "Color" のラジオボタンで選択することが可能である。

　次のような設定をまずしてみよう。
- **X-values：Slice**
- **Y-values：Mean**
- **Style：Circle**
- **Color：Red**

をまず選ぼう。このまま **"Add Dataset 1"** のボタンをクリックすれば図14のようなプロットが表示されるはずである。なお、このプロットでは、先ほ

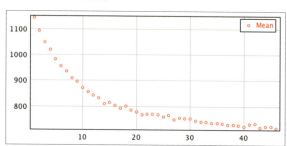
■図14

どのPlot Builderの設定で，**"Options"**ボタンを押し，"Secondary Color"をwhiteに設定し，プロットする円を中抜きにした．

　平均輝度が時間とともに減衰していくプロットが表示される．減衰の様子は一番最初に様子を見たときのプロット（図3）と似ているが，核の領域〔6〕のみを測定していて背景の輝度は除外されているため，比較すると全体に数値が大きいことがわかるだろう．

指数関数的な蛍光褪色の確認

　蛍光の褪色は最も単純には指数関数的な減少としてモデリングすることができる（放射性崩壊モデルと一緒である）．単位時間あたり一定の確率で蛍光色素が褪色を起こすと仮定すると，

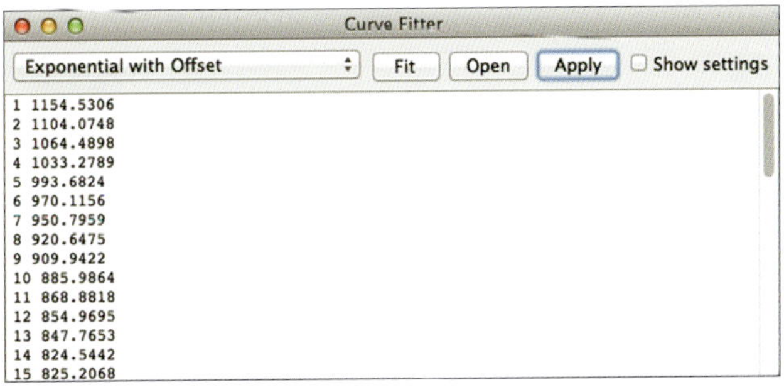

$$\frac{dI(t)}{dt} = -\tau\, I(t)$$

■図15

ただし

　$I(t)$：時間tにおける輝度

　τ：褪色の確率

　したがって，輝度の変化はベースラインによるゲタを加味すると，

　$I(t) = Ae^{-\tau t} + c$

となり，最初の時点$t = 0$における輝度は$A + c$，長時間の露光のあとの輝度はcに収束する．この数式を使ってフィッティングを行ってみよう．カーブ・フィッティングの実行ウィンドウは**[Curve Fitting...]**で呼び出すことができるが，データはコピー＆ペーストする必要がある（図15）．しかし，Resultsの表にある数値は直接コピーすることができないので，**[Script...]**でスクリプトエディタを立ち上げ，以下の短いマクロで，フィッティングを自動化してしまおう．

```
1   sliceA = newArray(nResults);
2   meanA = newArray(nResults);
3   for (i = 0; i < nResults; i++){
4       sliceA[i] = getResult("Slice", i);
5       meanA[i] = getResult("Mean", i);
6   }
7   Fit.doFit("Exponential with Offset", sliceA, meanA);
8   Fit.plot;
```

　このマクロの解説をしよう．最初の2行でResultsの表のデータをマクロ内

で使うための配列を用意する．配列の長さは，表の行数と同じになるように，関数nReslutsを引数にする．次に続くforのループによって，Resultsの表の各行からSliceとMeanの数値を読み出して，配列sliceAとmeanAに順番に格納していく．このループが終わった後に，2章1節で行ったのと同様に，Fit.doFit関数を使って"Exponential with offset"のフィッティングを行い，その結果をFit.plotで表示する（図16）．

　フィッティングの結果を眺めてみよう．測定された輝度は赤丸（○）で，フィッティングの結果の指数関数的な減少のモデルのプロットは青線（──）である．フィッティングの結果がよく測定値にのっているので，時間あたり一定の確率で蛍光色素が発光しなくなる，というモデルで観測された蛍光の減少がよく説明されることがわかる．すなわち，「このサンプルは蛍光褪色のモデルどおりの輝度変化を示しており，観察時間を通じて蛍光強度に変化はない」という結論が導かれる．なお，モデルがどれだけ測定値によくフィットしているかを評価するにはより定量的な方法がある．関心のある方は統計の教科書などを参考にしてほしい．

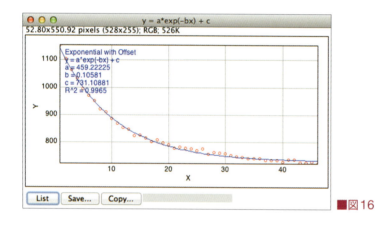
■図16

■■■ COLUMN

　今回紹介したプラグイン "Plot Results" は BARs というプラグインパッケージの機能の1つである．このパッケージには他にもしばしば必要になる便利な機能がいろいろ含まれているので簡単に紹介しよう．

●ラベリング
・ROI Color Coder：計測された数値（Results にリストされた輝度，面積など）に基づいて，ROI Manager に登録された ROI を色符号化して表示する．

●データ解析
・Distribution Plotter：高度なヒストグラム機能を追加する．累積度数分布の表示，正規分布のフィッティングを行うことができる．
・Find Peaks：得られた一次元データのピーク（複数可）を検出する．
・Fit Polynomial：n 次多項式（$n \leq 50$）のフィッティングを行う．

●形態計測
・Strahler Analysis：樹状構造の形態の数値化．神経細胞の形態を解析（分類）するときなどに使う．

●分節化
・Shen-Castan Edge Detector：ポピュラーな Canny-Detrich アルゴリズムの代わり使える縁検出フィルタ．Shen-Castan のアルゴリズムを使っている．
・Apply Threshold To ROI：選択領域のみを輝度の閾値で二値化する．
・Clear Thresholded Pixels：輝度の閾値と選択領域の結合領域を0にする．
・Threshold From Background：背景として選択した領域の輝度をもとに輝度閾値を設定する．
・Wipe Background：指定した範囲の真円度・面積を持つオブジェクトを消す．

●他，小道具など
・Calibration Menu：スケール設定のための道具．顕微鏡ごとにスケールなどの情報を記述した CSV ファイルを作り，画像にその情報をメタデータとして付与する．
・ROI Manager Tools：ROI Manager に登録された ROI の名前を変更する．
・Segment Profile：直線選択領域のうち，指定の輝度以上にある部分を切り出す．
・Shortcuts Menu：頻繁に使うコマンドがリストされる．このリストは Fiji を再起動しても保存されている．
・Toolset Creator：ツールバーのメニューをカスタマイズする．バージョン 1.41 からは ImageJ 本体に含まれている．

4章 画像解析の実際

TEST ☞ 確認テスト　解答 P176

問題❶ 3章4節で核膜タンパク質の輝度の測定を行った．ここで使ったサンプル**[NPC1.tif]** は時系列であり，核膜タンパク質が核膜に結合していく過程を捉えたものである．3章4節で紹介した核のヘリの輝度の測定方法を時系列に拡張することで，輝度の変化を測定することができる．この節で得た知見と合わせて測定し，解析・考察せよ．

問題❷ ❶の解析をマクロで自動的に行えるようにせよ．

第4章 画像解析の実際

位置の経時的変化の測定

ImageJ

三浦耕太

　4章3節に引き続き，動画像の解析方法を解説する．ここでは位置の経時的変化を測定する方法を取り上げる．

　生命システムには動き回る構成要素が様々に存在する．モータータンパク質，細胞内小胞，細胞骨格といった微小な構成要素から，細胞，個体そのものの動きまで，「動く」ことがシステムを駆動するメカニズムの一部となっており，その定量的な解析が重要であることに異論はないであろう．「動く」とは時間とともに対象の位置が変化することであり，その解析は有力な方法論となる．細胞・発生生物学で最も一般的に使われる動画像からの位置変化の定量法として粒子追跡法(Particle Tracking)がある．以下，その具体的な使い方やそのアルゴリズムの解説を行う．

粒子追跡のアルゴリズム

　粒子追跡の多くは次の2段階からなる．

　①粒子の検出：各時間フレームの画像を分節化して対象の位置あるいは領域を検出する．なお，ここで述べる"粒子"はいわゆる粒子状の形である必要はない．不定形であってもよく広く追跡の対象を粒子と見なす．

　②粒子間のリンク：ある時点の粒子を次の時点の粒子に関連づけ(リンクと言う)，同一の粒子の位置変化の時系列データを得る．

　1番目のステップはこれまでにも解説した一般的な分節化の課題となる．2番目のステップは粒子追跡に特有な"リンク"の問題なので少し解説する．

　まず最も単純な粒子運動モデルを想定する．白い点が1個だけ動いている動画があるとし，その粒子追跡を行うとしよう．各フレームの中で点は1つなので粒子検出は単にその座標を取得することである．粒子間のリンクはこの各フレームの1点を迷うこともなく次フレームの1点に結びつけるだけである．

　このモデルを少し発展させよう．動いている白い点がn個あるとする．この場合，粒子検出は点同士が重ならない限り問題なく行うことができるが，リンクは少々面倒なことになる．というのも，t番目のフレームのn個の点を，$t+1$番目のフレームのn個の点に1対1対応させてリンクするので，様々な組み合わせが可能になるからである．何らかの基準を設けてリンクの最適な組み合わせを選ぶ必要がある．フレームの時間間隔が十分小さければ，次のフレームにある複数の点のうち，最も近くにある点を選べばうまくいく．これを**最小近傍法(nearest neighbor method)** と呼ぶ．

フレームの時間間隔が長すぎたり，点の密度が高い場合には，最小近傍法では間違った粒子同士をリンクしてしまうことがある．このため，ひとまず「ある一定の範囲内にある次のフレームの点をすべてリンク先の候補とする」とする．この緩い条件の場合，各々の点は複数の候補を持つことになり，リンク全体の組み合わせは複数になる．このすべての組み合わせをとりあえずリストし，例えば「この組み合わせならば粒子の輝度が一番揃っている」といった基準で最善の組み合わせを選ぶ．この方法を全体最適化（global optimization）と呼ぶ．

　さらに複雑なモデルを考えてみよう．点が突然新たに現れ，消える，はたまた点が分裂して2つになったりするモデルである．こうなると，どの点が新しく現れたのか，あるいはどの点が分裂したのか，消えたのか，ということを判断しなくてはならず，そのリンクはやっかいな問題となる．これは，例えば細胞系譜を追跡しようとするときに一番問題になる点である．最近では機械学習を使った問題解決も図られているが，いまだに課題は多く研究の途上にある．

　極端なことを言えば，ある時点で撮影された物体が，次の時点で撮影された物体と同一である論理的な保証はそもそも存在しない．物体が画像にたった1つであっても，それが同一であることはきわめて確からしい，というだけなのである．つまり，自動的な粒子追跡は何らかの仮定に基づいて行われる．このことには常に留意する必要がある．

　さて，ここでは2種類の粒子追跡方法を紹介する．マウスを使った手動の追跡プラグインMTrackJと，自動的な追跡を行うプラグインParticleTrackerである．手動と自動の粒子追跡を比較すると自動のほうが客観的だしラクである，と思われるかもしれない．しかし，最適なアルゴリズムとパラメータを選び，さらに追跡の正確度（correctness，真の値からのずれ）を確認する，といった手間を考えると，とりあえず確かなデータを得るためには手動がおすすめである．また，手動で追跡することで，自動化に必要な条件，例えば1フレームあたりのおよその移動距離や粒子同士が重なる頻度なども把握できる．これは自動化への最初のステップでもある．

 ## マウスを使った手動粒子追跡（MTrackJ）

　粒子追跡に関連するプラグインはFijiのメニュー**[Plugins > Tracking >]**以下にある（他の追跡プラグインに関してはCOLUMN参照）注1．このうち，手動追跡プラグインであるMTrackJを使ってみよう．現在ロッテルダムのエラスムス大学医療センターにいるErik Meijeringがスイス連邦工科大学（ETH）に在籍していたときに開発したプラグインである．以下，これまでと同様，コマンドファインダ（**L**キーで起動）を使ってコマンドを実行してほしい．

注1
2019年10月現在，MTrackJはデフォルトではFijiに同梱されておらず，UpdateSiteの"ImageScience"を有効にしてインストールする必要がある（UpdateSiteの使い方は1章2節参照）．また，MTrackJはメニューの[Plugins >]の直下になる．

粒子追跡の実行

サンプル動画**[eb1_8b.tif]**をまず開き，ウィンドウの左下にある再生アイコンをクリックして，動画の様子を眺めてみよう．この動画は微小管結合タンパク質EB1を蛍光ラベルしたVero細胞のタイムラプスである．EB1は微小管の伸長末端に集積するため，微小管のダイナミクスに伴って細胞の周縁に向かって動いている（ように見える，ということなのだが）．ここではEB1の集積部位を追跡し，座標の経時的変化を測定することを目的とする．

再生状態になっている**[eb1_8b.tif]**を停止するにはウィンドウの左下の一時停止アイコンをクリックすればよい．**[MTrackJ]**を実行すると，ボタンだけが並んだウィンドウが開く（図1）．

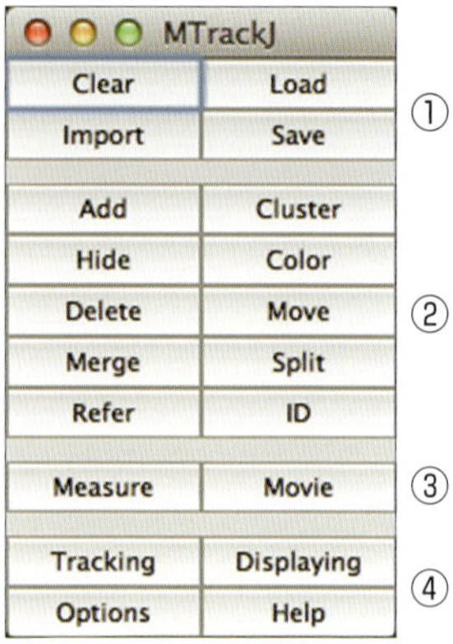

■図1

これらのボタンは機能別に4つのグループに分けられている．上から順番に，

①ファイルの入出力（Clearは除く）
②追跡実行時の操作
③測定・動画作成
④各種設定・ヘルプ

となっている．追跡をさっそく始めよう．まず**"Add"**をクリックする．文字が赤く反転し，追跡モードになる．動画上にマウスのポインタを移動させると，ポインタが十字になり，追跡する輝点を目視で選ぶのだが，EB1のスポット状のシグナルはとても小さいので**"+"**のキーを何度か叩いて画像を拡大する．拡大した画面を上下左右に動かしたい（パン）ときには，スペースキーを押したままにするとポインタが一時的に手の形になり，画像をドラッグできる．前後のフレームに移動するときにはマウスのホイールを前後に回せばよい．これらの機能を操りながら輝点の動く様子を確認し，追跡する粒子を決める．追跡は見定めた輝点をクリックすることで開始する．クリックした位置に丸印が追加され，同時に次のフレームが自動的に表示される（図2左）．順繰りに輝点をクリックしていくと軌跡がどんどん伸びていく（図2右）．追跡を終了するにはダブルクリックか，**"Add"**をもう一度クリックすればよい．

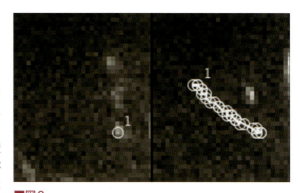

■図2

ここまでやってみて，次の2つの問題に気がつくだろう．

問題❶：追跡済みの場所を示す丸印が邪魔になって，輝点が見にくくなる．
問題❷：クリックすべき位置が曖昧で，はっきりしない．

そこで，それぞれ次のように設定を変更する．

問題❶の解決法：軌跡の丸印を黄色の半透明にして，画像を見やすくしよ

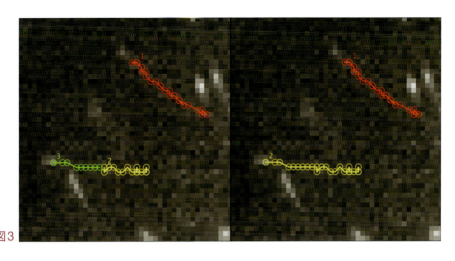

■図3

う．**"Displaying"** のボタンをクリックし，表示設定ウィンドウを開く．**"Highlighting"**（丸印の色）を **"White"** から **"Yellow"** に，**"Opacity"**（透過度）を **"100"** から **"20"** に変更する．

　問題**2**の解決法：位置の補正機能を使う．**"Tracking"** のボタンをクリックし，追跡法設定ウィンドウを開いて **"Apply local cursor snapping during tracking"** にチェックを入れる．これは，クリックした位置の周辺を走査し，輝度が最大の位置の座標を記録する機能である．クリックする位置は往々にして曖昧なので，一定の基準にしたがって位置を補正してくれる．最大値以外にも，最小値，あるいは輝度の高い部分ないし低い領域の重心に位置を補正することもできる．また，走査領域の大きさのデフォルト値は，クリックした位置の周囲25×25ピクセルになっている．ここではより小さい領域でよいので，5×5に変更する．

　もう一度同じ輝点を追跡してみよう．**"Clear"** をクリックして，ここまで記録した軌跡を消去し，**"Add"** で先ほどと同様に追跡を開始する．表示を改善してもまだ輝点が見えにくいことがあるので，フレームを前後させて軌跡を確認すれば輝点の位置を把握しやすい．しかし，追跡モードでフレームを前後に変えてしまうと，どのフレームまで追跡したのかがわからなくなる．このようなときに最後にクリックしたフレームに戻るには，**"Ctrl"** キーを押したまま，マウスを軌跡の丸印に重ねた状態でクリックする．すると，これまでクリックして取得した軌跡の最後の時点のフレームが表示されるので，そこから手動での追跡を続行すればよい．

　なお，クリックした点を削除したいときには，**"Delete"** をクリックすると削除モードになる．クリックした点にポインタを近づけ，クリックするとその点が削除される．軌跡ごと削除したいときには **"Ctrl"** を押したままポインタを軌跡に近づけ，クリックする．

　別の輝点を追うには，再び **"Add"** をクリックして追跡を始めればよい．これを繰り返す．こうして3つの軌跡を追跡し終えた状態が図3左である（見や

すくするために透過度を**"100"**に戻してある）．軌跡に添えられた数字は，軌跡のID番号である．こうして見ると，軌跡2と3は，同じ1つの輝点の動きである．この2つの軌跡を結合させるには，**"Merge"**をクリックする．軌跡2をクリックしてから軌跡3をクリックすると，軌跡3が軌跡2に結合する（図3右）．**"Split"**を使って軌跡を分割することも可能である．また，軌跡の色は**"Color"**のボタンで変更できる．

粒子追跡の結果の出力

　以上で追跡をとりあえず終了し，結果を表示しよう．**"Measure"**をクリックすると，**"MTrackJ: Tracks"**と**"MTrackJ: Points"**

■表1

ヘッダ	項目
Nr	インデックス番号
TID	軌跡のID番号
Points	軌跡を構成する点の数
x	x座標
t	時間
z	z座標（三次元のみ）
Dur	軌跡の時間の長さ．（Points−1）×1フレームあたりの時間
I	輝度
Len	軌跡の全長
D2S	軌跡始点からの距離
D2R	参照点からの距離
D2P	各点からその前の時点への距離
v	速度
α	原点に対する角度：x軸正方向が0°，負方向が±180°
$\Delta \alpha$	原点に対する角度の時間差分
θ	XY平面からの仰角（三次元のみ）
$\Delta \theta$	XY平面からの仰角の時間差分（三次元のみ）

という2つの表が表示される．色々な種類の数値がたくさん並んでいる．その意味を表1に示した．Pointsの表にはクリックした位置1つあたり1行でリストされている．Tracksの表では1軌跡あたり1行の表になっている．それぞれの軌跡に関して，統計値が得られる項目に関しては最小値（Min），最大値（Max），平均値（Mean），標準偏差（SD）が示されている．これらの表をエクセルやCSVのファイル形式で保存すれば，表計算ソフトやRなどでさらに解析を行うことができる．

　得られた軌跡は画像そのものに上書きされているわけではないので，この動画を保存しても軌跡は保存されない．軌跡が描き込まれた動画を作成するには**"Movie"**をクリックする．作成されるのはRGBのスタック画像である．パワーポイントなどで使用可能な動画が必要であれば，**[Avi…]**で保存し，FFmpegなどの別のツールで形式を変換したり，圧縮をかける．

粒子追跡の結果の保存と再生

　粒子追跡の結果の数値情報はファイルに保存することができる．**"Save"**をクリックし，**".mdf"**という拡張子のついたファイルを保存すればよい．また，各軌跡の色などの設定も記録されている．なお，このファイルはテキスト形式なので通常のテキストエディタで開いて，記載内容を確認することもできる．

　".mdf"ファイルは後でMTrackJの**"Load"**で開けば，動画上にトラックを再表示させることができる．**"Import"**は同じくファイルを開くための機能だが，すでにある軌跡をクリアせずに軌跡を追加する．これは作業を中断したいときに便利である．それまでの追跡結果をファイルに保存し，後でまた続きの

追跡を行うことができる.

　MTrackJには他にも様々な小技が隠されている. 例えば, 三次元の時系列動画でも手動で追跡を行うことができる. **"Help"** をクリックすると, 詳しい解説のWebサイトが開くので参照してほしい.

 ## 自動的な粒子追跡（ParticleTracker）

　さて, 今度は自動追跡プラグインParticleTrackerを使って**[eb1_8b.tif]**のシグナルを追跡してみよう. このプラグインはMax-Planck研究所細胞分子生物学・遺伝学部門のIvo Sbalzariniのグループがかつて ETHに在籍していた10年前から開発が続けられている. Fijiには同梱されていないので自分でインストールする必要がある.

ParticleTrackerのインストール

　インストールは次のいずれかの方法で行ってほしい. これまでにも他のプラグインのインストール方法を解説してきたので, ここでの説明は簡単に留める.

　①**Update Siteによるインストール**（詳しい手順は1章2節を参照）：Fijiで, **"Mosaic ToolSuite"** をアップデートサイトに追加する.

　②**ダウンロードによるインストール**（詳しい手順は付録1を参照）：SbalzariniらのサイトMosaicSuite for ImageJ and Fiji（**http://mosaic.mpi-cbg.de/?q=downloads/imageJ**）から, JARファイルをダウンロードして, Fijiのpluginsフォルダ以下に置く.

　Fijiを再起動すると, **[Plugins > Mosaic >]** の下に, **"Particle Tracker 2D/3D"** という項目が新たに加わっているはずである.

背景の平坦化

　画像を眺めると細胞の中心部では輝度が高く, 周辺になるにつれ暗くなっていることがわかる. 自動追跡する粒子検出の正確度を上げるため, この違いを低減し特に背景が明るい部分でのEB1のシグナルのコントラストを上げるように, 次の操作を行う.

　①スタックを複製. **[Duplicate...]** を実行, **"Duplicate stack"** をチェックしてOKをクリックする. **"eb1-8b-1.tif"** ができる.

　②この複製スタックをぼかす. **[Gaussian Blur...]** を実行, Sigma = 10としてOKをクリック. **"Process all 77 images?..."** と聞いてくるのでYesをクリック. かなり強いぼかしがかかる.

　③元の画像からぼかし画像を引く. **[Image Calculator...]** を実行, **"Image1"** には **"eb1-8b.tif"** を, **"Image2"** には **"eb1-8b-1.tif"** を, **"Operation"** では **"Subtract"** を選び, Yesをクリックする. **"Process all 77 images?..."** と聞いてくるのでOKをクリック.

背景の輝度を平坦にした動画像 **"Results of eb1_8b.tif"** で，さらに **[Brightness/Contrast...]** を実行してコントラスト調整のウィンドウを表示し，**"Auto"** ボタンをクリックしてコントラストを上げて見やすくする（LUTの最小値が1，最大値が112になるはずである）．

粒子の検出の設定

さて，**[Particle Tracker 2D/3D]** を実行しよう．すると，図4にあるような設定ウィンドウが開く．

このプラグインでは粒子検出のために3つ，粒子間のリンクのために2つの数値を設定する必要がある[注2]．なお，粒子追跡のツールとしては設定値が5つというのはかなり少ないほうである．設定ウィンドウの **"Particle Detection"** と書かれた部分が粒子検出に関わる数値であり，**"Particle Linking"** と書かれた部分が粒子間のリンクに関わる数値である．まず粒子検出の設定を行おう．次の3つの数値である．

① **Radius**：粒子の半径．おおよその半径（単位：ピクセル）で入力する．
② **Cutoff**：非粒子判定値の足切り値．「非粒子判定値（non-particle discrimination value）」はこのプラグイン独自のアルゴリズムで，粒子の球状度・輝度の等方性（isotropy）を判定するための値である．対象が球状でかつ輝度分布が等方であるほど値は大きい．不定形で輝度分布が非等方的だと小さくなる．足切り値以下の粒子は追跡の対象から除外する．なお，追跡対象が球状で等方的な輝度分布であると仮定している理由はこのプラグインが元々球状のウイルスを追跡するために開発されたからである．
③ **Per/Abs**：輝度の閾値．百分率ないしは正規化した輝度（Abs）で設定する．デフォルトでは百分率（Per）である．各フレームにおける輝度のヒストグラムの面積を100とし，対象のシグナルが占める百分率を指定して輝度の閾値とする．例えば1であれば，ヒストグラムの右端1%が追跡対象のシグナルと見なすことになる．入力フィールドの下にある **"Absolute"** をチェックすると，正規化した輝度（Abs：0から1までの数値）で数値を指定する．

粒子がうまく検出されるようにこれらの数値を一発で決めるのは難しい．いろいろな数値の組み合わせを試し，実際にどの粒子が検出されるのか，目視で確認しながら最適な組み合わせを決める．このために **"Preview Detected"** というボタ

■図4

注2
その他のチェックボックスやドロップダウンメニューはそのままにする．

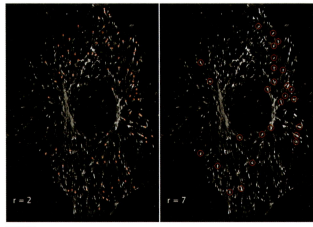

■図5

ンがある．次のように行う[注3]．

①**Radiusの設定**：画像を＋ないし
－のキーで拡大・縮小しながら，目
視でEB1シグナルの大きさを推定す
る．小さくて1ピクセル，大きくて
も3ピクセル程度である．比較のた
めに①2ピクセル，②7ピクセルと
2種類の粒子半径で試してみよう．
数値を"**Radius**"のフィールドに入
力し，"**Preview Detected**"をク
リックする．すると画像に複数の赤
い丸印が現れ，検出された粒子を示
す．7ピクセルでは検出されるシグ

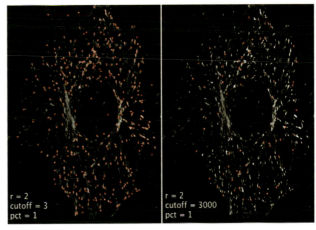

■図6

ナルが大幅に減る．また，複数のシグナルを1つのシグナルとして検出してし
まう．一方，2ピクセルでは大きさもちょうどよく，同時に多くの粒子をうま
く検出している（図5：左がRadius2，右がRadius7）．そこでとりあえず半
径は2，としよう．
②**Per/Absの設定**：①デフォルトの値0.1と，②1.0で比較してみよう．0.1
では捕捉できていなかった粒子が1.0にすると検出されていることがわかる．
輝度の閾値の設定はとりあえず1.0とする．
③**Cutoffの設定**：①3と，②3000を比較してみよう．3000だと，多くの
粒子が除外されることがわかるだろう．EB1シグナルの形状は楕円形に近い
ため，非粒子判定値は低くなりがちである．そこでCutoffを低く，3としよう
（図6：左がcutoff＝3，右がcutoff＝3000）．

粒子のリンクの設定

さて，以上でEB1シグナルの検出の設定は終わった．次はフレーム間のリ
ンクの設定である．2種類の設定値がある．

①**Link Range**：リンクの範囲．あるフレームの粒子から次のフレームに
ある粒子をリンクするための検索が行われるが，このときにそのさらに先に
あるフレームの粒子も含むこともできる．何フレーム目までリンク先を探す
のかを設定するのが"**Link Range**"である．次のフレームだけならば1に
なる．リンクの範囲を増やせば，たまたま認識されなかったフレームを飛び
越して，その次のフレームにリンクできることになるが，その分候補も増え
るので，間違ったリンクも増える．
②**Displacement**：移動距離．粒子が1フレームの間に動く最大距離の見
積もり．現在の粒子の位置から半径＝"**Displacement**"の範囲にある次の
フレームの粒子をリンク先の候補とする．なお，Link Rangeが2であれば，

注3
継続的に行われているアル
ゴリズムの調整とアップ
デートにともない，以下に
挙げたパラメータの実際の
数字は最適ではない可能性
があるので，各自テストし
ながらパラメータの設定を
行ってほしい．

この探索半径も2倍になる.

　Link Rangeは慎重を期すためにまず1としよう. Displacementは, 動画像を手動で動かし1フレームあたりの移動距離が5ピクセル以下であることを確かめ, 5とする. なお, これら2つの設定値は, あとで簡単にやり直せるのでここではあまり神経質にならずに, 先に進んでしまうのがよい.

　以上の試行の結果得た設定をまとめると次のようになる.

- **Radius: 2**
- **Cutoff: 3**
- **Per/Abs: 1.0**
- **Link Range: 1**
- **Displacement: 5**

結果の可視化・出力

　OKをクリックすると計算が始まる（ステータスバーに計算過程がライブで表示される）. 計算が終了すると, 図7にあるような結果表示用のウィンドウが表示される.

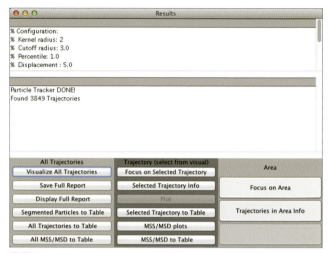
■図7

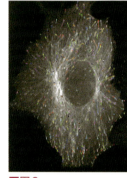
■図8

　このウィンドウは3つのパネルからなり, 一番上が設定値の詳細, 中央が結果のテキスト出力フィールド, 一番下が様々な結果の表示を行うためのボタン群である. 左上にある**"Visualize All Trajectories"**のボタンをクリックすると, 元の動画像に結果の軌跡をプロットしたウィンドウが表示される（図8左）. このサンプルの場合, 特に軌跡が多く追跡結果の確認が難しいので, 図8左にあるような選択領域を作成し, **"Focus on Area"**のボタンをクリックする. すると選択領域を拡大した新しいウィンドウが表示される（図8右）. マウスでフレームを送りながらEB1のシグナルがうまく追跡されているかどうか確認することができる. なお, このスタックはRGB画像なのでAVIなどの形式で保存すれば, 発表のスライドや論文の資料として使うことができる.

　軌跡を眺めてみて, リンクのパラメータを変更したい場合には, 結果のGUIのウィンドウのメニューから**[Relink Particles > set new parameters for linking]**を実行し, **"Linke Range"**と**"Displacement"**を再設定するとリンクの再計算だけ行われる. 粒子検出も再設定したいときには最初から

行う.

　軌跡の数値データは **"All Trajectories to Table"** をクリックすると Resultsのウィンドウに表示される. この表は, **[File > Save as…]** によって CSVやExcelの形式で保存し, 他の計算ソフトで解析を行うことができる. 表のヘッダの意味は次のとおり.

- **Trajectory :** 各々の軌跡のID番号.
- **Frame :** フレーム番号, すなわち時間. 0から始まる.
- **x, y, z :** 座標. 今回は二次元の時系列なのでzは常に0
- **m0〜m4 :** 画像モーメント, 0次から4次まで. これらを元に非粒子判定値が算出される.
- **NPscore :** 非粒子判定値.

　なお, 軌跡ではなく, 検出されたすべての粒子の座標を出力したいときには **"Segmented Particles to Table"** をクリックすればよい.

二次測定

　追跡結果を使ってさらに測定を行ってみよう. 画像解析・測定によって得た数値を元に次の測定を行うのでこれを「二次測定（Secondary Measurement）」と呼ぶ. 研究の現場では頻繁に使われる手段であるが, 少々プログラミングが必要になるのでここでつまづく人を多く見かける. 今回の二次測定の目的は, 得られた軌跡の各々における輝度の経時的な変化を測定することにする. 具体的には, Resultsの表からフレームと座標を読み込んで, その座標の位置にEB1のシグナルが収まるように選択領域を設定し, 輝度を測定する. **[Scipt…]** でScript Editorを開き, **[Language > IJ1 Macro]** を選ぶ. 以下のように書く.

```
 1   r = 2;
 2   for (i = 0; i < nResults; i++){
 3       frame = getResult("Frame", i);
 4       y = getResult("x", i);
 5       x = getResult("y", i);
 6       setSlice(frame + 1);
 7       makeOval(x - r, y - r, r*2, r*2);
 8       getRawStatistics(nPixels, mean, min, max, std);
 9       setResult("MeanInt", i, mean);
10   }
```

　元の動画像 **[eb1_8b.tif]** をクリックして一番手前にし, 上のマクロを **"Run"** のボタンで実行してみよう. しばしスタックがカタカタと動き, 測定が行われる. 終了すると, Resultsの表には新たに **"MeanInt"** という輝度の測定値の列が一番右側に追加されているはずである. マクロの解説をしよう.

【1行目】

選択領域の半径をrとして設定．ここでは追跡の際の設定と同じように2（ピクセル）とした．

【2行目】

2行目からはforを使ったループ．Resultsの表の行数をnResultsで取得し，1行目から最後の行まで回す．

【3～5行目】

フレーム（時間）とXY座標をResultsの表のi行目からgetResultを使って取得する[注4]．

【6行目】

上で取得したframeの数に従い，スタックのそのフレームを表示．Resultsの表のフレームは0から始まるが，setSliceでは1から始まる数で表示するフレームを指定する．そこでframe + 1となる．

【7行目】

makeOvalで丸の選択領域を，上で取得したxとy座標が中心になるように置く．第1，第2引数は左上のコーナーの座標になるので，x-r, y-rとなる．第3，第4引数は幅と高さなので，r*2となる．

【8行目】

getRawStatisticsによって，7行目で設置した選択領域の平均輝度（mean）を測定する．

【9行目】

setResultによって，7行目で設置した選択領域のEB1シグナルの平均輝度をResultsの表の新しいヘッダMeanIntの元に書き込む．

なお，EB1のサンプル動画像はダブリン大学のManuel Reynaudに提供していただいた．ここに感謝する．

注4
このプラグインの結果ではX座標とY座標が逆になって出力されるので，変数を逆にする．開発者によると逆になっているのはMatlabとの整合性を保つためだそうで，バグではないとのことである．

 おわりに

粒子追跡は奥の深い分野である．この節では実践面に限って紹介したが，知識と技術をさらに広げたい方は次の文献[1)～4)]を参考にしてほしい．

| 文献 |

1) Sbalzarini IF, et al: J Struct Biol (2005) 151: 182-195
2) Meijering E, et al: Semin Cell Dev Biol (2009) 20: 894-902
3) Meijering E, et al: Methods Enzymol (2012) 504:183-200
4) Miura K: Adv Biochem Eng Biotechnol (2005) 95: 267-295

■■■ COLUMN

ImageJ の他の粒子追跡用プラグインをいくつか紹介しよう.

① **ManualTracking**：手動で追跡するためのプラグイン. 二次元可. MTrackJ よりも簡単に扱えるので広く使われている. MTrackJ のほうが多機能であるがショートカットキーへの依存が大きく自由に扱うには慣れることが必要.

② **TrackMate**：自動追跡・三次元可. 対話的に複数の分節化・リンクのアルゴリズムを目的に従って選択するように設計されている. 可視化にも細かい配慮がなされている. 大規模なプロジェクトでいまだに開発途上であるが，試してみることをおすすめする. 手動の追跡モードもある.

③ **ToAST**：マラリアのスポロゾイトを追跡するためのプラグイン. 運動様式を分類する機能がある. MTrack2 を拡張して作成された.

④ **PTA**：5章2節で紹介する一分子の追跡に特化したプラグイン. 平均2乗変位の解析も自動で行ってくれる.

⑤ **SpotTracker**：雑音が大きい酵母の蛍光動画の点状のシグナル（e.g. 遺伝子座）を追跡するために開発されたプラグイン.

⑥ **OCTANE**：超解像度・一分子イメージングのために開発されたプラグイン. 追跡の機能もある.

⑦ **ObjectTracker, MultiTracker, Mtrack2**：これらはかなり古い追跡用プラグインで, Particle Analysis 機能をベースに開発された.

⑧ **DifferenceTracker**：軸索中を運動するミトコンドリアを追跡するためのプラグイン.

※①～③と，⑦の MTrack2 は Fiji に同梱されている.

 TEST ☞ **確認テスト**　解答 P181

問題1 サンプル動画 **[kin.tif(10M)]** は動原体が分かれていく様子を撮影したものである. 後に動原体の移動速度の分布を解析することを目的に自動追跡せよ. 結果を CSV ファイルで保存せよ.

問題2 **1** で保存した CSV ファイルを **[File > Import > Results]** によって開き，

①4章3節で使ったプラグイン集 BAR の **[Plot Results]** を使って，動原体の位置の変化を X-Y のグラフにプロットせよ.

②マクロを書いて1フレームあたりの移動距離の平均を計算し，Results の表に書き込め. そののちに速度の分布をヒストグラムとして表示せよ.

4章 画像解析の実際

第4章 画像解析の実際

5 形態の経時的変化の測定

ImageJ

三浦耕太

動的輪郭法 JFilament

　4章3, 4節で輝度変化と位置変化の解析方法を紹介した．この節では形態の経時的変化の解析方法を解説する．

　生物学で解析対象となる形態変化は大きく2つある．1つは細胞骨格などの線状の構造の形態変化（伸長・収縮・屈曲）であり，もう1つはアメーバ運動や多細胞組織の発生などで見られる個々の細胞または組織全体の形態の変化（投影面積・表面積・体積の変化，形状の変化）である．この節では前者の定量法を解説する．後者については4章6節で解説する．

　ここでは in vitro で伸長・収縮する微小管の形態変化を測定することとしよう．使うのは，JFilament というプラグインで，動的輪郭法（Active Contour）と呼ばれる方法（より詳しくは Snake と呼ばれるアルゴリズム）を使っている．その原理を比喩的に理解するには，輪ゴムを思い浮かべればよい．輪ゴムでボールを括れば輪ゴムは丸い形になる．マッチ箱を括れば，輪ゴムは長方形になる．あるいは手にはめれば手の形に沿って形状が決まる．輪ゴムの収縮力とそれでくくった構造物の物理的強度がバランスした結果として輪ゴムの形が決定される．これと似たような原理で，仮想の輪ゴム＝動的輪郭モデルで画像の中の構造を括るのが動的輪郭法である．

　この仮想輪ゴムの収縮力や曲がりやすさは，本物の輪ゴムと違って自由に調整することができる．また，画像上では輝度や輝度変化を指標としてエネルギーを設定することで，仮想輪ゴムの収縮に抵抗する物理的存在をこれまた仮想的に存在させることができる．

　動的輪郭法は通常，輪ゴムの比喩で説明したように閉領域を自動検出するために使われるが，JFilament は繊維状の構造を検出するために開発された．つまり，線状のゴムが伸び縮みする，ということになる．動的輪郭法の原理をより詳しく知りたい方は JFilament の論文を参照するとよい[1]．この論文は動的輪郭法の良い解説にもなっている．

　このアルゴリズムを使った形態の測定はおおまかには次のように行う．まず最初のフレームで測定したい線状構造を人間がおおまかに領域指定する〔つまり ROI（Region of Interest）を手で描く〕．アルゴリズムを走らせると，その線状構造のシグナルの形態に沿うように ROI が変形・伸長し，構造と ROI がぴったりと合うように最適化される．ROI が決まれば，その座標も判明するので形態は測定されたことになる．そこで次のフレームに進む．前のフレーム

で最適化されたROIが次のフレームの初期値となり，変化した形態にフィットするようにROIも変形する．この繰り返しによって，形態の経時的変化を半自動的に測定することができる．半自動，というのは，一番最初のフレームではROIの初期値を手で設定する必要があるからである．もちろん，この初期化を別の分節化手法を用いて（例えばこれまで繰り返し行ったように輝度閾値法で）行うこともできるが，このためにはスクリプトを書くことが必要になる．

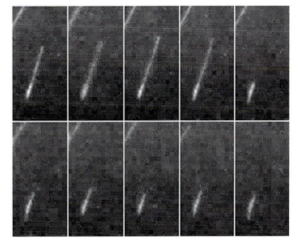

■図1　*in vitro* 微小管ダイナミクスの動画
Bieling P, et al: Nature (2007) 450: 1100-1105より転載．
(Reprinted by permission from Nature Publishing Group)

サンプル画像のダウンロード

　微小管の動画invitroMT.tif（図1）をサンプル画像のプラグインで開いてほしい（プラグインについては1章2節参照）．
　このサンプル動画はBielingら（2007）の論文[2]の補助資料にある2番目のVideoから抽出したものである．筆者のThomas Surreyと出版社から使用許可を得ている．ここに感謝したい．

プラグインのインストール

　JFilamentはリーハイ大学のMatt Smithらによってアクチン繊維の動態を測定するために開発されたImageJのプラグインである．Fijiのアップデートサイトには登録されていないので，以下のサイトから入手する必要がある．

http://athena.physics.lehigh.edu/jfilament/

　ダウンロードページから最新版のzipファイル（2015年10月12日現在，jfilament_complete_1.02.zip）を入手し，展開すると以下の6つのjarファイルがフォルダに含まれていることがわかるだろう．

1．**Jama.jar**
2．**vecmath.jar**
3．**j3dutils.jar**
4．**j3dcore.jar**
5．**JFilament.jar**
6．**jf_plugins.jar**

　1〜4までのライブラリはFijiにデフォルトで最初から入っているので必要ない（ImageJにインストールする場合には必要になる）．5と6を **[Plugins**

パラメータ	解説
Alpha	動的輪郭の伸縮の硬さ.
Beta	動的輪郭の屈曲の硬さ.
Gamma	動的輪郭の変化のステップサイズ. 値が大きいと輪郭がゆっくり, なおかつ滑らかに変化する.
Weight	画像の重みつけ. 画像が"輪ゴム"を拘束する強さ.
Stretch Force	伸縮力の大きさ. ただし, 輪郭が伸びすぎたり縮みすぎたりするときには, 前景・背景の輝度値をまず調節するとよい.
Deform Iterations	変形の繰り返し回数.
Point Spacing	動的輪郭を構成するノード間の距離. 小さければ多くの点で構成されることになる.
Image Smoothing	前処理としてガウシアンフィルタでぼかす場合のガウス分布の標準偏差. 大きければボケが強まる.
Foreground	繊維構造の輝度(前景輝度とする)
Background	背景の輝度(背景輝度とする). 動的輪郭はその末端における画像の輝度が前景輝度値と背景輝度値の平均値よりも大きいか, 小さいかによって伸びたり縮んだりする.
Curve Type	繊維状構造の動的輪郭を扱うには"open"を, 閉領域の動的輪郭を扱うには"Contour"を選ぶ.

ボタン	解説
Previous Image/ Next Image	スタックの前または後ろの画像フレームに移動する.
New Snake	新たな動的輪郭モデルを画像に加える(初期化).
Delete Snake	動的輪郭モデルを削除する.
Deform Snake	動的輪郭モデルを変形し, 最適化する.
Track Snake	現在の画像の動的輪郭モデルを初期値として次のフレームの画像で最適化を行う.
Zoom In	画像を拡大する. 左クリックで領域選択開始, 右クリックで終了, 選択された領域の拡大画像が表示される.
Zoom Out	画像を元の大きさに戻す.
Track All Frames	Track Snakeを自動的に最後のフレームまで行う.
Track Backwards	現在の画像の動的輪郭モデルを初期値として前のフレームの画像で最適化を行う.
Deform All Frames	すべてのフレームにあるモデルを最適化する.
Surprise	現在の動的輪郭モデルに関して, 前景輝度, 背景輝度を推定する.
以下4つのボタンは, 手動で動的輪郭モデルを修正するための機能	
Delete End Fix	動的輪郭モデルを部分的に削除し, 分割する. 1回目の右クリックの場所から2回目の右クリックの場所までを削除する.
Delete Middle Fix	最初に左クリックした場所から2番目に左クリックした場所までを削除し, 2点が直線で結ばれる.
Deform Fix	Delete Middle Fixと同じであるが, 3回目のクリックの場所に動的輪郭の新たな点を加える.
Stretch Fix	クリックした場所まで動的輪郭を延長する.

> Install >]でインストールし, **[Plugins > JFilament >]**がメニューに加わっていれば, インストールは成功である.

 ## パラメータとボタンの解説

動的輪郭法は複雑な形態を解析することが多い生物学においてとても便利

142

な手段ではあるが，一般的にパラメータが非常に多く設定に手間取るという欠点がある．前頁にパラメータおよびボタンの機能の解説を一覧にしたので参照してほしい．

　パラメータには大きく分けて2種類あることを意識しているとよい．輪ゴム，ないしは線状のゴムの性質を決めるパラメータ（すなわち動的輪郭モデルの設定パラメータ）と，画像による拘束条件を決めるためのパラメータである．

　JFilamentのウィンドウ（図2）の右側で動的輪郭モデルのパラメータを設定することができる．なお，うまく意図している構造にモデルがマッチしない場合にひとまず変更してみるとよいのはGammaの値である．

【演習①】動的輪郭モデルを使った微小管のダイナミクスの測定

　微小管の動画invitroMT.tifを，まず通常のコマンド**[Open...]** で開き，次にプラグインのコマンド**[JFilament 2D]** を実行する．すると，invitroMT.tifの画像を埋め込んだ新しいウィンドウが表示される．

　ウィンドウ上部にはメニューがあり，下部にはボタン群，右側にはパラメータ設定のフィールドが並んでいる．画像はかなり小さく表示されるので，これをまず拡大する．ボタン群から**Zoom In**をクリックする．すべてのボタンが半透明になり，画像に処理を施すモードに入る．今の場合であればズームを行うモードである．画像の左上端にポインタを置き，左クリックする．すると領域選択の四角が表示され，ポインタを右下端まで移動して画像のほぼ全域が選択された状態にする．ここで右クリックを行うと，領域が確定され，画像が拡大される．この状態が図2である．この動画像は100フレームからなるが，前後のフレームを表示するには**Previous Image**ないしは**Next Image**のボタンをクリックする．

　さて，動的輪郭の初期化を行おう．**New Snake**ボタンをクリックする．ボタン群が半透明になり，処理モードに入る．左クリックで領域選択開始，右クリックで領域選択終了なので，微小管の右上の末端をまず左クリックしよう．そのままポインタの位置を左下の末端に移動し，右クリックすると，微小

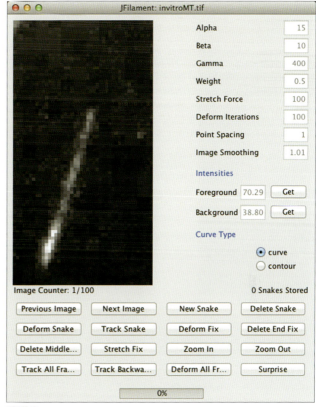

■図2

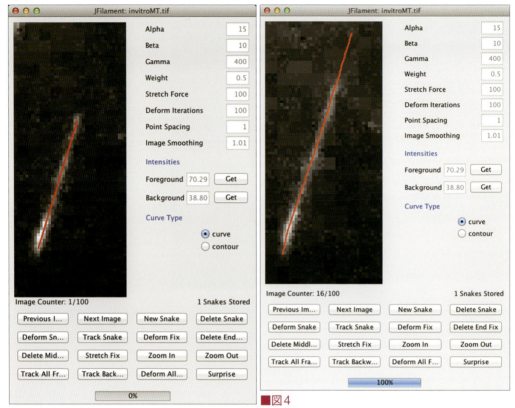

■図3

■図4

管の上に赤い直線が引かれる．これで動的輪郭モデルの初期化は終了である（図3）．少々注意すると，ここで右クリックしたときに選択した領域が消えることがよくある．これは，その右クリックした場所が背景として判断され，領域が自動的に無効になるからである．このような場合には，領域選択をやり直す．

　Deform Snakeをクリックすると，モデルが画像の輝度分布に従って最適化され，わずかながら波打った形状になることがわかるだろう．また，末端も少々伸びる．

　続けて**Track Snake**をクリックすると，次のフレームの画像が表示され，同時に前のフレームで最適化したモデルが，新しい画像に従って再び最適化される．2番目のフレームで計算されたモデルは少々右に傾いた状態になる．引き続き何度か**Track Snake**をクリックすると，そのたびに自動的にモデルが更新されることがわかるだろう．16フレーム目（現在のフレーム番号は，画像の直下に表示されている）になると，モデルが微小管の末端をはるかに越えた結果になってしまう（図4）．これは，パラメータの設定を変更して，微小管の形態変化をしっかり捕捉するようにする必要があることを示している．とはいえ，とりあえず**Track All Frames**をクリックしてみよう．最後のフレームまで，形態の捕捉が自動的に行われるが，まったくうまくいっていないこと

がわかる.

　そこで，ひとまず**Delete Snake**をクリックし，現在表示されているモデルをすべて消去する．**Previous Image**を何度もクリックして1番最初のフレームに戻り（あるいは一度JFilamentのウィンドウを閉じて再び開き，領域の初期化をもう一度行う），次のようにパラメータを変更してみよう．それぞれのフィールドをダブルクリックし，数字を入力してリターンキーを押すと変更になる．

　　・Alpha: 3（デフォルトは15）
　　・Gamma: 50（デフォルトは400）
　　・Foreground: 95（デフォルトは70.29）
　　・Background: 40（デフォルトは38.80）

　Track All Framesですべてのフレームに関して最適化を行った後，**Previous Image**と**Next Image**のボタンをクリックしながら，モデルがうまく画像の微小管に乗っているかどうか確認しよう．最初に選択した領域は人によって異なるだろうから，必ずしも上のパラメータでうまくいくとは限らない．微調整は，再び最初のフレームまで戻り，パラメータを変更，**Track All Frames**で改善するかどうかを確認する（図5）．この場合，最初のフレームの選択領域は同じまま，モデルの最適化を新しいパラメータのセットでやり直す，ということになる．

　あとづけになるが，筆者がなぜ上のパラメータに変更したのかを説明すると，

①このプラグインでは前景輝度と背景輝度の平均値が微小管の末端の輝度であると仮定されている．そこでまず微小管の輝度プロファイル（**[Analyze > Plot Profile]**）をとり（図6），微小管の輝度と，背景の輝度のおおよその値を推定・設定する．

　この設定変更でモデルがかなりうまくフィットするようになるが，それでもまだ欠陥がある．

②画像のノイズがかなり大きいので末端が判別しにくく，モデルが末端を追跡しきれないことがある．そこで伸縮力（Alpha）を弱くし（ゴムを弱くする），画像が曖昧な状況でもモデルが伸びるようにした．もちろん，間違って伸びすぎる危険性もある．

③特に収縮する場面で，モデルの最適化が微小管の変化の速度に追い付かないことがある（ゴムの変形速度が遅い）．そこで，モデルの変形速度を高める

■図5

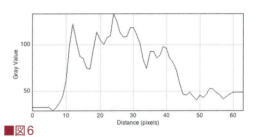
■図6

ため，Gammaの値を小さくした．

　以上の変更により，微小管の伸縮を動的輪郭モデルがかなりうまく追跡するようになった．

【演習②】微小管のダイナミクスの測定結果のプロット

　以上の測定を数値結果として出力することができる．まず，各フレームにおける座標データは，JFilamentのウィンドウに付属したメニューの**[snakes > Save Snakes]**で，テキストファイルとして保存することができる．また，モデルの長さ，先頭側末端での変位，終端側での末端での変位は，**[data > Save Elongation Data]**でテキストファイルとして保存できる．値はタブで区切られているので，CSVファイル相当であり，RやLibreOfficeで読み込むことができる．

　ここではあえてImageJのマクロを使って，微小管プラス末端の変位の積分値をグラフにプロットすることにしよう．操作は次のような流れになる．

　①テキストファイルを単一の文字列として読み込む．

　②改行を指標として，各行を要素とする配列に変換する．

　③各々の行をタブで分割して配列に変換する．2番目（インデックスは0から始まる）の要素が微小管プラス末端における変位である．

　④上記②の配列をループし（14行目からがデータ），ループごとに上記③の方法で配列に分割，2番目の要素を，新しい配列のフレーム番号をインデックスとする要素に格納する．

　⑤④で得たプラス末端変位の配列を使って積分し，新たな配列を得る．

　⑥⑤の配列は微小管プラス端での伸縮のデータである．これを横軸時間，縦軸を距離のグラフにプロットする．

　なお，この動画の時間間隔は3秒，スケールは0.083μm/pixelであるので，これらを換算してプロットする．実装を下記に示す．少々ややこしい部分は，出力ファイルの14行目からデータが始まる，という点である．

```
scale = 0.083; // マイクロメータ/ピクセル
dt = 3; // 秒/フレーム

path = File.openDialog("Select a File");
str = File.openAsString(path);
strA = split(str, "\n");

// データ格納用の配列の用意
dispA = newArray(strA.length - 13);
intdispA = newArray(strA.length - 13);
timeA = newArray(intdispA.length);
```

```
dispA[0] = 0;
intdispA[0] = 0;
integrate = 0;

//データを元に計算, 配列に格納
for (i = 14; i < strA.length; i++){
    rowA = split(strA[i], "\t");
    dispA[i -13] = parseFloat(rowA[2]);
    integrate += dispA[i -13];
    intdispA[i -13] = integrate * scale ;
}

//x軸用の配列
for (i = 0; i < intdispA.length; i++){
    timeA[i] = i * 3;
}
//プロット．これは一番簡単な方法である．
Plot.create("MT plus end", "sec", "um", timeA, intdispA);
```

このマクロの実行結果が図7である．
なお，マクロのコードは，**https://goo.gl/qJV73M** でコピーできる．

なお，こうした伸長速度の測定結果とタンパク質ポリマーの重合モデルを使って微小管の末端における結合定数・解離定数を推定することができる[3], [4]．この推定には外部バッファー中のチューブリン濃度を振って実験を行う必要があるが，文献などに付属している動画を探して，自分で解析してみるのも面白いかもしれない．ついでなので論文などに付属している動画からTiffの連番ファイルを抜き出す方法をサポートサイト（1章2節参照）に掲載するので，こうしたメタ解析を行う際には参考にしてほしい．

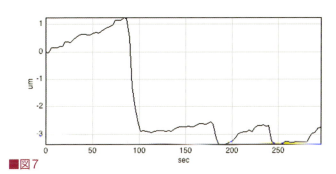
■図7

◆ おわりに

JFilamentはここで述べたような二次元の時系列画像だけでなく，三次元の時系列画像も扱うことができる．プラグインのサイトに詳しい解説と，サ

ンプル画像も含めたチュートリアルがあるので，必要な方は試してみるとよいだろう．

　線状構造の解析は，細胞骨格だけではなく樹状突起の動態や血管新生を解析したりする際にも適用される．これらの場合は分枝などの樹状構造の解析が加わる．

文献

1) Smith MB, et al: Cytoskeleton (Hoboken) (2010) 67: 693-705
2) Bieling P, et al: Nature (2007) 450: 1100-1105
3) Oosawa F: J Theor Biol (1970) 27: 69-86
4) Gardner MK, et al: Cell (2011) 146: 582-592

■■■ COLUMN

　ここで使ったサンプル動画はBielingらの2007年の論文からお借りしている．論文では微小管の動態の測定にキモグラフが使われている．この方法は分節化が難しいシグナルの移動速度を測定するのに適しているが，ほぼ手動での作業になり労力がかかる．じつはBielingらがこの実験を行っていた10年ほど前，自動的な計測を行いたいとの相談を，筆者は彼らから受けた．キモグラフではなくどうにかならないものか，とあれこれ工夫してみたのだが時間切れになり，結局彼らはそのままキモグラフで論文を書くことになった．少々悔しい思い出であるが，その後，まさにそのための優秀なプラグイン，JFliamentが登場し，同じような相談を受けた時にはこれを使ってみたらどうか，と推薦することにしている．

　なお，キモグラフの説明は5章1節で朽名さんが自身のプラグインにパッケージされているキモグラフツールの使い方，利点と欠点を紹介している．キモグラフ自体の作成はImageJの直線選択領域と[Reslice]によって簡単に行うことができるが定量なども含めると結構な労力になるので，朽名さんのツールを使えば簡単に数値まで得ることができる．最近では他にも多数のキモグラフプラグインが公表されているようであるが，筆者自身は，キモグラフの自動的な定量を行うツールをImageJマクロ「Kymoquant」として2008年ごろから公表している（http://cmci.embl.de/downloads/kymoquant）．キモグラフを作成してみると移動線が曖昧でどこの角度を測定したらよいのか迷うデータにしばしば出会う．えいや，っと線を引くことの問題は朽名さんが指摘した通りである．このためどの方向への動きがメジャーであるかを画像の相互相関を使って自動的（すなわち客観的）に検出し，速度として算出するためのツールがKymoquantで，網羅的な自動測定も行える．今から見ればフーリエ変換を使ったほうがいいなあ，キモグラフを使っている人はいまだに多いからプラグイン化したいなあ，などと思ったりするのだが，なかなかアップグレードする時間が見つからない．

TEST ☞ **確認テスト**　解答 P185

問題❶ [EMBL > Samples > invitroMT3.tif (0.58M)]をまず開く．この動画の微小管の伸縮の形態変化を測定するため，最適なパラメータの設定を探せ．

問題❷ 上のマクロで作成したプロットを眺めると，右上がりになっている部分が微小管が伸長している部分である．カーブ・フィッティングの機能を使って伸長速度を推定せよ．

第4章 画像解析の実際

6 ImageJ

位置・輝度・形態の複合的な経時的変化の測定

三浦耕太

 ## QuimP

　4章3～5節では，位置・輝度・形態それぞれの経時的な変化をどのように解析するのかを解説してきた．とはいえ，研究で扱う生物現象はこれらのいずれもが多かれ少なかれ同時に変化している．1つは変化しているが他は変動していないと仮定して解析できるように実験を工夫すれば，その1つだけに注目して解析が行える．しかしそうした実験的操作ができない，あるいは複合的な現象そのものに関心がある場合は，そのまま測定を行う必要がある．

　4章4節では，位置変化の測定を行った後に，二次測定としてその位置に応じた輝度の測定をImageJマクロを使って行う方法を解説した．これは言わば複合的な測定と言える．本節ではさらに位置・輝度・形態変化の複合的な測定を行う．測定対象は細胞の移動運動である．

　このために今回用いるのはQuimPというプラグインである．英国のWarwick大学にいるTill Bretschneiderが10年以上前から開発を続けているプラグインだ．分節化のアルゴリズムとして4章5節でも紹介した動的輪郭法（なかでもSnakeというアルゴリズム）を使っており，細胞性粘菌の運動と細胞骨格ダイナミクスを複合的に測定するために開発された．現在ではTillの研究室のRichard Tysonが実際の開発を担当している．

 ## プラグインのインストール

　QuimPの最新バージョンは11bであり，以下のサイトからダウンロードする[注1]．

http://www.warwick.ac.uk/quimp

　ダウンロードするファイルは圧縮ファイル**quimp11b_wsb.zip**で，解凍するとquimp11b_wsbというフォルダの中に様々なファイルやフォルダが入っている．プラグインはこれらのファイルのうち**QuimP11b.jar**というファイルである．**[Plugins > Install PlugIn]**でこのファイルを指定してインストールするか，あるいは直接このファイルを「fiji.app内にあるpluginsフォルダ内にコピーし，Fijiを再起動すればよい．

　ダウンロードしたフォルダにはサンプル画像が含まれているフォルダ

注1
ダウンロードするには，使用者の名前やメールアドレス，所属機関を登録する必要がある．ただしこれは，QuimPの開発に必要な助成金を得るために，使用者の数や地理的分布を申請書に記載することが目的であり，商用利用が目的ではないのでご心配なく．

QuimP11_walkthrough_filesとそれを使った懇切丁寧なマニュアル**QuimP11_Guide.pdf**も含まれている．本節の解説は，このマニュアルに準拠して同じサンプル画像で作業を行う．英語を厭わない方はマニュアルを読み込めば，より詳しい知識を得ることができるだろう．なお，本稿でのサンプル画像の使用に関しては，Till Bretschneiderおよび画像取得者であるMRC-LMBのEvgeny Zatulovskiyから許可を得ている．ここに感謝したい．

解析の流れ

ダウンロードしたパッケージに含まれるサンプル画像は細胞性粘菌の移動運動を撮影した動画で，目的は移動する細胞の細胞膜直下のアクチンの濃度が膜の形態変化とどのように関係しているのか，を明らかにすることである．次の3つのTiffスタックファイルからなっている．

① **QW_channel_1_actin.tif**
② **QW_channel_2_neg.tif**
③ **QW_channel_2_seg.tif**

①は蛍光ラベルしたアクチンを撮影した動画である．②は同じ細胞の画像だが，異なるチャネルで外部バッファー中にある非特異的な蛍光色素を撮影したものであり，細胞の部分が黒抜けになる．より正確には細胞が薄く広がった部分では薄い黒，厚みのある部分では濃い黒となる（②ではこの黒抜け画像を反転してある）．この排除体積画像を撮影する理由は，細胞のZ方向の厚みに関して，アクチンの濃度を正規化する必要があるからである．すなわち，細胞の厚みによらない濃度を推定するためにこの画像が必要となる．③は，②の画像を若干のガウシアンカーネル[注2]でぼかし，背景の引き算を行った画像である．

QuimPでの解析は，通常の解析の流れと同様に，形態を捉えやすい③の画像の分節化をまず行うが，動的輪郭法による分節化なので数値化された細胞の輪郭が結果となる．数値化とは，輪郭をXY座標で指定される複数の節（ノード）によって輪郭を表現することを意味する．隣り合った節を線で結んだときに，その形状が細胞の輪郭となる．次にこの輪郭の形態（位置も含む）の時間的変化の解析を行う．最後に輝度情報を含んだ①と②の画像を使って輪郭の内側，すなわち細胞膜表層におけるアクチンの輝度変化を測定する．

これらの分節化と測定機能にはそれぞれ名前が付いており，**[Plugins > QuimP11b > QuimP Bar]**を立ち上げると[注3]，ツールバーのウィンドウ（図1）が開いてそれをまず眺めることができる．

ボタンの機能はそれぞれ左から

注2
ガウシアンカーネル：3章3節図2で平滑化フィルタ処理の畳み込み計算を例示したが，この計算に使う行列を一般にカーネルという（例では3×3の行列だった）．平滑化フィルタのカーネルの要素はすべて1だが，この要素の分布をガウス分布に従うようにデザインしたカーネルがガウシアンカーネルである．ImageJでは**[Process > Filters > Gaussian Blur...]**がその処理にあたる．

注3
この際にFijiで画像を開いていない状態のほうがよい．というのも，画像があると，QuimPは自動的にその画像を測定対象として読み込んでしまうからである．

- **OPEN IMAGE**：測定対象の画像を開く
- **ROI**：ROI Managerを開く．ここでは使わない．
- **BOA**：動的輪郭法による分節化・位置の時間的変化の測定．
- **ECMM**：形態の時間的変化の測定
- **ANA**：輝度変化の時間的変化の測定
- **Q**：データ解析

となっている．

以下，BOA, ECMM, ANAの順番で解説を行う．

移動運動する細胞の分節化：BOA

【演習①】

さて，まずQuimP Bar（図1）の**"OPEN IMAGE"**ボタンをクリックし，サンプル画像スタックのファイル③**QW_channel_2_seg.tif**を選んで細胞の動画を開く．次にQuimP Barの**BOA**と書かれたボタンをクリックすると，スケールの設定を確認する"Set image scale"というタイトルの小さなウィンドウが開くので，そのままOKをクリックする．同時に左側にパラメータ設定のフィールドが縦に並び，中央に細胞の動画が埋め込まれたウィンドウが開く．右側には上下にボタンがいくつかあり，その間にはテキスト出力フィールドが設置されている．

左パネルの下のほうを探すと水平のスクロールバーがあるので，つまみを左右にドラッグ

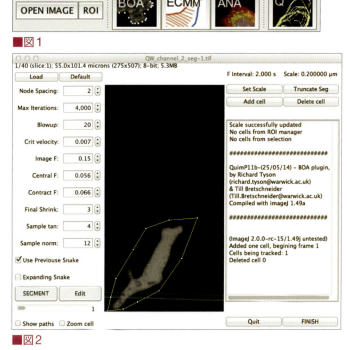

■図1

■図2

して，細胞の動画が動くことをひとまず確認しよう．作業を開始するために表示画像を最初のフレーム（フレームは1から始まる）に戻す．動的輪郭の初期値を手動で設定するためにImageJツールバーの左から3番目にある多角形選択ツールのアイコンをクリックする[注4]．そして，細胞を囲むようにROIを設置する（図2）．だいたい囲む，という感じでよい．

うまく図2のようにROIを設置できたら，右側パネルの上部にある**"Add cell"**をクリックする．すると，動的輪郭を収縮させる繰り返し計算が行われ，

[注4]
付録4参照．

151

細胞のへりに向かって動的輪郭が収束し，計算が停止する(図3)．

なお，多角形ROIだけではなく，通常の矩形ROIや，楕円ROIでも同じように初期化することができる．

これで動画の最初のフレームの分節化は完了した．次にBOAのウィンドウの左下にある**SEGMENT**というボタンをクリックすると，最初のフレームで最適化した動的輪郭モデルを初期値として次のフレームでのモデルの最適化，すなわち変化した形態と位置の輪郭を探査する．これが逐次に連続して行われるので，最後のフレームまで分節化が完了する．

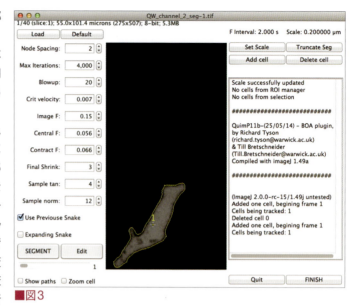
■図3

左下のスクロールバーを左右に動かして，すべてのフレームで細胞がうまく分節化されていることを確認しよう．そして右下にある**FINISH**のボタンをクリックするとBOAの作業は完了する．同時に，動画が保存してあるフォルダに3種類の新しいファイルが保存される．

1. QW_channel_2_seg_0.paQP

".paQP"という拡張子のファイルは，画像ファイルの保存場所のパス，動的輪郭モデルのパラメータやスケールの情報が保存されたテキストファイルである[注5]．言わば，解析ごとの設定ファイルと捉えればよい．これから行う解析であるECMMやANAではこのファイルを読み込むことで，同じサンプルの複合的な測定が可能になる．

注5
テキストエディタ，すなわちMacならばTextEdit，WindowsならばNotePadなどで開くことができる．

2. QW_channel_2_seg_0.snQP

".snQP"という拡張子のファイルには，各時点での輪郭上の節の位置とその座標データ，細胞表層部分における輝度，節ごとの移動速度，および粒子追跡のデータがテキストとして保存されている．節の位置は，任意の場所を原点0とし，輪郭の長さを1としたときの原点から節への長さ（小数点以下の数字になる）をそれぞれの節の位置としている．

3. QW_channel_2_seg_0.stQP.csv

".csv"という拡張子のファイルはいわゆるCSV形式で，スプレッドシートのソフト[注6]で直接開くことができる．各フレームでの細胞の重心の座標，

注6
ExcelやLibreOffice Calcなど．テキストエディタでも開くことができる．

■表1

パラメータ	働き
Node Spacing	動的輪郭を構成する節と節の間の距離. 短かければきめ細かい輪郭となる.
Max Iterations	繰り返し計算の最大回数. 動的輪郭がうまく収束せず, 無限ループの計算になることを回避するため.
Blowup	ある時点で収束した動的輪郭モデルは, 次の時点でのモデルの初期値とすることができるが, そのままではなくモデルを拡大して移動後の細胞がうまくその初期値に内包されるようにする. この拡大する幅を指定するパラメータ.
Crit velocity	動的輪郭モデルは1回の計算ごとに少しずつ収縮して小さくなる. この収縮の幅はどんどん小さくなる. とても小さくなったときにモデルは収束した, と判断することができるが, この許容する収縮の最小幅を臨界速度 (Critical velocity) として規定する. 臨界速度を小さくすれば, 収縮の幅が小さくなっても計算が続くので, 細かい凹みや凸部を高い解像度で検出することができる.
Image F	画像の反発力の大きさ.
Central F	動的輪郭モデルの節に内向きに働く力の大きさ.
Contract F	節と節の間の収縮力. 大きいと輪郭の微細な形状にフィットしなくなる, というのは直感的に理解できるだろう.
Final Shrink	モデルが収束した後にさらにモデルを縮める距離. 0ならば収束値のままである.
Sample tan, Sample norm	画像の反発力に関するパラメータ. 輪郭上のある1点において輝度のサンプリングを行う輪郭に平行な方向の幅と, 垂直な方向の幅を設定する. 大きければ広い範囲, 小さければ狭い範囲のサンプリングになる. その範囲内にある輝度値が画像の反発力の計算に使われる. 範囲を大きくすることは, 反発力 (Image F) を増やすことに相当する.
Use Previous Snake	時系列で自動的に動的輪郭モデルを次々に当てはめる際に, 直前のフレームでの収束結果を初期値に使う場合はこのチェックボックスをチェックする. デフォルトでは有効になっている.
Expanding Snake	開発中のパラメータ. 動的輪郭を収縮させるのではなく, 拡大させる.

平均移動量, 移動方向, 速度, 形態記述子などのデータが保存されている. 細胞の位置の追跡だけが目的ならば, このデータで十分である.

計算の原理

QuimPにおける動的輪郭法を簡単に解説しよう. 繰り返しになるかもしれないが, 4章5節と同様に輪ゴムの比喩を使ってQuimPがどのようにして細胞を分節化するのかを解説する.

動的輪郭法は, 言わば輪ゴムで対象を括ることに相当する. 括った後の輪ゴムの形状は括られた物体の形に沿っているのでこの輪ゴムの形が "対象の形状" であり, 対象を分節化したことに相当する. こうした仮想上の輪ゴムをモデルとし, ゴムの収縮力と画像の輝度に依存して設定される反発力とがバランスして輪ゴムモデルの最終的な形態が決定される. 収縮力には2種類ある. 輪ゴムのモデルは節 (Nodes) とそれらを結ぶ直線からなっており, これらの節の間の距離を縮める収縮力と, 節それぞれに内向きにかかる収縮力が組み込まれている.

輪ゴムモデルと画像の反発力をうまくバランス点に至らしめるには (収束と言う), モデルを1ステップずつ収縮させ, その各ステップごとに力のバランス

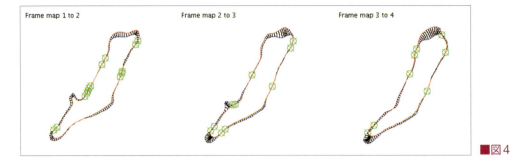

■図4

状態を確認する，という計算を繰り返し行うことになる．

より専門的な解説は，開発者ら自身による論文[1]を参照にするとよい．

パラメータのリスト

演習①ではパラメータを変更しないでも動的輪郭はうまく収束した．これは単にデフォルトの設定がサンプル画像に適しているようになっているからである．通常は画像に応じてBOAのウィンドウの左側に並んでいる動的輪郭のパラメータを変更し，その挙動を調節する必要がある．設定を調整する際には，そのパラメータに輪ゴムモデル（動的輪郭）の収縮力に関連するパラメータと，画像の輝度に依存的な力に関連するパラメータの2種があることを意識するとよい．表1にパラメータの名前とその働きを解説した．

なお，動的輪郭がうまく細胞の輪郭を検出しない時にまず最初に調整するとよいのは画像の反発力（Image F）である．また，細胞表層の小さな形状にうまくフィットさせるには，節の間の距離を小さくするとよい（Node Spacing）．

形態変化の表示：ECMM

次に，形態の時間的変化を解析する．細胞の全体の形態記述子に関しては，BOAが出力するCSVファイルにすでに記録されている．ここではさらに，動的輪郭の局所がどこからどこに動いたのかを解析し，細胞表層の細かな運動を検討できるようにする．

【演習②】

QuimP BarのECMMと書かれたボタンをクリックしよう．ファイル選択のウィンドウが開くので，演習①の出力ファイルである**QW_channel_2_seg_0.paQP**を選ぶ．すると輪郭が描画された画像スタックが新たに作られる（図4，最初の3枚のフレームを連続画像として示した）．各フレームにはある時点の輪郭（黒）と次の時点の輪郭（赤）がプロットされており，2つの時点の節を対応付ける短い線が2つの輪郭の間に引かれている．ところどころに緑の円がプロットされているが，これは輪郭が交差している場所で，細胞表層

の伸長部分と収縮部分が切り替わっている点を示している．

　各フレームにおける輪郭を構成する節の位置と座標はBOAの実行後に拡張子.snQPのファイルに結果が出力されているが，ECMMはこの同じファイルのそれぞれの節の行に，1フレーム前の輪郭において対応する節の位置を書き加える．.snQPファイルをテキストエディタで開くと，Originというヘッダのついた列があるが，これがこの前のフレームの節の位置データである．つまり，ECMMは輪郭の局所ごとの粒子追跡を行っていると考えればよい．また，ECMMによって書き込まれるG-originというヘッダの列は，その局所の粒子追跡の結果を時間的に遡行したときの1番目のフレームの節の位置である．なお，この位置nは輪郭の長さを1としたときの任意の開始点0からの距離に相当する．$0 \leq n < 1$の値になる．

計算の原理

　形態変化の解析はつまるところ，ある時点における輪郭の節を，次の時点における輪郭の節に関係付けることである．この計算は，4章4節で扱った粒子追跡のリンクの計算と似たような課題である．ただし，細胞が収縮している部位では節が減り，逆に伸長している部分では増えることになるので（動的輪郭の性質として，節の間の距離はほぼ一定に保たれるように挙動する），節の対応関係は必ずしも一対一ではなく，何らかの工夫を施す必要がある．

　この工夫として，QuimPでは静電的輪郭移動法（Electrostatic Contour Migration Method）というアルゴリズムが実装されている．具体的には伸長部分では時点$t+1$の節から時点tにおける輪郭の節ないしは内挿点が選ばれる．収縮部分では逆に時点tの節から時点$t+1$の輪郭の対応する節にリンクする．この場合，複数の節が1つの節に対応付けられることもある．

　なお，細胞膜のある部分の物質が，次の時点でどこに移動したのかということを知るには，細胞膜の脂質などを個別に標識して完全な追跡を行うといった困難な実験でも行わない限り，正しい測定・追跡を行うことはできない．そこで逆に形態変化そのものをECMMという記述法で定義づけて解析しよう，というのがQuimPに採用されている手段で，これは生物学ではあまり馴染みのない数学的な発想である[注7]．必ずしも物質がその結果に示されているように動いているわけではないことに注意しよう．

[注7] 形態を定量的に解析するには，何らかの定義がどうしても必要になる．ECMMはその試みの1つと言える．

輝度変化の測定

　ここまでで測定した細胞の輪郭の座標を使って，細胞表層のアクチン濃度を計測しよう．

【演習③】

[File > Open...]で蛍光標識したアクチンを撮影したサンプル動画**QW_channel_1_actin.tif**を開き，次にQuimP Barの**ANA**と書かれたボタンをクリックしよう．ファイル選択のウィンドウが開くので，演習①の出力ファイルである**QW_channel_2_seg_0.paQP**を選ぶ．するとさらに輝度測定のための設定ウィンドウが開く（図5）．

同時にアクチンの画像には赤の輪郭線と，細胞の内側の黄の線が描かれる（図6）．この2つの線の間の領域を"細胞表層"とする．

デフォルトの設定値（図5）のままOKをクリックすれば，輪郭の内側の幅0.7μmの帯状の領域における輝度が時系列に沿って測定される．測定後には図7のような状態になっているはずだ．

この結果のうち，輪郭の節ごとの輝度は .snQP ファイルに（Fluor_ で始まるヘッダがそれである），表層全体の平均輝度のデータは .stQP.csvのファイルに書き込まれる．

図5のときに設定値を変更することで例えば測定領域を狭めたり広めたりできる．設定値を以下に解説する．

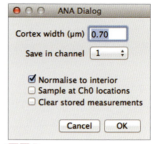

■図5

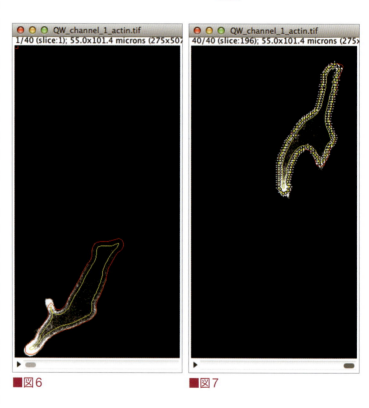

■図6　　　　　　　　　　　■図7

項目	説明
Cortex width	細胞表層の幅．
Save in channel	測定値の保存先の指定．.snQPファイルには3つまでチャネルを書き込むことができる．ここでは書き込み先のチャネルをドロップダウンメニューで指定する．
Normalise to interior	細胞表層の輝度を，黄色い線の内側（cell interiorあるいは細胞質領域と呼んでいる）の平均輝度で正規化する．
Sample at Ch1 locations	蛍光画像に複数のチャネルがある場合に，チャネル1と同じ場所で測定する．
Clear stored measurements	保存された測定値をクリアする．

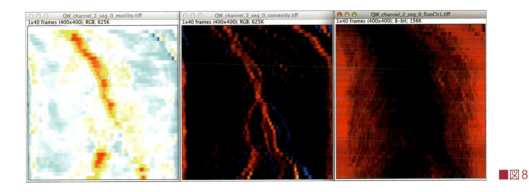

■図8

 測定結果の解析

さて，以上で動画像の測定は完了である．位置・形態・輝度それぞれの変化の結果は以下のように保存されている．

結果	保存先
細胞の位置変化（重心）	.stQP.csvファイルのX-Centroid, Y-Centroidの列．
細胞輪郭の形態変化	.snQPファイルのPositionが節の位置，その座標がX-coordとY-coord，Originが1フレーム前の輪郭で対応する位置．
細胞表層の輝度	.stQP.csvファイルのTotal Fluo.が総輝度，Mean Fluo.が平均輝度．
細胞輪郭の各節における輝度	.snQPファイルのFluor_ChX（Xは1から3までのいずれか）．デフォルトでは細胞内部の輝度で正規化されている．

QuimPでは，これらの測定結果をプロットすることも行ってくれる．QuimP Barで**Q**と書かれたボタンをクリックし，.paQPファイルを指定しよう．すると，Q Analysis Optionsというタイトルのウィンドウが開く．デフォルトのまま**RUN**ボタンをクリックする．すると図8に示した3つのプロットが作成される．

これらのプロットは二次元なので"マップ"と呼んでいる．いずれも横軸には輪郭上の原点からの距離に応じた測定値，縦軸が上から下に向かうフレーム数というプロットなので，キモグラフを応用した測定値の可視化である．直感的には，輪郭を1点で切って直線に伸ばし，それぞれの位置に色符号化した測定値をつけて上から下に向かって時間順に並べている，と考えればよいだろう．

1. **QW_channel_2_seg_0_motility.tiff**（図8左）

輪郭上の移動速度の分布の経時的変化．赤い部分が伸長している部分の速度，青緑の部分が収縮している部分の速度である．

2. **QW_channel_2_seg_0_convexity.tiff**（図8中）

輪郭上の凸度分布の経時的変化．凸部が赤で凹部が青

3. **QW_channel_2_seg_0_fluoCh1.tiff**（図8右）

輪郭直下の蛍光強度分布の経時的変化．赤い部分にアクチンが多くある．図8左で細胞膜が速く伸長している部分（赤）と収縮している部分（青）とを比較すれば，細胞骨格のダイナミクスと細胞表層の運動を関連付けて把握することができる．

QuimPを使った研究では，細胞骨格のダイナミクスを制御するタンパク質の濃度変化と運動の関係を調べているので，参考にするとよい[2), 3)]．

この他にも表示はされていないが，全部で8種類のマップが自動的に保存されている．6種類は上で表示された3つを含む6種類の二次元マップで，.maPQという拡張子のファイルで，いずれもテキストファイルである．また，.svgという拡張子のファイルも2つ保存されている．**QW_channel_2_seg_0_track.svg**というファイルは，細胞の輪郭を時間軸投射したもので，細胞の形態変化の様子を直観的に把握することができる（図9）．.svg形式のファイルはFijiで開くことができるが，動画になっている場合は静止画として表示される．Chromeなどのブラウザで開けば，動画として再生される．

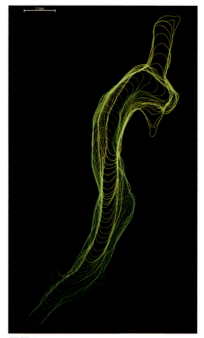

■図9

■図10

【演習④】

拡張子.maPQのファイルは数値データであるが，これを図8のように可視化する作業を行ってみよう．ここでは**QW_channel_2_seg_0_motilityMap.maQP**を使って，図8左のような図を作成することを目指す．まず，**[File > Import > Text Image…]** によって，二次元数値データを画像として読み込む．すると図10のような32ビットの画像が表示される．

まず気がつくのは，縦の長さが図8に比べて短いことである（高さ40ピクセル）．これは，1フレームあたり1ピクセルの高さを割り当てているためで，図8のように1フレームあたり10ピクセルを割り当てるようにする．**[Image > Adjust > Size…]** を実行し，表示される設定ウィンドウでまず最初に "Constrain aspect ratio"[注8]のチェックを外した後で，Width（幅）を400，Height（高さ）を400ピクセルに指定する．**"Average when downsizing"**[注9]を念のため外し，また，Interpolation（内挿）は**None**を選ぶ．OKをクリックすると，画像が400×400になり，図8と同じ大きさになる．

ポインタを使ってピクセル値を確認すると，もともとの数値がそのまま反映されていることが確認できるだろう．図8ではいずれのマップも8ビットに正規化されて可視化が行われているが，ここでは32ビットのままLUTを変更

注8
縦横比を固定する，の意．

注9
縮小時に輝度の平均値を使う，の意．

してみる．**[Image > Lookup Tables > Thermal]**を選択すると，図11のように値を色符号化したマップになる．

この画像のピクセル値の最大値・最小値を知るため，**[Analyze > Set Measurements...]**で**"Min & max gray value"**にチェックを入れ，**[Analyze > Measure]**で表示されるResultsのウィンドウで，最小値が－1.39905，最大値が1.71324であることを確認する（初期条件の違いによって分節化後の輪郭が変わるため，最小値，最大値の値は多少の増減がある）．論文に掲載する際には色符合のスケールを表示する必要があるのだが，このスケールは8ビットの勾配画像で作成すればよい．**[File > New > Image...]**で，"Fill with"をRampに，Widthを200，Heightを30でピクセル値の勾配画像を作成する．**[Image > Lookup Tables > Thermal]**でLUTを変換すると，スケールの完成である（図12）．論文の図の作成の際には図11の画像の下に配置し，左端が－1.40，右端が1.71，と表示すればよい．

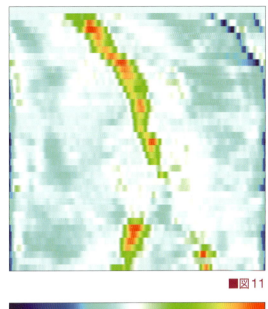
■図11

■図12

おわりに

Till BretschneiderがQuimPの開発を始めたころ，彼は筆者のかつての所属研究室の先輩だった．動的輪郭法の話を聞いたときになんともうまいアイデアだ，と思ったものである．このときに「三次元の動的輪郭法はないんでしょうか」と質問したところ，「原理的には可能なのだけど実装されていない」，という答えであった．今ではパスツール研究所で開発されているIcy（**http://icy.bioimageanalysis.org**）という生物画像解析パッケージに実装されている．筆者自身は試していないのでコメントは控えるが，興味のある方は試してみるとよいだろう．

|文献|
1) Tyson RA, et al: Math Model Nat Phenom (2010) 5: 34-55
2) Bosgraaf L, et al: Cell Motil Cytoskeleton (2009) 66: 156-165
3) Dormann D, et al: Cell Motil Cytoskeleton (2002) 52: 221-230
4) Arai Y, et al: Proc Natl Acad Sci USA (2010) 107: 12399-12404

■■■ COLUMN

　生物画像を解析する専門家はまだまだ少ないので，私は解析者コミュニティの組織化や多方面の活動を企画している（5章4節「ImageJ派生プロジェクト」も参照）．そのうちの1つが，画像処理ライブラリやパッケージを整理するための共同作業Webサイト，BioImage Information Indexの運営である（http://biii.info）．2013年におよそ40人の欧米の開発者・解析者がバルセロナに集まり，侃々諤々の猛烈な議論を経た後に共同でサイトの立ち上げを行った．2014年には解析者だけでパリで集まり，約140のworkflowsと我々が呼んでいる生物画像処理工程に関する情報を書き加えた．あらゆるアルゴリズムの実装・処理工程を網羅的にリンク，タグ付けして探しやすくする，というのがこのサイトの目標であり，年に1回，Taggathonと呼ぶ共同作業で情報を加えたり修正していく（hackに対してtagで補完，という意味を込めている）．生物画像解析の方法の選択に立ち止まっている人はぜひとも一度訪れてキーワードサーチを行ってみてほしい．不具合があれば連絡していただければ改善する．筆者になら日本語でOKである．あるいは，開発者，解析者としてこの動きに加わることも大歓迎である．同じ専門性を持つ人間が集まることは，なにしろそれだけでも楽しい．

TEST ☞ 確認テスト　　解答 P187

サンプル画像のプラグインを使い，**[EMBL > Sample Images >]** にある **GFPAX20013-1.tif.** を開こう．この細胞性粘菌のサンプル動画は大阪大学理学研究科の宮永之寛さんと上田昌宏さんに提供していただいた．ここに感謝したい．

問題❶　QuimPのBOA機能によって細胞（一番明るく，最初のフレームから最後まで画像の外に出ないもの）を分節化し，輪郭のデータを得よ．

問題❷　BOAの結果から，ImageJマクロを使って細胞の平均移動速度を計算せよ．

問題❸　細胞の凸度分布のキモグラフを作成せよ．

このキモグラフは，5章2節の執筆者の新井由之さんが2010年のPNAS論文で示した細胞性粘菌の表層で見られるPHドメインとPTENの自己組織的な進行波パタン[4]とどこかよく似たプロットになる．ぜひとも比較して，細胞表層の自発的な運動との関係に思いをはせてほしい．なお，新井さんのこの実験では5μMのラトランキュリンAによって細胞の移動運動を阻害している．生物システムにおける位置・形態・輝度の変化のうち2つを実験的に抑えて解析した好例である．

第4章 画像解析の実際

7 解析のための画像データの取り方・選び方
ImageJ

塚田祐基

　画像解析は画像データの質によって解析の難しさが決まるため，解析手法そのものだけでなく，データの撮り方や選び方も重要である．本節では解析を念頭に画像データを選ぶ際，何に気をつければよいのか，そのコツを紹介したい．データを取得するための顕微鏡やカメラの知識も画像解析にとって非常に重要であるが，顕微鏡画像取得自体については良書が出版されているので他書を参照していただきたい[1)～3)]．

 ## はじめに：目標を明確に

　データを解析するためには，何よりもまず，測りたい対象を決めなければならない．これは当たり前のようにも思えるが，筆者が画像解析の相談を受けるとき，意外と対象を決めないで解析を始めているケースは多い．とくに「コントロールと比較して何らかの有意な差が出ればよい」という大まかな目的だけで解析を始めるというのが典型的な例である．その場合，計測する対象が曖昧だったり頻繁に変わることで，じつは対象さえ絞れば計測可能なのに，計測ができないと結論づけてしまったり，結論が出ないままになっていることも多い．

　測定対象を絞り込むために，いくつか整理するポイントを挙げよう．これまで見てきたように，生物画像解析の基本的な測定対象は以下の4つに分類される．つまり，これらのいずれかに当てはまる量の計測を目指すことが画像解析のゴールと言える．

☞① **数を数える（3章1節参照）**
　一番単純な定量は，計測対象の個数をカウントすることだろう．解析結果として最も明確な指標である．また，計測対象が莫大な数の場合は，計算機を使った画像解析の本領が特に発揮されるケースでもある．

☞② **位置を計測する（4章2, 4節参照）**
　計測対象が認識できている場合，それが画像内のどこに存在するかという情報も得られる．生物画像の解析では位置情報が重要な意味を持つ場合は多く，例えば，目的のタンパク質が細胞内のどこに局在しているかを調べることで，その機能を推測するといったことにもつなげることができる．

☞③ **輝度値を定量する（4章3節参照）**

　計測対象の輝度値を計測することで，その存在だけでなく，質や量も議論できるようになる．この場合，背景輝度値の補正処理なども含まれることがあるので，計測対象のコントロールを何にするかが課題となる．また，視野内（画像内）の輝度の均一性や，サンプルごとの違い，蛍光褪色なども考慮に入れる必要がある．

☞④ **形を定量する（4章1節参照）**

　形態はその計測値（**形態記述子**と呼ぶ）として様々な種類がある．そのため形を計測したい場合は，注目する形態記述子を決める必要がある．できるかぎりわかりやすい記述子で測定対象の形質，特にコントロールとの違いを示すことができる量に注目し，その量を測りやすくするために計測系を最適化することが重要である．

　測定対象の移動速度や輝度値の変化は，これらの値を基にした二次的な値なので，これら4つの分類を把握することが基本となる．これらの4つのケースはいずれも時系列や三次元（立体）に拡張した解析が現在一般的となっているので，時系列データにおいて，数の変化，位置の変化，輝度の変化，形の変化を測定するためには，測定対象を認識して追尾することや，褪色するものについてはその補正なども解析するうえで必要になってくる．具体的な例としては，4章4節で解説した粒子追跡について後ほど触れる．また，三次元（立体）の場合，形態記述子を用いることはまだ一般的ではない．

　各ケースに共通して測定前によく考える必要があるのは，なるべく**単純かつ測りやすい形質**に注目することだ．加えて，ほとんどの画像解析は計測対象の認識という課題を含み，データによっては計測対象を認識すること自体が難しいということもあらかじめ意識しておかなければならない．これらのことを考慮しながら，画像解析における単純さや，**測りやすいということはどういうことなのか**，以上に挙げた4つの項目別にもう少し掘り下げて説明する．

①**数を数える**

　最も理想的なケースは，画像における背景と計測対象が1つの閾値で明確に分かれ，二値化によって数えたい対象が完全に個別化できる場合である（図1）．注意すべきは，閾値によって二分されることだが，これは

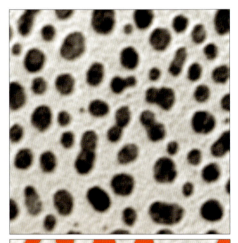
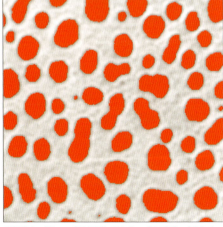

■**図1** サンプル画像Blobs（25K）（上）とThreshold...で二値化した画像（下）

必ずしも人間が区別しやすいかどうかとは異なる．背景が不均一だったり，計測対象が重なっていて個別化できない場合，違う条件で撮影するか，解析の前に画像処理を施す必要がある．よくあるケースとしては細胞を密集させて画像を撮ったときに個別の細胞に分けられないことや，バックグラウンドノイズが高い場合にノイズが邪魔して対象物を正しく認識できないことなどがある．その場合は希釈するなどの実験操作によって密集度を下げたり，バックグラウンドノイズが入らないように工夫する必要がある．また，DIC（微分干渉）画像の場合，細胞などの対象と背景の境界があいまいで二値化しにくいという問題点があるので，位相差顕微鏡であらためて撮影したほうがよい場合もある．ポイントとしては，**人間が画像を目で見たときに認識しやすいデータと，機械的に二値化で分けられるデータは必ずしも同じではないことを意識する**ことだ．

　カウントする対象を認識する方法は，二値化で領域を区別するだけではなく，輝度値の分布を利用する方法もある．例えば，輝度値のピークを基準とした対象物の数を知りたい場合は必ずしも二値化処理を行う必要はない．ピーク検出のアルゴリズムはいくつかあり，ImageJでも**[Find Maxima]**やGDSC pluginの**[Find Peaks]**などで実装されているので，これを利用して対象物を認識し，数を数えることも選択肢に入る．

　このように，まずは二値画像やピーク検出などで測定対象を数えることをある程度前提とし，これらの方法で対象として機械的に認識しやすい画像を選ぶことがカウント解析の成功のコツで，そのためには対象物が背景と比べてはっきり異なる画像が最適である．

②位置を計測する

　位置の測定とは，例えば，測定対象が蛍光ラベルしたオルガネラやタンパク質であるときに，それが細胞内のどこにあるかを示すことだ．その場合，測定対象の認識はもちろんのこと，測定対象が位置する領域，つまり細胞体や樹状突起などの部位の特定ができるかどうかも問題となってくる．画像から自動的にそうした領域を認識することが難しい場合は，人間が領域の選択をすることもある．例えば，図2に示すように神経細胞の軸索上のシナプス局在を解析するケースでは，軸索と判断する領域は人間が選択し，その選択領域上での蛍光強度の位置を解析している（図2）[4]．いずれにせよ，**位置を計測したい対象の認識と，領域の認識，そしてそれらのトポロジーがどれくらい簡便に計測できるかどうかが，解析において重要**となる．シナプスの例のように，領域の認識は人間が指定することで限定し，その範囲内（この場合，神経突起という線状の領域）での位置を解析するという方法や，測定対象の認識も人間が行ってしまって，ソフトウェアでは位置関係だけを測定するという解析もできる．このように測定対象を自動認識する方法の構築に注力するだけではなく，適宜，ヒトの認識能力を使うことで解決することも選択肢に入れて，画像を選ぶのがよいだろう．逆に，自動で計測対象や領域を検出することが必要な場合，解析に関わる領域の判定が自動で行えるレベルの画像が不可欠なので，画像解

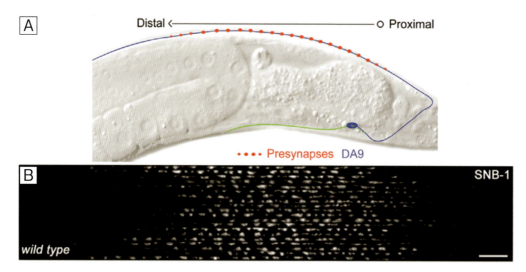

■図2
A：線虫の体の微分干渉像とDA9神経細胞の位置を示す．計測しているものは赤で模式的に示された蛍光ラベルしたプレシナプスで，青で示したDA9神経細胞の軸索上での位置を計測している．
B：曲がったDA9軸索上の輝度値を直線に当てはめ，たくさんの個体のDA9軸索上のプレシナプス位置を個体ごと縦に並べたもの．
Wu YE, et al: Neuron (2013) 78: 994-1011より転載．

析手法を考慮したうえでの画像取得の最適化が必要なケースもあるだろう．

　単独画像内の位置だけでは情報が足りない場合，例えば脳組織の中の一部の画像などは，画像自体の位置情報も重要である．その場合は，画像自体の位置情報が判定できる対象があるかどうか，もしくは画像をとった絶対座標が計測されていることも必要となる．

　位置の問題で気をつける点の1つとして，zスタックデータを扱う際のxy平面とz軸のスケールの整合性が挙げられる．zスタックの解像度はxy平面より粗いことが多いので，特に距離の解析においてはスケールの違いを気にすることが重要である．

③輝度値を定量する

　輝度値の解析では，**どのようにして画像が得られたかを定量的に把握していることが重要**だ．というのも，輝度値の定量性は顕微鏡やカメラの設定に大きく依存し，例えば露出時間やゲイン[注1]が異なる画像間で輝度値を比較すると，その設定の違いにより解析結果が劇的に異なる．同じ画像内の輝度値でも顕微鏡の照明は視野内でムラがあるので，状況によっては画像内の位置にも注意が必要である．このように，計測条件をよく把握している画像でなければ，輝度値の定量を行っても意味がない．

　計測条件を把握したうえで，輝度値データを解析する際には，まず計測した値が絶対値として意義があるのか，相対値として意義があるのかを見極めるこ

注1
CCDやCMOSなどのイメージセンサーの感度．

とが必要になる. 2章1, 2節でも述べたように, 画像データはモニタ上での見た目を計測値と独立に調節できるため, 注目している値が画像内の相対値か, 計測した絶対値ムの/かを解析する前に確認しておくべきである.

さらに比較するデータ間でスケール (ビット深度など) が適合しているかどうかも重要だ. 実験条件がまったく同じデータだけを扱うことが理想だが, 違う場合には, どこがどの程度違うのか正確に判断できるデータを使うべきである. また, 解析前に画像処理を施す場合は, 測定する輝度値に影響を与える可能性に気をつける必要がある. 推奨するやり方としては, 画像処理はあくまでマスク作成や背景補正などの補助的な部分に用い, 測定自体は元画像の値を取得することだ.

これらのことをクリアしたうえで, 正しく領域選択ができていれば, 輝度値の測定や比較自体は簡単にできるだろう.

④形を定量する

形の定量の場合, 測定対象を二値化したときの解像度がしばしば重要になる. 当然, 計測には画像データの質も影響するが, 二値化するアルゴリズムや閾値などのパラメータによっても解像度は変わるため, 定量する前に画像処理を施すかどうかも含めて画像データを眺める必要がある. また, 計測する形の性質によっても二値化の鋭敏性 (シャープさ) が変わるため, 注目する形質 (面積, 真円度など) にとって二値化の解像度がどう影響するかを考慮することも重要である. 例えば, 細胞の大まかな面積や真円度を計測したい場合は解像度が低くても解析に耐えうるが, 細胞全体が見える倍率で取得した画像中の, 繊毛など細かい構造を含めた解析となると, 解像度が低い場合は二値化の段階で潰れてしまうことが多い. このような二値化処理に伴った解像度の変化は特に形態の定量の場合に気をつける必要がある. 逆に, 二値化処理を行ったときに良好な解像度を示すものであれば, サチュレーションして輝度値の定量的な計測ができない, もしくは値が保証できない画像であっても, 形態はきちんと計測できることもあるため, そのような画像を選ぶことも選択肢に入る.

形態の解析は自由度が高いため, 何に注目するかが最も重要になる. そのため解析の際にはまず注目する形態記述子を決め, 抽出する情報の自由度を下げたうえで, 取得したデータが抽出したい情報を得るのに十分な解像度であるかどうかを判断することがデータ選びの基本となる. 一方で, 逆にありとあらゆる形態記述子で画像内の測定対象を測って, あとからデータマイニングとして項目を絞り込むという網羅的な方法も考案されている[5]. その場合は, 網羅的なデータから撮影条件を最適化するなどの調整も必要になるかもしれない. いずれにせよ, 実際の解析現場では, いくつかテストケースを定量してみて, **画像取得のパラメータと解析のパラメータで定量した値がどのように変化するかを把握しておく** ことが建設的なデータの選び方となる.

ここまで述べたように, 解析する対象によって理想的な画像データは異な

る．生物画像データは，顕微鏡の調整などの画像取得方法の変化でも画像の質が大きく変わるため，理想的には解析方法を決めたうえで画像取得の最適化を行うことが望ましい．画像取得をしている実験研究者が，共同研究者に画像解析を委託するケースも多いと思われるが，その場合はテスト画像をまず解析してみて，解析方法を決めた後に画像取得自体の最適化をするのもよいだろう．

 ## 粒子追跡の適用にあたっての指針

4章4節で解説した粒子追跡は必然的に時系列データの解析となり，データの取り方・選び方には特有のクセがある．以下，その要点を述べる．

定量化をするか，しないかの問題

粒子追跡を行おうとする動機は大抵の場合，「この動きの違いを定量化して示したい」ということだろう．違う，という感覚は往々にして主観的な作用が強い．特に画像内を多くの対象物が動き回るような状況での，実験条件による違いについては，横に並べて見比べるということ自体が難しく，観察者の注目の仕方が強く影響する．したがって粒子追跡を行い，統計値やプロットによって定量的に比較することは，そのような動的な生命現象を理解するために大いに有効である．自分の撮った動画を他人に見せるときに，データを示しながら，動く対象が「ちょっと違う」「だいぶ違う」「大きく違う」などと表現する必要が出てきたら，積極的に粒子追跡で定量的に解析してほしい．

しかし，「動きに差が見られないが，自動追跡してみたら何か違いが出るのではないか」という動機である場合，筆者らの経験では定量的な違いが出ることは，あまりない．ただし，理論的に何らかの違いが予測されるので，定量的にそれを解析する，という蓋然性の高い動機があるならば，ぜひとも解析を進めるべきである．例えば，一分子の粒子追跡では，見た目では決して区別することのできない差を定量して初めて見いだすことができる．

目的を明確にして動画の撮影条件・解析アルゴリズムを絞り込む

上記のように，動画像データが得られてから「粒子追跡で定量化したい」と考える人は多い．しかしながら，特に粒子追跡のような時系列データにおいての最善手は，解析の仕方を決めてから計測条件の検討やデータ取得をすることである．

ImageJに限らず自動追跡を行うためのツールは有料・無料を問わず数多く存在する．というのも，対象の形・動き方・大きさ，画像の質，目的，精度，といった複数の要因と，そもそも何を知りたいのか，ということによって様々なアルゴリズムがあるからだ．これらの様々なツールから適切な手段を選ぶには，

①知りたいことを明確にする．
②①に基づき追跡の対象を明確にする．

という2点が重要である．これらが明確であれば，自ずとそのために必要な計測・統計項目と，精度が明確になる．このことから前処理や追跡アルゴリズムのタイプを絞り込むことができる．そうするとその追跡手法や必要とされる精度に適合するように時系列画像の取得条件（画像取得の時間間隔，解像度，対象のラベリングの方法）を設定することができる．

つまり，時系列画像があるから追跡を行うのではなく，まず知りたいことが先にあり，その知りたいことから追跡の対象と動きが絞り込まれ，そのことで解析方法が選択されるとともに動画像の取得条件が決まるのである．

例えば，遺伝子改変マウスの行動を野生型と比較して活動量が変化しているかどうかを知りたいとしよう．この場合，マウスを追跡して合計移動量を測定できればひとまず比較は可能である．連続的に追尾することは必要だが，マウスの形態の詳細は知る必要はなく，画像の中の1点としてマウスを分節化できればよい．これらの条件を満たすためにどの程度のフレームレート・時間の長さ・空間解像度で動画を取得すればよいのかが絞り込める．さらに遺伝子改変マウスの挙動をよく眺めると，短い時間では小さくやたらと右往左往している，といった様子が観察された場合，その様子を定量化し比較できるように時間間隔を十分に狭め，その小さな移動が記録されるような空間解像度で時系列を**あらためて取得する**．観察によって新しく測りたいことが出てきた場合，それが計測できる条件でデータを取り直すことが基本である．

同じ粒子追跡でも，対象が違えば解析方法やデータ取得の戦略はまったく異なる．例えば，顕微鏡視野内を移動する多数の分子の速度分布を知りたい場合では，1点1点を長時間追跡することは不可能で，短い時間窓での各分子の移動速度を得てその統計値を扱うこととなる．同じ追跡ツールを使った解析でさえ，問題ごとにデータの取得条件・前処理・結果の扱い方はそれぞれ異なるのだ．既存の解析方法がある場合はそれを参考にすればよいが，新しい実験系や解析対象であるならば目的の明確化と，それに合わせた解析手法の選定，データ取得条件の検討は特に重要になる．

粒子追跡の能力を検証する

自動追跡のツールは簡単に入手できる．それで何らかの数値を得ることはできるだろう．しかし，使ったソフトが信頼できるかどうか，つまり関心を持っている対象が本当に追跡されたのかどうか，ということは丁寧に検証すべきである．検証方法には次のようなものがある．

①データを可視化して確かめる．

②正確な追跡結果が得られているデータで検証する．

③人工的に作成したデータで検証する．

可視化による検証の第一は得られた軌跡を動画上にプロットすることである．例えば，4章4節図8の自動追跡の結果がそれであり，肉眼でEB1のシグナルと軌跡の整合性を確認した．ただし，軌跡は多数かつ重なり合っており，その結果をくまなく検証するには多大な労力がかかる．速度分布をプロット

してみるのもよい（4章4節の確認テスト問題❷の解答を参照）．見た目はほぼ一定の速度でほぼすべての対象が動いているのに対して，速度分布に外れ値が多いならばなぜそのようなことになるのか，設定値さらにはツールの性能自体を疑うべきだろう．

　より簡便なのはすでに正確な追跡結果が得られているデータを使って自動追跡を行い，そのツールの正確度を検証することである．例えば，いくつかのデータを手動で追跡し，これを「正確な追跡結果」（Ground Truthと呼ばれる[注2]）としてツールの追跡能力を検証すればよい．実際，多くのアルゴリズム開発はこうした人力による追跡結果を参照にしながら行われる．

　一方で，対象を人工的に動かし，ぼかしやノイズを加えて実際に顕微鏡で取得した動画ときわめて条件の近い合成動画を作成し，その既知の動きを自動追跡して正確度を検証することもできる．4章4節で紹介したParticleTrackerは，こうした人工の動画を使って検証されている[6]．

注2
一般に画像解析におけるGround Truthとは，自動認識の結果が正しいかどうかを判定するために用意した真の認識結果を指す．元々は衛星写真を解析する分野で使われ始めた用語で，「地上の真実」を意味する．

 画像解析結果の検証

　解析手法の検証の話が出たので，少し一般化して議論しよう．画像取得や解析の手法を決めて実行し，定量した値やグラフが得られれば，仕事はかなり進んだことになるが，この時点で解析終了ということはない．データの選び方から少し話が逸れるが，解析を行った際に必要な画像解析方法そのものの検証は非常に面倒な作業であるが，研究結果や結論そのものに影響し，またきちんと行えば説得力や汎用性を高めることができる重要な過程である．

　画像解析の方法は多様であり，これをやれば完璧という汎用性のある検証方法はないと考えたほうがよい．とはいえ少なくとも，データを眺めたときの直感と，統計的な結果が合っているかどうかを確認することは重要である．簡単な例から挙げると，画像解析で得られた測定値をプロットした図を手法の検証という観点から眺めるだけでも，解析における単純なミスが発見できることは多い．例えば，顕微鏡画像として得られた多数の細胞面積の測定では，測定した面積のヒストグラムを見れば細胞の大きさの分布がわかるが，このとき，極端に小さかったり大きかったりする値のものがどれくらい含まれるかを見ることで，細胞が正しく認識されているかどうかを推測することができる．また，統計値，例えば平均や分散などを，データを変えて比較したときにどのように変化するか，画像を半分にして解析したときにどのように変化するか，といったことを検証することで解析自体の再現性や線形性を調べることができる．必要であれば人工データを作成することで，答えがわかったデータに対して正確に解析結果を出すかどうかを調べる検証の仕方もあり，特に新しく開発した解析手法についてはこのような検証方法が有効である．

　対象によっては得られた測定値を関数にフィッティングすることで，目的の性質が捉えられているかどうかを判別することができる．4章3節で触れた褪色の指数関数へのフィッティングのように，測定値の性質が数式に落とせるも

のであれば，どの程度，理論値と測定値が合っているかを検証することで，解析方法自体の妥当性も検討することができる．

このような検証についての話題は，じつはソフトウェア工学では「テスト」というカテゴリーで論じられる手順そのものである．生物画像解析は大抵の場合，未知の現象を調べるために，新しく解析方法を設計，実装することが多いので，解析方法のテストが必要になることが多い．工学的な開発経験がないと，このテストの手順を省略してしまいかねないが，データを正しく解析するためには不可欠なステップである．さらに付け加えるならば，一般的に使える解析手法を開発し，それを多くの人と共有する場合は「保守」や「運用」という項目も重要になってくる（図3）．最近は論文出版とともに解析プログラムの公開や共有も重要になっているので，新しい解析手法を開発するのであれば，保守を含めたこれらソフトウェア開発のフローを念頭に置き，自分以外の研究者がその解析手法とコードを使うことも考慮したうえで解析を進めることは有用であろう．

その他の一般的なコツ

データ選びに関しての雑多なコツを挙げる．

●画像の分布や変化を調べる

解析がしやすい画像を選ぶ際には，画像そのものを眺めるのも大事だが，統計情報を客観的な指標として利用することも判断材料の1つになる．最も基本的なものは輝度値のヒストグラムで，二値化で理想的な分布は2つの山がはっきりと区別できるものだ（図4）．画像そのものの見た目で判断がつかなくても，ヒストグラムがデータを選ぶ際の助けとなる．

また，データが時系列の場合に気をつけることは，1枚目のデータで決めた二値化のパラメータが，時系列が進むにつれて変化していくことだ．4章3節で扱うような褪色が代表的な例で，4章3節のように補正をかけることも可能であるが，データとしてはもともと褪色していないほうがよりよいことは言うまでもない．

時系列画像，zスタックデータなどの多次元データについては特にフレーム間，スライス間における画像取得条件の均一性を保つことが定量解析のための基盤となる．この場合にもヒストグラムを眺めることが，その画像データが定量に適しているかどうかを判断する助けになる（後述）．また，フレームごとの輝度平均値の時系列をプロットして，ゆらぎが少ないものを選んだり，外れ値（撮影がうまくできていない画像）を除外するなどの操作もデータを選ぶ際に

●輝度値のダイナミックレンジ確認

2章1節で述べたように，画像のビット深度は1ピクセルをどれくらいの階調で表現できるかを示している．画像フォーマットとしての上限はビット深度で決まるが，実際に画像がその表現能力のうちどのくらいを使っているかは各画像によってまちまちである．そこで画像のヒストグラムを表示することによって，ビット深度のどれくらいの表現力を行使しているかがわかる．ヒストグラムが偏っていればビット深度で表される能力の一部しか使っておらず，画像解析による分離もきれいにできないかもしれない（図5A）．また，ダイナミックレンジの端っこに測定値があるサチュレーションが起きていると，計測結果が実際の値を反映していないことになる（図5B）．解析方法に依存するが，一般的にはこれらのことを回避することで，より画像解析のしやすいデータを選ぶことができる．

●画像上のノイズ確認

画像を取得すると，大なり小なり計測ノイズは
必ず乗っている．ノイズが解析に影響を与えない範囲に留まればよいが，微弱な蛍光を撮影した画像などは計測ノイズを見積もったうえでデータを処理，解析する必要があるかもしれない．ノイズはカメラのバックグラウンドノイズなどの画面全体に均一に与えられるものと，照明の偏り（シェーディング）など不均一なものがある．画面全体に均一に与えられるノイズはそのノイズ自身を計測することや，画像処理によって消去，軽減させることが比較的容易である．一方，不均一なノイズについては特性を把握したうえで処理や解析を行う必要があるため，問題が複雑になる可能性がある．FRET解析など，輝度値の比率を計算する解析は特にノイズが増幅される可能性もあるので注意が必要だ．

●画像処理を考慮したデータの選び方

例えば上記のようなノイズの問題があっても，フィルタなどの画像処理で簡単に解決することもあるので（3章3，4節），データを選ぶ際には画像処理も考慮する必要がある．画像処理により補完できる部分を補ったうえで，画像取得のパラメータをさらに調節することも選択肢の1つとしてあり，例えば画像処理で補うことを前提としたうえで時系列画像取得のフレームレート

を上げる（通常，同時に画質が悪くなる）方法もありうる．この場合，解析しながら画像取得方法を調節することが必要になるので，解析と実験の密なやりとりが重要になってくる．

●**実際に解析するためのデータ整理**

大量の実験データを扱う場合，ファイルのフォーマットやファイル名のつけ方を工夫すると作業効率が上がる．実験によってファイル名のつけ方や整理の仕方は様々であるが，画像処理という観点からは0001.tif, 0002.tif, ……のように連番になっているとプログラムしやすいことが多い．データを取り始める時点で，解析のことも考慮してあらかじめファイルフォーマットやファイル名，フォルダ名のルールを決めておくと，その後の作業がスムーズになるだろう．また，**renamer**と呼ばれるソフトウェアを使うと作業工程の途中で体系的に名前が変更できるので便利である．もちろん，複雑なファイル名でも解析の段階でそれを処理するプログラムを作成することも不可能ではないので，プログラミングの手間を厭わない方は気にしなくてもよいかもしれない．

 まとめ

本節で述べたように，生物画像解析では画像処理などの実際の操作のほか，データの見方や解析の方針を決めることが重要である．これらは一朝一夕で身につくものではないかもしれないが，1つ1つの画像処理操作よりも実用的でかつ汎用的である．生命科学における画像解析において最も重要な点であると考えられ，解析の際には十分留意していただきたい．

| 文　献 |

1) 宮脇敦史：蛍光イメージング革命―生命の可視化技術を知る・操る・創る (細胞工学 別冊 , 学研メディカル秀潤社): 2010
2) 原口徳子ら 編：講義と実習 生細胞蛍光イメージング　阪大・北大 顕微鏡コースブック (共立出版): 2007
3) Shinya Inoué ら 著 , 寺川 進ら 訳：ビデオ顕微鏡―その基礎と活用法 (共立出版): 2001
4) Wu YE, et al: Neuron (2013) 78: 994-1011
5) Bakal C, et al: Science (2007) 316: 1753-1756
6) Sbalzarini IF, et al: J Struct Biol (2005) 151: 182-195

☞ 確認テストの解答

第4章 1節

■■■ 問題

❶[Embryos(42k)]を開き，分化の進み度合いと紹介した形態記述子との対応を見てみよう．その際，各指標の分布も表示してみよう．

❷面積や形状の指標と同様に，モデルにフィットさせたときのパラメータも二値化した画像から定量することができる．[Embryos(42k)]を使って各個体を楕円にフィッティングしたときのそれぞれの楕円の形と，長軸の長さの分布を眺めてみよう．

■■■ 解答

　[Embryos(42k)]を開き，[8bit]でグレースケールにした後に[Auto Threshold]でIsoDataなどの適当なメソッドを選び，White objects on black backgroundのチェックを外したうえで二値化する．[Set Measurements...]でArea, Center of mass, Shape descriptors, Centroid, Perimeter, Fit ellipseなどを選択し，OKをクリックする．[Analyze Particles...]でShow:のドロップダウンメニューからOutlinesを選択し，Display results, Exclude on edges, Clear results, include holes, Summarizeをチェックし，Sizeの指定を100-infinityなどゴミを拾わないように設定してOKをクリックする．得られた表と実際の画像を見比べてみよう．

　分化の度合いよって選んだ画像を図1に示し，[Analyze Particles...]で得られたデータを表1に，図1に対応して抽出したデータを表2に示す．

　得られたデータを眺めてみると，9, 11, 15, 17で選んだ細胞は明らかに真円度が特出して高いことがわかる．アスペクト比や円形度，凸度もいくらか違うように見えるが，判断するためにはもう少しサンプル数が必要なようだ．画像からは筆者は気付かなかったが，面積や周囲長も分化の度合いにより有意に異なることが比較的明確にわかる．

　Fijiに戻り，[Analyze Particles...]で得られたResults

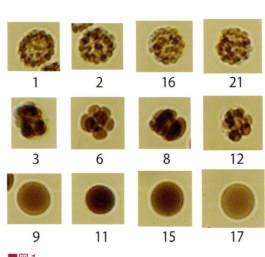

■図1

を表示，アクティブにさせた後，メニューから**[Results→Distribution...]**を選ぶと，図2のウィンドウが表示され，測定したデータのパラメータ分布が表示できる（図3）．このケースはサンプル数が少なめだが，多くのサンプルがある場合では，このように分布を見ることで情報が増えることが多々ある．特に，分布が複数のピークを持つ場合，そのパラメータを指標にしてクラス分けすることが可能になる．いくつかの形質の組み合わせも可能なので，多くのサンプルを解析する場合，このような解析を検討することも価値があるだろう．

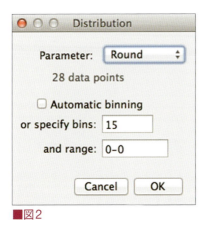
■図2

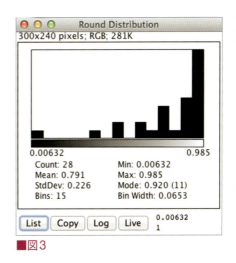
■図3

■表1

	Label	Area	X	Y	XM	YM	Perim.	Major	Minor	Angle	Circ.	AR	Round	Solidity
1	embryos.jpg	3256	1035.417	57.893	1035.683	57.395	242.25	69.045	60.043	44.911	0.697	1.15	0.87	0.936
2	embryos.jpg	3157	1067.785	115.245	1067.942	115.105	264.191	65.291	61.565	18.988	0.568	1.061	0.943	0.909
3	embryos.jpg	2629	40.817	134.359	40.817	134.359	225.622	65.546	51.068	116.001	0.649	1.284	0.779	0.917
4	embryos.jpg	2472	1134.049	194.005	1134.045	193.947	192.208	63.798	49.335	127.693	0.841	1.293	0.773	0.956
5	embryos.jpg	2701	194.524	247.215	194.196	246.816	283.463	71.244	48.271	123.35	0.422	1.476	0.678	0.856
6	embryos.jpg	2610	946.997	253.072	947.018	253.116	210.652	58.4	56.904	122.601	0.739	1.026	0.974	0.912
7	embryos.jpg	7762	1408.99	311.713	1408.843	311.597	586.583	160.663	61.513	121.085	0.283	2.612	0.383	0.761
8	embryos.jpg	2754	776.669	290.123	776.698	290.132	215.622	66.755	52.528	157.833	0.744	1.271	0.787	0.936
9	embryos.jpg	2835	846.03	325.962	846.03	325.962	197.823	61.415	58.774	142.302	0.91	1.045	0.957	0.973
10	embryos.jpg	6587	90.357	422.359	90.485	422.066	467.872	132.408	63.341	49.103	0.378	2.09	0.478	0.802
11	embryos.jpg	2247	1535.86	437.83	1535.86	437.83	175.924	54.731	52.273	158.47	0.912	1.047	0.955	0.971
12	embryos.jpg	2220	470.819	503.168	470.791	503.287	215.865	56.796	49.768	97.568	0.599	1.141	0.876	0.884
13	embryos.jpg	2685	94.709	529.345	94.42	529.224	200.894	59.197	57.75	92.725	0.836	1.025	0.976	0.949
14	embryos.jpg	2928	818.566	624.436	818.677	624.501	211.622	64.877	57.464	148.133	0.822	1.129	0.886	0.952
15	embryos.jpg	2976	723.193	634.727	723.193	634.727	203.723	62.014	61.101	91.535	0.901	1.015	0.985	0.971
16	embryos.jpg	2924	187.549	674.132	187.568	674.43	297.99	63.406	58.716	96.193	0.414	1.08	0.926	0.875
17	embryos.jpg	3029	1075.805	778.68	1075.805	778.68	206.551	63.319	60.908	88.797	0.892	1.04	0.962	0.972
18	embryos.jpg	1189	726.587	792.575	726.586	792.545	172.066	42.375	35.725	81.878	0.505	1.186	0.843	0.892
19	embryos.jpg	2087	1223.96	801.511	1223.96	801.511	170.752	52.323	50.786	62.863	0.899	1.03	0.971	0.964
20	embryos.jpg	3128	414.633	817.25	414.77	817.26	243.179	65.318	60.974	155.238	0.665	1.071	0.933	0.932
21	embryos.jpg	2920	1440.909	827.067	1440.596	827.516	269.706	63.551	58.502	74.209	0.504	1.086	0.921	0.894
22	embryos.jpg	2636	898.607	875.597	898.607	875.597	204.794	61.993	54.14	128.221	0.79	1.145	0.873	0.938
23	embryos.jpg	2691	1146.431	894.363	1146.451	894.34	221.421	62.013	55.251	137.846	0.69	1.122	0.891	0.918
24	embryos.jpg	3994	237.901	1148.803	237.91	1148.768	355.789	103.867	48.96	132.863	0.396	2.121	0.471	0.859
25	embryos.jpg	1425	1167.5	1110.5	1167.5	1110.5	953.657	535.98	3.385	0	0.02	158.333	0.006	1
26	embryos.jpg	166	1138.53	1143.47	1138.556	1143.354	48.385	17.923	11.792	90.754	0.891	1.52	0.658	0.951
27	embryos.jpg	166	1151.47	1143.53	1151.445	1143.555	48.385	17.923	11.792	90.754	0.891	1.52	0.658	0.951
28	embryos.jpg	100	1188.94	1144.43	1188.94	1144.43	93.355	13.224	9.629	179.063	0.144	1.373	0.728	0.482

■表2

	Label	Area	X	Y	XM	YM	Perim.	Major	Minor	Angle	Circ.	AR	Round	Solidity
1	embryos.jpg	3256	1035.417	57.893	1035.683	57.395	242.25	69.045	60.043	44.911	0.697	1.15	0.87	0.936
2	embryos.jpg	3157	1067.785	115.245	1067.942	115.105	264.191	65.291	61.565	18.988	0.568	1.061	0.943	0.909
16	embryos.jpg	2924	187.549	674.132	187.568	674.43	297.99	63.406	58.716	96.193	0.414	1.08	0.926	0.875
21	embryos.jpg	2920	1440.909	827.067	1440.596	827.516	269.706	63.551	58.502	74.209	0.504	1.086	0.921	0.894
3	embryos.jpg	2629	40.817	134.359	40.817	134.359	225.622	65.546	51.068	116.001	0.649	1.284	0.779	0.917
6	embryos.jpg	2610	946.997	253.072	947.018	253.116	210.652	58.4	56.904	122.601	0.739	1.026	0.974	0.912
8	embryos.jpg	2754	776.669	290.123	776.698	290.132	215.622	66.755	52.528	157.833	0.744	1.271	0.787	0.936
12	embryos.jpg	2220	470.819	503.168	470.791	503.287	215.865	56.796	49.768	97.568	0.599	1.141	0.876	0.884
9	embryos.jpg	2835	846.03	325.962	846.03	325.962	197.823	61.415	58.774	142.302	0.91	1.045	0.957	0.973
11	embryos.jpg	2247	1535.86	437.83	1535.86	437.83	175.924	54.731	52.273	158.47	0.912	1.047	0.955	0.971
15	embryos.jpg	2976	723.193	634.727	723.193	634.727	203.723	62.014	61.101	91.535	0.901	1.015	0.985	0.971
17	embryos.jpg	3029	1075.805	778.68	1075.805	778.68	206.551	63.319	60.908	88.797	0.892	1.04	0.962	0.972

第4章2節

■■■ 問題 1

　三次元データのz軸の厚さを変更することで，定義した領域における体積や表面積などの計測値が変更されることを確かめてみよう．

■■■ 解　答

　本文でモデル化した眼球の測定を以下の手順で行った．

①メインウィンドウのProject Objectsから作成したオブジェクトを選択．
②右クリックして**"Measure"**を選ぶ．

z軸の厚さを変更するには，
①メインウィンドウ右側，Layers欄に表示されているlayerをすべて選び，
②右クリックから**"Scale Z and thickness…"**を選択．
③変更したい厚さを入力．

することで変更できるので，この操作の後，再びメインウィンドウから**"Project Objects"**を選択して，右クリックから**"Measure"**を選択すると変更された測定値が表示される．

　一度モデルを作ってしまえば，測定やキャリブレーションがワンクリックでできることはデジタルデータの強みだろう．

第4章3節

問題1

　3章4節で核膜タンパク質の輝度の測定を行った．ここで使ったサンプル[NPC1.tif]は時系列であり，核膜タンパク質が核膜に結合していく過程を捉えたものである．3章4節で紹介した核のヘリの輝度の測定方法を時系列に拡張することで，輝度の変化を測定することができる．この節で得た知見と合わせて測定し，解析・考察せよ．

解　答

　次のような手順で測定を行うことができる．基本的には3章4節で紹介した手順をスタックに応用すればよい．

1. **[NPC1.tif]** を開く．この動画像は，サンプル画像のプラグインをインストールしていればメニューから開くことができる（1章2節でインストール法を解説）．

2. **[Split Channels]** でチャネルを分割し，核膜タンパク質のチャネル（Channel 1，緑）と，核のシグナルのチャネル（Channel 2，赤）の2つのスタックにする．

3. まず，核のチャネルで作業する．

   ① **[Plot Z-axis Profile]** で，蛍光褪色の様子を確認する．この動画で見られる蛍光褪色はとても少ない（ピクセル値1以下）ので，とりあえず補正をする必要はない，と判断する．後に二値化がうまくいかないようであればあらためて考える．

   ② **[Gaussian Blur…]**（sigma=1）で若干ぼかし，ノイズを取り除く．スタックの処理の場合，コマンドを実行した後で "Process all [n] images?…" と聞いてくる．スタックの画像すべてを処理するかどうか，という質問である．OKをクリックする．以下のステップでも同様．

   ③ **[Auto Threshold]** Liのアルゴリズムで二値化する．核以外にも小さなゴミが分節化されてしまっている．また，核にも小さな穴が空いている．以下の2ステップでこれらを取り除く処理をする．**"White objects on black background"** と **"Stack"** にチェック．

   ④ **[Process > Binary > Open]** で小さなオブジェクトを取り除く．

   ⑤ **[Process > Binary > Options…]** で **"Black Background"** をチェック．**[Fill Holes]** でオブジェクトに空いている穴を埋める．

   ⑥ **[Duplicate…]** で複製する．**"Duplicate Stack"** にチェック．

   ⑦ 複製スタックに3回 **[Erode]** 処理．

   ⑧ 複製元スタックに3回 **[Dilate]** 処理．

   ⑨ **[Image Calculator…]** で複製元から複製スタックを引く．出力は縁の分節

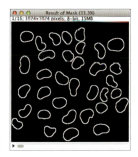
■図1

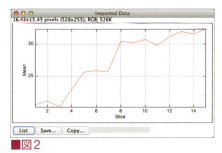
■図2

化画像（図1）．
⑩ **[Create Selection]** 続いて **[Make Inverse]** で，縁を選択領域（ROI）にする．
⑪ **[Add to Manager]** で，選択領域をROI Managerに登録する．ROI Managerのウィンドウが開く．
⑫ **[Select None]** で選択領域を消去．
⑬ **[Next Slice]** ないしは ">" のキーで次のフレームに移行．
⑭ ⑩～⑬のステップをすべてのフレームで繰り返す．手で作業するのは大変なので，コマンドレコーダでコマンドを記録，スクリプトエディタにペーストして **"Run"** を実行すると速いだろう．

4. 核膜タンパク質のチャネルのスタック（緑）に戻ろう．まず，画像全体での蛍光褪色の動向をチェックする．**[Plot Z-axis Profile]** を行う．
5. 蛍光強度の変化を眺めると，19近くから15近くまで下がっている．**[Histogram]** で背景の輝度を確かめると，9である．動画を通じて核の数はほぼ一定なので総輝度はあまり変化しないはずであるが，この褪色はかなり著しいので補正を行う．
6. **[Bleach Correction]** で **"Simple Ratio"** 法を選択，背景の輝度を9と入力．補正したスタックで以下の測定を行う．
7. **[Set Measurements…]** で測定項目を設定．Mean, Min & Max, Integrated Densityなど．Stack Positionをチェックすることを忘れない．
8. **[Clear Results]** で，これまでの測定結果をクリアし，Resultsの表を空にする．
9. 核膜タンパク質のチャネルのスタック（緑）に戻り，ROI Managerにリストされた選択領域をシフトキーを押しながらすべて選択し，**"Measure"** のボタンをクリックする．
10. Resultsの表をチェックしてみよう．"Mean" の列を見ると，平均輝度が増えていく様子がわかるはずである．
11. 本文でインストールしたプラグイン "Plot Results" でx軸が "Slice"，y軸が "Mean" のプロットを行う．図2にあるように，核膜タンパク質が結合する過程を定量することができた．同じ測定を核膜の選択領域ではなく，例えば核の内部に当たる部分でも測定し，逆に減る様子を定量化することもできる．余力のある方はこの測定を行い，Rなどで2つの領域の輝度変化をプロットしてみよう．

■■■■ 問題❷

❶の解析をマクロで自動的に行えるようにせよ.

■■■■ 解　答

　コマンドレコーダから直接マクロを生成すると以下のようになる. ただし, 二値画像から選択領域をROI Managerに登録する部分は冗長なのでforを使ったループに差し替えてある. また, 最後の**[Plot Results]**を使った部分はエラーを吐くことがあるので, コメントアウトした.

　このコードは**https://goo.gl/usL9jt**にあるので, Webからコピーしてほしい.

```
run("Split Channels");
run("Gaussian Blur...", "sigma=1 stack");

//selectWindow("C2-NPC1.tif");
//selectWindow("C1-NPC1.tif");
run("Auto Threshold", "method=Li white stack use_stack_histogram");
run("Open", "stack");
run("Fill Holes", "stack");
run("Duplicate...", "title=C2-NPC1-1.tif duplicate range=1-15");
run("Erode", "stack");
run("Erode", "stack");
run("Erode", "stack");
selectWindow("C2-NPC1.tif");
run("Dilate", "stack");
run("Dilate", "stack");
run("Dilate", "stack");
imageCalculator("Subtract create stack", "C2-NPC1.tif","C2-NPC1-1.tif");
for (i = 0; i < nSlices; i++){
    run("Create Selection");
    run("Make Inverse");
    roiManager("Add");
    run("Select None");
    run("Next Slice [>]");
}
```

```
selectWindow("C1-NPC1.tif");
run("Bleach Correction", "correction=[Simple Ratio] background=9");
run("Set Measurements...",
"area mean standard min integrated stack redirect=None decimal=5");
run("Clear Results");
roiManager("Select", newArray(0,1,2,3,4,5,6,7,8,9,10,11,12,13,14));
roiManager("Measure");
//run("Plot Results", "plot=[Imported Data] x-values=Slice y-v
alues=Mean style=Line color=Red gridlines gridlines labels lab
els major major");
```

さて，このままでもよいのだが，多数の画像が登場してどの画像に対して処理を行っているのかわかりにくい．また，新規に作成される画像も多く，自動的に閉じるほうが結果を見やすい．getImageID()と，selectImage(ID)の2つの関数を利用してより安定な作動をするコードにしたのが以下である．また，数理形態演算による核の縁の分節化をforループに差し替え，さらにスタックの計測の際のフレームの指定をsetSlice(n)コマンドを使うことで，より安定に作動するようにした．

```
1    orgtitle = getTitle();
2    run("Split Channels");
3    selectWindow("C1-"+orgtitle);
4    c1id = getImageID();
5    selectWindow("C2-"+orgtitle);
6    c2id = getImageID();
7
8    selectImage(c2id);
9    run("Gaussian Blur...", "sigma=1 stack");
10   run("Auto Threshold", "method=Li white stack use_stack_histogram");
11   run("Open", "stack");
12   run("Fill Holes", "stack");
13   run("Duplicate...", "title=C2-NPC1-1.tif duplicate range=1-15");
14   c2erodeid = getImageID();
15   for (i = 0; i < 3; i++)
16       run("Erode", "stack");
17   selectImage(c2id);
18   for (i = 0; i < 3; i++)
```

```
19    run("Dilate", "stack");
20    imageCalculator("Subtract create stack", c2id, c2erodeid);
21    edgeid = getImageID();
22    selectImage(c2id);
23    close();
24    selectImage(c2erodeid);
25    close();
26    selectImage(edgeid);
27    for (i = 0; i < nSlices; i++){
28        setSlice(i + 1);
29        run("Create Selection");
30        run("Make Inverse");
31        roiManager("Add");
32        run("Select None");
33    }
34    selectImage(edgeid);
35    close();
36    selectImage(c1id);
37    run("Bleach Correction", "correction=[Simple Ratio] background=9");
38    correctedid = getImageID();
39    selectImage(c1id);
40    close();
41    run("Set Measurements...",
42    "area mean standard min integrated stack redirect=None decimal=5");
43    run("Clear Results");
44    selectImage(correctedid);
45    roiManager("Select", newArray(0,1,2,3,4,5,6,7,8,9,10,11,12,13,14));
46    roiManager("Measure");
47    //run("Plot Results", "plot=[Imported Data] x-values=Slice y-v
48    alues=Mean style=Line color=Red gridlines gridlines labels lab
49    els major major");
```

この最終的なコードは **https://goo.gl/VFuymz** にある.

第4章4節

問題1

　サンプル動画[kin.tif(10M)]は動原体が分かれていく様子を撮影したものである．後に動原体の移動速度の分布を解析することを目的に自動追跡せよ．結果をCSVファイルで保存せよ．

解　答

　解析の流れは，MTrackJでまず大体の移動速度を測定し，この結果を元にParticleTrackerでトラッキングを行う．

　[kin.tif(10M)]をまず開く（サンプル画像のプラグインをインストールしている必要がある）．**[MTrackJ]**を起動し，最初から最後まで追跡できそうなシグナルを選んで**"Add"**ボタンをクリックし，手動追跡を行う．**"Measure"**ボタンを押して結果を表示する．1フレームあたりの移動距離が3～4ピクセルであることがこれでわかる．MTrackJのウィンドウを閉じて終了し，**[Particle Tracker 2D/3D]**を起動する．

　まず粒子検出の設定．**"Radius"**，**"Cutoff"**，**"Per/Abs"**の設定値をいろいろ変えて，動原体シグナルがうまく検出される組み合わせを探す．すっぽりと収まる粒子半径は3ピクセル程度であることがまずわかるだろう．次に，CutoffとPer/Absの値の設定だが，動原体のシグナルが焦点面から時々外れて暗くなると検出が難しいことがわかる．暗いシグナルを含もうとすると，背景のノイズも検出されるからである．そこでノイズを低減するため，**[Gaussian blur...]**で若干のぼかしを加える．**"Sigma"**は1でよい．次に，動原体の移動速度の測定が目的であることから，「すべての動原体を検出するよりも，確実に動原体だけを検出する」ことを粒子検出の方針として，数値設定を行う．この結果

- Radius: 3
- Cutoff: 3
- Per/Abs: 0.3

という設定を筆者は選んだ．また，粒子リンクの設定は，確実に追跡を行い

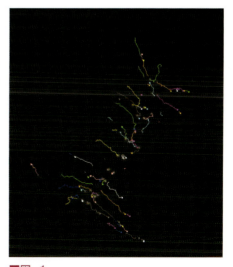
■図a1

たいことから**"Link Range"**は1とする．
"Displacement"はMTrackJの結果から5とする．

　以上の設定で自動追跡を行った結果が図a1である．

　"Focus on Area"の機能を使って結果の軌跡をよく見てみると，シグナルを動画の全長にわたって追跡できているものは少なく軌跡が断片化している．とはいえ，移動速度の分布を解析することが目的なので，断片化していても解析は行える．そこで，結果はこれでよし，とする．

　軌跡のデータをCSVファイルに保存するには，**"All Trajectories to Table"**をクリックして結果をResultsに表示する．**[File > Save as...]** で，ファイル名を**"any name.csv"**として保存する．拡張子を**".csv"**にするのは重要で，こうしないとCSV形式で保存されないので注意すること．

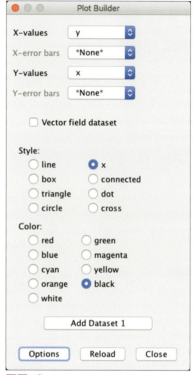

■図a2

■■■　問題❷

　問題❶で保存したCSVファイルを[File > Import > Results]によって開き，
① 4章3節で使ったプラグイン集BARの[Plot Results]を使って，動原体の位置の変化をX-Yのグラフにプロットせよ．
② マクロを書いて1フレームあたりの移動距離の平均を計算し，Resultsの表に書き込め．その後に速度の分布をヒストグラムとして表示せよ．

■■■　解答❶

　図a2にあるように，**[Plot Results]**を設定し，**Add Dataset 1**をクリックする．
　注2（P138）で述べたようにXとYを逆にすること．アスペクト比はあいにく変えられないので，図a3にあるように，縦方向につぶれているが，軌跡をグラフ上に表示できる．

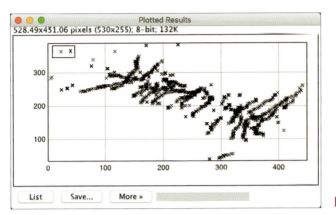

■図a3

■■■ 解答❷

各時点での速度の計算と，表への書き込み

　ある時点での(x1, y1)座標と，その次の時点での(x2, y2)座標を表から取得し，その間の距離を表に書き込めばよい．ただし，表のすべての行でこの計算をすると，異なる軌跡の最後の点と最初の点の間の距離も測定に含まれてしまう．したがってこの場合，計算をしないように条件分枝をする必要がある．以下のようなマクロになる．

```
for (i = 0; i < nResults - 1; i++){
    trackID = getResult("Trajectory", i);
    nexttrackID = getResult("Trajectory", i + 1);
    if (trackID == nexttrackID){
        x1 = getResult("x", i);
        y1 = getResult("y", i);
        x2 = getResult("x", i + 1);
        y2 = getResult("y", i + 1);
        displacement = sqrt(pow(x2 - x1, 2) + pow(y2 - y1, 2));
        setResult("Displacement", i, displacement);
    } else {
        setResult("Displacement", i, NaN);
    }
}
```

　コピーできるようにコードは **https://goo.gl/2Qy5Qf** に掲載した．
解説すると，

【1行目】

forループの設定．表の最後の行は次の点がないので計算しない．

【2～3行目】

ループ中，現在の行と次の行の軌跡ID番号を取得する．

【4行目】

もし現在の行と次の行が同じ軌跡のデータであったら，という条件分枝．真であるならば，5行目から9行目にあるように，座標間の距離を計算する．偽であるならば12行目を実行．

【5～8行目】

現在の行と次の行のXY座標を取得する．

【9行目】

座標間の距離，すなわち移動量を計算する．

【10行目】

移動量を"Displacement"の列に書き込む．

【12行目】

軌跡と次の軌跡の間にあたるのでNaN (Not a Number, 非数) を書き込む．

速度分布のプロット

Resultsの表にデータが書き込まれているので，Resultsのウィンドウがアクティブな状態で**[Results > Distribution...]** を実行し，開いた設定ウィンドウで図a4のようにヒストグラムの設定を行う．

OKをクリックすれば，速度分布が表示される（図a5）．

■図a4

■図a5

第4章5節

問題1

[EMBL > Samples > invitroMT3.tif (0.58M)]をまず開く．この動画の微小管の伸縮の形態変化を測定するため，最適なパラメータの設定を探せ．

解　答

前景・背景輝度が若干異なるため，本文の設定を少し調整する必要がある．まず，**[Plot Profile]**で微小管の輝度と背景の輝度を大まかに推定する．

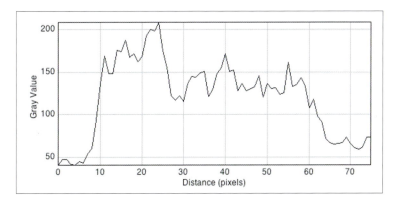

このプロットから，微小管の輝度が140ぐらい，背景が65ぐらいと推定される．しかし，この値を設定すると，動画の後半で微小管が暗くなる部分が登場したときにうまく末端を検出しなくなる．そこで輝度を段階的に減らしてテストし，前景輝度は105とした．あとはAlphaとGammaを調整し，伸びすぎないように，変化に遅れを取らないようにする．

- Alpha: 5（デフォルトは15）
- Gamma: 30（デフォルトは400）
- Foreground: 105（デフォルトは70.29）
- Background: 65（デフォルトは38.80）

■■■ 問題2

本文のマクロで作成したプロットを眺めると，右上がりになっている部分が微小管が伸長している部分である．カーブ・フィッティングの機能を使って伸長速度を推定せよ．

■■■ 解　答

伸縮のプロット（図7）を眺めると，最初の80秒ぐらいまでコンスタントに重合している．したがって，80秒／3で25フレーム目ぐらいまでが，微小管が伸長しているフェーズである．すでに書いたマクロに次のような処理を付け加えればよい．
・25フレーム目までの測定値をフィッティング用の配列として抽出する．時間の配列も同様に．
・フィッティングの関数で上記の配列を引数として，一次関数をフィッティングし，傾きを得る．これが速度である．

付け加える部分だけを書くと次のようになる．

```
//抽出先の配列を用意
fittimeA = newArray(25);
fitintA = newArray(25);

//25フレーム目までのデータを抽出
for (i = 0; i < fittimeA.length; i++){
    fittimeA[i] = timeA[i];
    fitintA[i] = intdispA[i];
}

//カーブフィッティングとプロット
Fit.doFit("Straight Line", fittimeA, fitintA);
Fit.plot;
```

マクロを走らせると，右のようなプロットが現れる．
　b＝0.012981となっているので，およそ0.01μm/秒である．観測精度はそれほど高くないので，0.78μm/分，とするのが現実的である．

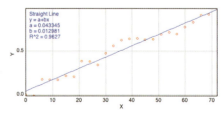

第4章 G節

■■■ 問題1

　QuimPのBOA機能によって細胞（一番明るく，最初のフレームから最後まで画像の外に出ないもの）を分節化し，輪郭のデータを得よ．

■■■ 解答

次のようなパラメータ設定で筆者は分節化を行った．

Node Spacing: 1.2
Max Iterations: 4000
Blowup: 6
Crit velocity: 0.005
Image F: 0.18
Central F: 0.042
Contract F: 0.036
Final Shrink: 4
Sample tan: 4
Sample norm: 7

　サポートサイト（1章2節参照）にBOAの出力ファイルを置いたので，ダウンロードして確認してみてもよいだろう．輪郭データは**GFPAX20013-1_1.snQP**である．

■■■ 問題2

BOAの結果から，ImageJマクロを使って細胞の平均移動速度を計算せよ．

■■■ 解答

　細胞の移動運動の定量結果はGFPAX20013-1_1.stQP.csvに出力されている．そのうちフレーム間の速度のデータは，Speedというヘッダ（7列目）の列の6行目から484行目までである．以下のマクロで計算ができる．平均速度は0.96±0.55であった．

```
path = "/Users/miura/GFPAX20013-1_1.stQP.csv";

//データを文字列として読み込む.
str = File.openAsString(path);

//文字列を改行コードで分割, 配列に格納.
rows = split(str, "\n");

//速度データ格納用配列を用意.
speedA = newArray(479);

//各行をコンマで分割
//6番目要素を配列にループで充填していく.
for (i = 5; i < 484; i++){
        elements = split(rows[i], ",");
        speedA[i-5] = elements[6];
}

//配列の統計を得る
Array.getStatistics(speedA, min, max, mean, stdDev);

//結果の出力
print("mean=", mean, " sdev=", stdDev);
```

　このマクロは **https://goo.gl/A4FwPC** に置いてあるのでコピーはそちらからするとよい. 1行目はCSVファイルへの絶対パス (absolute path) の指定で, ファイルの場所を指定している (pathとは何やら, という方は5章3節「ImageJマクロの書き方」の「ファイルの開き方」を読んでほしい. pathとは何か, を解説してある). どこにファイルがあるかはそれぞれ異なるだろうから, それに応じて変更する必要がある.

■■■ 問題3

細胞の凸度分布のキモグラフを作成せよ．

■■■ 解　答

　機能Qを使うと細胞の凸度分布のキモグラフは自動的に出力される．*convexityMap.maPQファイルから，演習④の手順に従って自分でプロットを作成するのもよいだろう．

第5章

ツール開発を含めた解析へ

第5章 ツール開発を含めた解析へ

1　公開プラグインを用いた画像解析：LPXプラグイン集

ImageJ

朽名夏麿

プラグインによる機能の追加

　ImageJはインストール直後の状態でも多くの機能を備えているが，これに便利なプラグインなどを追加したディストリビューションであるFijiではその機能はさらに充実している．どのように「機能」を数えるのかにもよるが，例えば，コマンドファインダ（2章4節）から呼び出すことのできる処理の数は，最近のImageJで約500，Fijiで約900に達する．そのすべてを紹介することはできないが，使いこなすためにすべてを把握する必要はない．むしろ，各自で撮影した画像群とその研究の目的に応じて，適切な機能群を探し出して組み合わせることが大切である．この本では，画像定量解析に挑む生命科学分野の研究者・技術者に必須な機能を紹介すると同時に，欲する機能を探し，マクロにより組み合わせる方法を示してきた．

　ImageJの高いポテンシャルのもとになっているのは元々備わっている機能群に留まらず，後から自由に機能を拡充できる「プラグイン」の充実である．プラグインとはアプリケーションに対する「アドオン」「追加モジュール」「拡張プログラム」などとも言い換えることができ，端的に言えば機能を後付けする仕組みだ．Webブラウザや市販アプリケーションでもプラグインシステムを採用しているものは多く，一般に馴染みのある概念だと思う．ImageJは，世界中の研究者・技術者が多数のImageJ用プラグインをフリーで公開・配布しており，ユーザは自分のニーズに合ったプラグインをダウンロードして，その機能を享受できる．この拡張性の高さは，ImageJが生命科学界における"事実上の標準"の画像解析ソフトウェアとして発展し続けてきた理由の1つだろう．

　今回は，ImageJにプラグインを追加して，画像解析の幅を拡げる演習をしてもらい，また筆者が作成したLPX（LPixel）ImagJ Pluginsプラグイン集（稿末の表を参照）についても紹介する．

プラグインの種類

　Web公開されているプラグインは，ファイル形式から主に3つに分けられる．多くはjar（Java Archive）形式もしくはclass形式であり，一部でjava形式だけが配布されている場合がある．このうちclass形式はImageJからすぐに実行できる状態（より正しくはJava仮想機械のバイトコード）で，単機能で

コンパクトなプラグインの配布に用いられる．jar形式は複数のclassファイルをまとめて圧縮したもので，やはりImageJからダイレクトに実行可能である．多くのプラグインはこのいずれかの形式で入手できる．そして最後にjava形式であるが，これはプログラマーが読み書きするテキストファイルの状態で，初回のみコンパイルと呼ばれる工程 **[Plugins > Compile and Run...]** でclass形式に変換する必要がある[注1]．

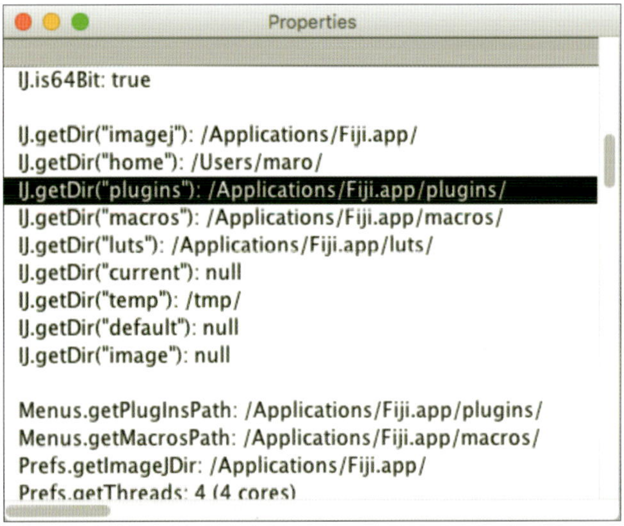

■図1

【演習①】class・jar形式のプラグインの導入と実行テスト

まずは自分が興味を持つプラグインと出会わないことには始まらない．NIHのImageJサイト内では http://imagej.nih.gov/ij/plugins に多くのプラグインがアップロード・リンクされている．また，ImageJ Wiki内プラグインページ（http://imagejdocu.tudor.lu/doku.php?id=plugin:start）もよくまとまっている．求める機能を備えたプラグインを発見するのは難しいこともあるが，プラグインを導入し，試すことは簡単なので，まずは臆せず探して試す癖をつけるとよいだろう．

さて，今回は手前味噌ながら筆者が作成しているLPXプラグイン集を用いる．Webで「LPX plugins」を検索するか，短縮URL（http://goo.gl/JouVCA）から，エルピクセル株式会社のプラグイン配布サイトにアクセスできる．そしてページ上部の「Download」セクションの1番目のリンクからjarファイル（lpx_ij_plugins_s.jarのようなファイル名となっている）をダウンロードする．

LPXプラグイン集に限らず，ダウンロードしたjarファイルは特に明記されていない場合，ImageJをインストールしたフォルダの中のpluginsサブフォルダや，さらにその下のフォルダ（AnalyzeやExamplesなど）にコピーする．pluginsフォルダの場所がわからない場合，メニューから**[Plugins > Utilities > ImageJ**

注1
付録1に詳細．

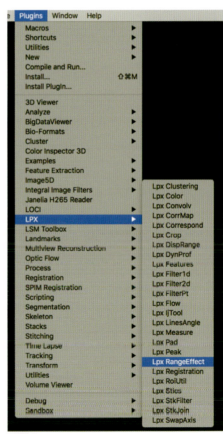

■図2

 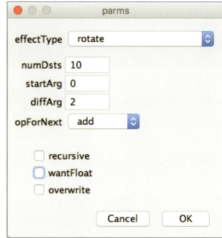

■図3

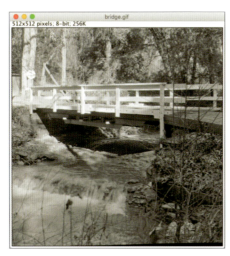 

■図4

Properties...]を実行してPropertiesウィンドウ（図1）を開き，IJ.getDir("plugins"):で始まる行を探す．Propertiesウィンドウ内は検索ができるため（Windowsでは**Control＋F**，Macでは**コマンド＋F**），「"p」（ダブルクォートとp）をキーワードに探すと速い．図1の例では/Applications/Fiji.app/plugins/がpluginsフォルダの場所であることがわかる．

　次に，pluginsフォルダにコピーしたプラグインファイルをImageJに認識させる必要がある．簡単なのはImageJの再起動である．これによりLPX ImageJ pluginsの場合は，メニューの**[Plugins]**下に新たに**[LPX]**サブメニューが現れる（図2）．

　続いて，導入したプラグインの動作確認のため**[File > Open Samples > Bridge(174K)]**で橋の写真を開き，続いて**[Plugins > LPX > Lpx RangeEffect]**を実行してみる．これは回転やぼかしといった単純な画像処

194

理をユーザが指定した範囲の効果（回転なら角度，ぼかしならぼけの強さ）で
適用するプラグインである．どの程度の強さで画像処理を行うのが適切か，実
際に試さないとわからない場合，様々な強さで処理を行って比べることができ
る．Lpx RangeEffectプラグインを実行すると，まず図3左のようなダイアロ
グボックスが現れる．このようなダイアログボックスによる操作は，LPXプラ
グイン集のほぼすべてで使われ，簡潔に言えばユーザが解析や処理の条件やパ
ラメータなどを入力するためのウィンドウである．Lpx RangeEffectプラグ
インの設定項目は以下の通りである．

effectType： 適用する画像処理の種類．
numDsts： 適用する回数（number of destinations）．
startArg： 効果の初期値．
diffArg： 効果の変化量．
opForNext： 効果の変化法．addの場合はdiffArgを足す．
　　　　　　multiplyの場合はdiffArgを乗ずる．
recursive： 再帰的に適用するか否か．
wantFloat： 出力画像を浮動小数点数画像に変換するか否か．
overwrite： 入力画像に結果を上書きするか否か．

　体験したほうがわかりやすいので，まずは図3右に示すように各パラメータ
を設定しよう．これは画像に対して回転処理を10通りの効力（numDsts=10）
（この場合には回転角度）で実施すること，最初の角度は0°（startArg=0）で回
転せず，2°ずつ（diffArg=2）足されていくこと（opForNext=add），を示して
いる．つまり元の画像を2°ずつ回転した10スライスからなるスタック画像が
できるはずだ．図4に実行前の画像ウィンドウ（左）と実行後の画像スタック
ウィンドウ（右）を並べて示す．右の画像スタックウィンドウ下部にあるスラ
イドバーを動かすと，回転角度が変化する様子がわかるだろう．
　これでLPXプラグイン集の導入と動作確認ができる．他のプラグインも同
様の手順である．なお，導入したプラグインはコマンドファインダ（2章4，3
章3節，4章1節）でも，もともとある機能と同じように呼び出すことができる
し，マクロで使うことにも問題はない．
　もし，ImageJを再起動しても**[Plugins]**メニューにプラグインが現れなけ
れば，他の場所にプラグインが登録されている可能性が考えられる．その場合
はコマンドファインダからプラグインを探すことで（右端の列がプラグイン
ファイル名），メニュー上の位置を知ることができる．コマンド・ファインダ
にも見当たらないのであれば，プラグインファイルを置く場所が誤っているか，
ファイルが壊れている，などが考えられる．

【演習②】jar形式のプラグインの中を見てみる

　プラグイン導入の基本は，①ダウンロードしたファイルをpluginsフォルダ

やそのサブフォルダにコピーし，②ImageJを再起動し，③メニューのどこにプラグインが登録されたのかを把握することである．**[Plugins]**メニューはその名のとおり，多くのプラグインの登録先となっている．しかし，**[Plugins]**以外，例えば**[File][Edit][Image]**など他のメニュー項目や**[Process > Noise]**のようにサブメニューにプラグインが登録される場合も珍しくない．

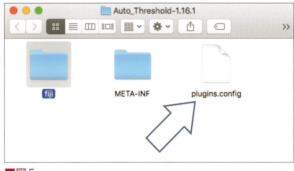

■図5

例として，先ほどLPXプラグイン集をコピーしたpluginsフォルダの中にあるAuto_Threshold (略).jarという名前のファイルに注目しよう（(略)にはバージョン番号が入る）．なお，Fijiでなく素のImageJではpluginsフォルダ内のjarsサブフォルダの中にAuto_Threshold.jarファイルが存在する．まず，このファイルをデスクトップなど別の場所にコピーし，コピーファイルのタイプ（拡張子）をjarからzipへとリネームする．例えば，初めAuto_Threshold-1.16.1.jarであったのなら，Auto_Threshold-1.16.1.zipとする．なお，Windowsで拡張子「jar」が表示されない設定になっている場合は，リネームする前にツール > フォルダオプション > 表示タブ >「登録されている拡張子は表示しない」をOFFにしておく必要がある．拡張子が表示されない状態は意図せず，不審なファイルを実行してしまう危険性があるので，今後もOFFのままにしておくのがよいだろう．

jar形式は，ファイルのアーカイブやサイズ圧縮に広く用いられるzip形式から派生しており，上記のように名前を変えることで通常のzipファイルと同じ扱いができるようになる（ただし，ImageJからは利用できなくなる）．そこで，Auto_Threshold (略).zipの中身（図5）を確認すると，以下のような内容のplugins.configファイルが収められている（plugins.configはテキストファイルで，Windowsでは notepad，MacではTextEditで開くことができる）．

```
# Author: Gabriel Landini
Image>Adjust, "Auto Threshold", fiji.threshold.Auto_Threshold
Image>Adjust, "Auto Local Threshold", fiji.threshold.Auto_Local_Threshold
```

2行目，3行目のImage>Adjustは，このプラグインが配置されるメニューの場所を示す．つまり**[Image > Adjust]**である．次に書かれているのは，メニューでのプラグインの名前（"Auto Threshold" および "Auto Local Threshold"）．最後がクラス名，言わばImageJ内部での名称である．これらの対応関係はコマンドファインダでも確認できる（図6）．これは3章1節で試した分節化のコマンド**[Image > Adjust > Auto Threshold]**で，実体は

196

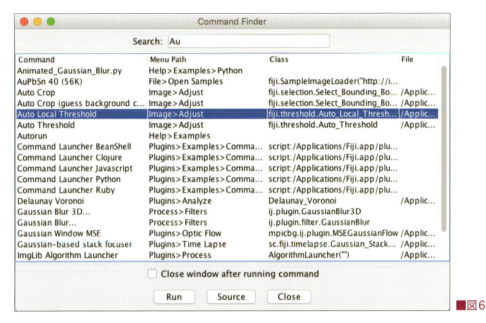

■図6

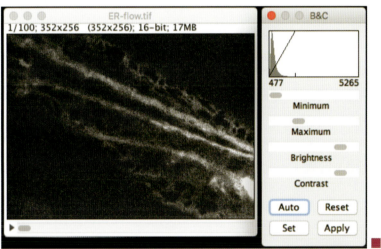

■図7

Auto_Threshold...jarというプラグインファイルだったことがわかる.

　じつはImageJの大半の機能は,このようにプラグインとしての実体を持つ. 素のImageJに最初から内蔵されているか,Fijiで採用されたか,あるいはユーザが後からダウンロードもしくは自作するなどして導入したか,の違いにすぎない.

【演習③】 LPXプラグイン集を用いた原形質流動の解析

　サポートサイト（1章2節参照）から**ER-flow.tif**をダウンロードし,ImageJで表示する.そして画像データはそのままに,見た目だけ明るくしよう（2章

2節演習②に立ち戻って，**[Image > Adjust > Brightness/Contrast...]**をクリックし，B&Cウィンドウをオープンして，これでMinimum, Maximumスライドを動かす）．これで明るいスジが3本ほど見える状態になる（図7）．この画像は小胞体を蛍光タンパク質によって可視化したシロイヌナズナの細胞の中心付近の連続共焦点画像である．撮影はニポウ板式の共焦点装置を用いてEM-CCDカメラで約50ms/フレームのストリーミングで行われ，100スライスからなるスタック画像となっている（京都大学大学院理学系研究科 上田晴子先生，西村いくこ先生ご提供）．

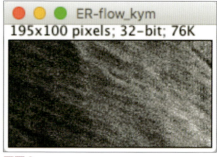

■図8

ウィンドウ下部のスライドバーを動かすと3つほどのスジ（ERストランド）が盛んに流動している様子が見てとれる．この解析対象であるER（小胞体）は粒子や繊維と異なり，不定形のため，点追跡や繊維追跡は利用できない．

万能ではないが，簡便な方法にキモグラフ解析があり，それを最初に試そう．流れのバンドの主要な位置を目視で見定め，始点から終点へと線分セレクションを設定する（輝度プロファイルを作るときと同様）．次に**[Plugins > LPX > Lpx DynProf]**を実行する．mode=kymo, rescaleIntensity=ONとする．図8のようなキモグラフが現れる．キモグラフはユーザが引いた線分の距離を横軸として，縦軸はフレーム数，つまり時間として描かれる，動きの二次元的な可視化法である．キモグラフから速度を解釈するうえでは，斜め線の角度に最も注目する．傾きが水平方向に寝ているほど急速である．斜め線を直角三角形の斜辺とすると，この三角形の「水平な辺の長さ」/「垂直な辺の長さ」は流動速度となる．当然，動いていない物体はキモグラフでは斜め線ではなく垂直線となり，0/x=0，つまり流動速度ゼロということがわかる．

次に元の画像に戻り，先ほど引いた線の場所を動かしてみよう．連動してキモグラフウィンドウの画像もアップデートされていくことがわかる．さらに，ImageJのツールバーの中にある直線アイコンをダブルクリックすると，Line Widthという線分の太さを指定する小さなウィンドウが現れる．標準ではLineWidth: 1（最も細い）であるため，これではERストランドのごく一部のみを測定しているにすぎない．例えばこれを10などに増すことで，1つのERストランドの全体的な速度傾向が平均値としてキモグラフ上に表現されるようになる．

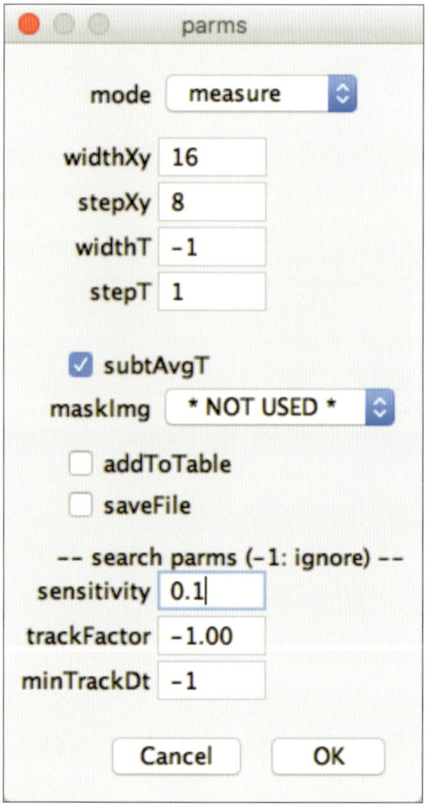

キモグラフ解析は手軽だが，「ユーザが引いた線は流動

■図9

の代表値と言ってよいのか」「何本の線を引くべきなのか」「キモグラフ中に傾いた線がいくつかあるとき採用すべきなのはどれか」といった曖昧さがある．そのためスクリーニングなど，多量の動画像解析を始めるとキモグラフ解析では太刀打ちできない．画像を多数取得して，それらの流動速度を定量的に比較し，流動に関わる遺伝子の働きを推し量りたいとなったら，ユーザが主観で引いた線分に基づくキモグラフではなく，画像全体をなるべく自動的に，そして網羅的に調べる必要が生じる．そこで，そのようなニーズに基づいて開発された流動解析プラグインLpx Flowを試そう．

■図10

　キモグラフ画像ウィンドウはすべて閉じ，元の動画ファイル（スタックファイル）を再度選択し，そこで**[Plugins > LPX > Lpx Flow]**を実行する．すると，パラメータダイアログボックスが現れる．各パラメータのデフォルト値をそのまま使わず，図9のように変更後，OKボタンをクリックすることで測定が始まる．マシンパワーにもよるが，数秒〜数十秒で測定結果である流速画像ウィンドウが現れる（図10）．これは元の画像の各地点における流動方向と流動の速さを示している．点だけであればほとんど動いてない，線が伸びていれば，その方向に流動していることになる．点すら描かれていない場所はノイズが多すぎるとか，サンプルが写っていないという理由で流動測定から自動的に除外された領域である．この段階で出てくる最初の流速画像は表示が簡素で結果を読み取りにくいので次に後処理を行う．なお，画像全体を通しての流速データはImageJのResultsウィンドウに以下のように出力されている．

```
Flow.proc: 7909.0ms   （計算時間）
#widthXy stepXy widthT stepT subIAvgT sensitivity trackFactor
minTrackDt orgNumX orgNumX orgNumZ mapNumCoor
mapNumT[pixelLength frameTime title]
#16 8 -1 1 T 0.1 -1.0 -1 352 256 100 1333 1 -1.0 -1.0 ER-flow.tif
（ユーザ指定のパラメータ）
postProc:
pts: 486/1333   （1333カ所中486カ所で流速測定ができた）
scale: not configured
max speed: 1.3844838244989859 pix/frame   （最大流速）
avg speed (non zero): 0.2670741397436981 pix/frame
〔平均流速（測定不可の部分は除外したとき）〕
```

avg speed (all): 0.0973728671533663 pix/frame
〔平均流速（測定不可の部分も含めたとき）〕
median speed (non zero): 0.19291345506590976 pix/frame
〔流速の中央値（測定不可の場合は除外したとき）〕
median speed (all): 0.0 pix/frame
〔流速の中央値（測定不可の部分も含めたとき）〕
mode speed (non zero): 0.08412743141103822 pix/frame
〔流速の最頻値（測定不可の部分は除外したとき）〕
mode speed (all): 0.002714674165684286 pix/frame
〔流速の最頻値（測定不可の部分も含めたとき）〕
avg angle: -26.534494752186312
〔すべての流速ベクトルの平均角度〕

　結果を視覚的に解釈しやすいものにし，なおかつ定量データもグラフとして表現するために，この流速画像ウィンドウを選んでから，再度，**[Plugins > LPX > Lpx Flow]**を実行する．先ほど実施した動画像ウィンドウを選んだ状態でのLpx Flowの実行は，本解析の主工程である流動測定であるが，流動結果ウィンドウを選んだ状態でLpx Flowを実行すると後処理モードになる．視覚化のため表現方法を変えたり，ノイズやアーティファクトの影響の軽減を後処理として行うことができる．今回は図11のように設定し，**OK**ボタンをクリックして後処理を実行する．ほどなくして，細胞の各部位における速度ベクトルマップ（図12），各部位における速度マップ（図13），さらに細胞全体での流動速度ヒストグラム（図14上段），個々の領域がどこに動いたかを示す変位図（図14中段），流動方向に関する角度ヒストグラム（図14下段）が表示される．図12〜14をまとめると，この細胞では，-20°方向つまり右斜め下に2本のERストランドが流動し，1本のERストランドが170°方向つまり左に流動していることがわかる．流動速度については画像中心付近で最も速くなっており，3本のERストランドの間に顕著な速度差はないようだ（図12のベクトルの長さは速度を示し，図13の速度マップでは輝度が速度を示す）．図14からは速度分布が0.1pixel/frameをピークとして高速側に裾野をひいた非対称分布をしていること，流動方向は直線的に揃っているのではなく角度分布の半値幅は45°くらいあること，など多くの情報が得られる．

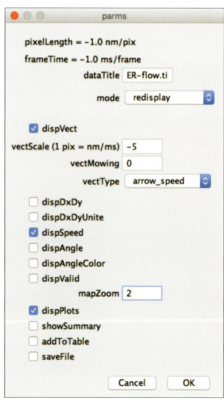

■図11

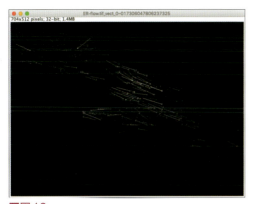

■図12

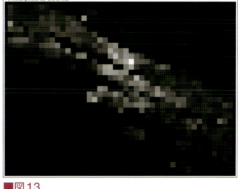

■図13

 おわりに

　この節ではユーザ側でも知っていると便利であろうImageJにおけるプラグインシステムの仕組みを紹介し，拙作のプラグイン集の紹介をした．しかし，いくら探してもニーズにぴったり合うマクロ・プラグインがなく，そして周りに頼れる人がいない場合，プラグインを作るというのは悪くない選択肢だ．次節ではプラグインの作成によって自分専用の解析ツールを作る方法について取り上げる．

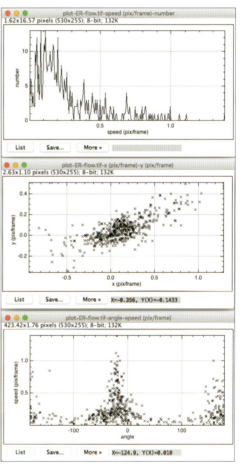

■図14

■LPXプラグイン集（一部）

プラグイン	特徴
Lpx Clustering	画素の位置や輝度値（スタック画像の場合はZ軸方向に輝度値を並べたベクトル）に対するクラスタリング解析に関する機能群. k-平均法, 平均変位法（mean-shift）, 自己組織化マップ法など.
Lpx Color	RGB画像を入力とする処理全般. 三次元輝度ヒストグラム, 共局在解析のための散布図作成（参考: 2章4節演習②）, HSVをはじめ他の色空間への変換など. なお最下行のパラメータoverwriteは, 新しい画像ウィンドウで元の画像を更新するか, 元の画像を残し, 新しく画像ウィンドウを増やすか, の選択肢である.
Lpx Filter1d	一次元, 一方向での処理全般. filterパラメータにて処理（gauss; ガウスぼかし, subtract; 輝度差分, avg0sd1; 輝度正規化など）を, axisパラメータにてx, y, z(t)の方向を指定する.
Lpx Filter2d	二次元, スライス単位での処理全般. filterパラメータにて処理（denoiseFilters__; ノイズ抑制, filtersForBilevel__; 二値画像への処理, thresholdOps__; 閾値による二値化処理, edgeDetectors__; 輪郭強調・抽出, cornerDetectors__; コーナーや特徴点の抽出, hough__; 直線検出など）を指定する. なお選択したオプションの末尾にアンダーバーが付いている場合, 現在入力中のダイアログボックスに続いて, より細かな処理の選択やパラメータ入力のダイアログが現れることを示す.
Lpx FilterPt	ピクセルごとの処理全般. modeパラメータにて処理を指定する. mathを選択した場合, mathOpパラメータで各画素に輝度値に対する演算（add, cosなど）を指定し, その演算が引数をとる場合にはmathArgパラメータで指定する.
Lpx Flow	動画像から流動を解析するプラグイン. もとは植物細胞の原形質流動の解析のために作成された[1,2].
Lpx Measure	分節化後の二値画像からの形態測定に関する処理全般.
Lpx RangeEffect	演習①で動作確認をしたが, フィルタリングや変形などの画像処理に関し, ある一定の強さ（効果）で行うのではなく, ユーザの希望する範囲にわたり実施するプラグイン. effectTypeには回転（rotate）の他, 水平移動（horizShift）, 高域通過処理（highPassGauss）, そしてトップハット変換（topHatByCircle）をはじめ, 3章4節で紹介した数理形態演算群が指定できる. 残りの主要なパラメータは演習①に既述.
Lpx Registration	位置合わせ関係. 大きなサンプルを複数の視野に分けてから撮像して得られる連続画像を, パノラマ画像のようにつなげる処理（mode: serialShiftXy）. 歪んだ画像に対して基準となる点群を与えることで幾何補正する機能（mode: regByPolygonRoi__, regByTriangleRoi__[3]）などがある.
Lpx RoiUtil	ROIおよびROI Managerの取り扱い全般. 画像領域内を矩形ROIでのしきつめ（mode: tileSample2d）, ROIの相対位置移動（mode: incCoor）, ROI Managerに登録されているROI列の各種条件による選択（mode: sel*）／登録削除（mode: delFromMgr）など.
Lpx StkFilter	スタック画像に対する処理. スライスごとの輝度正規化（mode: avg0sd1）, 各種輝度投影（mode: proj__）, 各種三次元画像処理（mode: threeDimOps__）, 注目領域のトラッカー（mode: trackSqRoi）, スライスラベルの取り扱い（mode: readSliceLabelFromFile__）など.

1) Ueda H, et al: Proc Natl Acad Sci USA (2010) 107: 6894-6899
2) Kobayashi S, et al: Env Experim Botany (2014)106: 44-51
3) Hirose A, et al: Plant Cell Physiol (2014) 55: 1194-1202

■■■ COLUMN

　LPXプラグイン集は筆者が2005年に自作のImageJプラグインを配布するためにまとめたものが最初であり，当初はJava言語を用いて書いていた．その後，2008年にScala言語に書き直して以降，もっぱらScala言語による開発を続けている．主観的な評価ではあるが，自分に馴染みやすいスタイルの言語に移った結果，開発速度は格段に向上した．このようにImageJプラグインはImageJ自身を記述しているJava言語だけでなく「JVM言語」と呼ばれる多くのプログラミング言語で書くことができる．JVM言語はPython (Jython)，Ruby (JRuby)，Groovyといった取り組みやすいスクリプト言語族から，Lispに似たClojure，そして静的型付き関数型言語と呼ばれるScala，Ceylonなど幅広い．ImageJマクロもこれに似ており，特にFijiでは[Plugins > New > Macro]で開くエディタのLanguageメニューに現在10種の言語が登録されている．この言語面での自由度は，オープンソースであること，マクロやプラグインによる機能追加が容易であることと並び，ImageJに高い拡張可能性をもたらしている．

 TEST ☞ **確認テスト**　解答 P266

問題❶ Fijiではjarsフォルダ内のij-1.50e.jar（1.50eの部分はバージョンアップなどで変わる），そして，素のImageJではImageJフォルダ内のij.jarが，それぞれImageJの中核部分である．このファイルを演習②と同様に別のフォルダにコピーし，zip形式として扱えるようリネームのうえ，展開して中身を確認しよう．内蔵プラグインはどこにどのように収められているだろうか？「ImageJの大半の機能がプラグインによって実現している」という主張は定量的に示すことができるだろうか？

[ヒント] ij.jar内にてImageJのメニュー構成の基盤を記述しているIJ_Props.txtファイルが参考になる

問題❷ 演習③では複数の画像処理を組み合わせて，最終的な結果を得た．1つの画像スタックを対象に解析するのであれば，1ステップずつマウスとキーボードを使って実行してもよい．しかし現実には，薬剤処理・変異体・ストレス条件など多くの実験区画があり，これらに対して同一の画像解析手法をミスなく適用せねばならない．そのようなシチュエーションでは労力的にも信頼性の点でも，ユーザが1つ1つ手動で画像処理のステップを踏むよりも，一連の操作をマクロによって言語化し自動化することが必要となる．さらにこれは，解析終了後，ノイズ抑制の度合いを変えるなど画像処理工程のパラメータを見直して，再解析することも容易にする．そこで，演習③で用いた画像ファイルについて，最初に各画素で時間軸方向へのガウスぼかし（$\sigma=2$）を施し，その後にLpx Flowを用いた流動解析を行うマクロを作成しよう．さらにガウスぼかしのσを5に上げると，速度測定の結果はどうなるだろうか？

[ヒント] 手動での操作をもとにマクロを作る場合にはユーザの操作を記録する[Plugins > Macros > Record]が役立つ．

― 第5章 ツール開発を含めた解析へ

2 ImageJ プラグインによる自分専用解析ツールの作成 — 自動輝点追跡ツール PTA を例に

新井由之

 ### はじめに

　ImageJの基本的な利用法やマクロを利用したプログラミングをこの本では解説している．また，5章1節のようなプラグイン集を使うことで，じつに多くの画像処理を行うことができることも知っていただいた．ImageJの基本機能にない処理を行うことを考えたとき，今日ではインターネット上でプラグインを検索すれば，同等もしくはそれに近い処理を行うプラグインを探すことができるはずである．それでもなおかつ自分でプラグインを開発する理由はひとえに「自分の思い通りに動作をするプラグイン」を使いたいからにほかならないのではないか．他人が作ったプラグインの型に合わせるのではなく，自分がやりたい処理・出力に合わせた動作をするプラグインが欲しくなったとき，筆者はプラグインの自作を考える．

　本節では，ImageJでのプラグイン開発について述べるが，Javaによるコードの書き方自体はあまたあるJavaプログラミングの教科書を参照していただきたい．ここでは，筆者が作成した輝点追跡プラグインPTA（Particle Track and Analysis）を例に，プラグイン開発の動機からプラグイン開発を行ううえで得た知識，ヒントなどを紹介する．本節がプラグインを自作するきっかけとなってくれれば幸いである．

 ### 1分子計測

　1995年，全反射顕微鏡による生体分子1分子の可視化が達成された[1]．蛍光色素Cy3で標識したミオシン分子を，生きたまま初めて可視化したのである．その後，モータータンパク質の運動のみならず，細胞膜上分子の拡散運動や核輸送タンパク質の可視化など，様々な局面で1分子計測技術は力を発揮してきた．1分子計測技術は，文字どおり分子の挙動を1つ1つ独立に計測する．1分子計測では，多分子による計測では平均的な挙動の計測値で埋もれてしまうような分子動態の素過程を捉えることが可能な，きわめて強力な技術である．1分子ごとの特徴的な振る舞いは，多くの分子の挙動を個々に計測することで初めて浮き彫りになる．その振る舞いが，平均からどれくらいの距離にいるのか，言い換えれば，分布の中でどの割合にいるのかを調べるためには多くの1分子を計測する必要がある．その数は数十どころではなく，数百や数千のオーダーに達する．1分子可視化技術が開発された当時，研究者は1分子の輝

点を1つ1つマニュアルで解析するという，とてつもなく大変な作業を行っていた．筆者が所属していた研究室では，毎日毎日画面上の輝点とのにらめっこばかりなので，よく冗談で「点々地獄」と言っていた．そして1日中計測したデータを解析するのに何週間もかかった．

それではあまりにも効率が悪いということで，輝点を自動的に解析するソフトウェアが開発された．今日では，商用，フリーを問わず，多くの輝点追跡ソフトが開発されている．公開されているものもあれば，研究室専用の門外不出のソフトもあるだろう．もはや輝点追跡の基本環境は整っていると言ってもよい．

 輝点追跡プラグイン，PTA の開発

それではなぜ筆者はPTAを開発したのか．すぐに有用なソフトがあるのに新しく開発するのは時間の無駄ではないかと思われるかもしれない．しかし，筆者はいくつかの点で既存の輝点追跡ソフトに満足できなかった．第一に，当時はWindowsでしか動かないツールばかりであった．筆者がツールを作り始めたのは2007年ごろであったが，当時の追跡ソフトはWindows上で動く商用画像処理ソフトの追加機能であったり，Windows上で開発されたものであったりと，とにかくWindowsでしか動かなかった．できれば，プラットフォームに依存しない環境が望ましい．第二に，既存の追跡ソフトに満足できなかった．Macでも動く輝点追跡ツールと言えば，ImageJで動くプラグインであるParticleTrackerやFijiのTrackMateがある．これらのプラグインは非常によくできたプラグインで，多輝点解析を得意としており，輝点の時系列情報や，輝点部分のみの画像の抜き出しなど，有用な機能を多く搭載している．しかし，動作が直感的ではない点が不満であった（TrackMateはかなり直感的に動くのだが……）．解析のボタンを押してから，できれば数十秒～せいぜい数分で結果が出てほしい．わがままな理由である．そして，ないのなら自作すればよい．というわけで，作ることにした．

 PTAの使用例

PTAは，筆者が所属する研究室ホームページ（**http://www.sanken. osaka-u.ac.jp/labs/bse/download.html**），もしくはGitHub（**https:// github.com/arayoshipta/projectPTAj**）から直接ダウンロード可能である（研究室経由の場合，メールアドレスの登録をお願いしており，アップデートの連絡を受け取ることが可能）．ダウンロードサイトから必要なjarファイル（**PTA_.jar, jcommon.jar, jfreechart.jar**）[注1]をダウンロードしてImageJのpluginsフォルダに放り込む．また，環境に合わせたライブラリ（**fit2DGauss.dllもしくは, libfit2DGauss.jnilib**）をダウンロードし，ImageJのプログラムと同じフォルダ階層上に置く．サンプルとして，

注1
後者2つのJarファイルはJFreeChartと呼ばれるライブラリである．http://www.jfree.org/jfreechart/ を参照されたい．なお，Fijiにはこれら2つのJarファイルはすでに入っているのでインストールする必要はない．

205

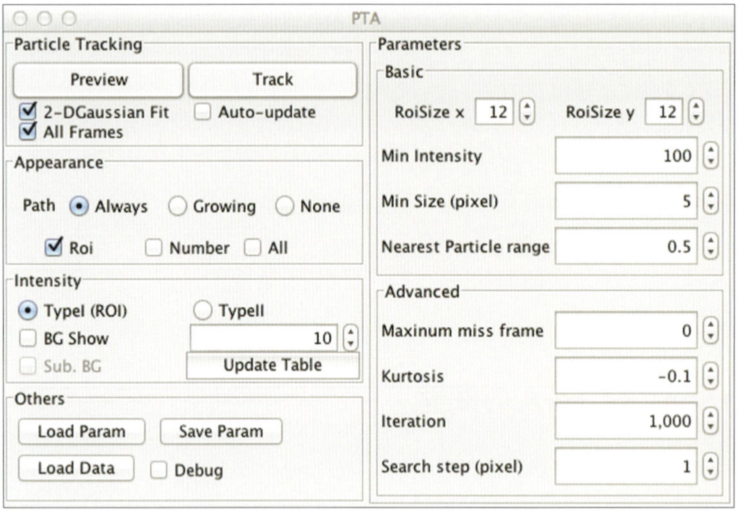

■図1　PTAのメイン
　　　ウィンドウ

この状態でPreviewやTrackを押せばとりあえず輝点を検出・解析してくれる．右のパラメータで輝点のサイズなどの検出条件を調整可能．

SampleMovie.aviもダウンロードしておこう．こうしてImageJを立ち上げると，PluginsメニューにPTAという項目が追加されているはずである．

①**SampleMovie.avi**を読み込み（その際，**Convert to Grayscale**にチェックを入れておく），**[Plugins > PTA > PTA: Particle Track and Analysis (Ver1.2)]**を選ぶ．すると，図1のようなウィンドウとThresholdのウィンドウが自動的に開く．

②Thresholdの**Dark background**にチェックを入れる．輝点部分の輝度値を自動的に抽出してくれる．

③PTAのウィンドウ左上のPreviewを押すと，輝点を自動的に矩形ROI（Region Of Interest）で囲んでくれる．閾値の範囲を変えたり，PTAウィンドウ右のパラメータ項目を変えると，選ばれる輝点を変えてくれる．

④PTAのウィンドウ左上の**All Frames**にチェックを入れ，さらに**2-DGausian Fit**にもチェックを入れ，**Track**ボタンを押す．

⑤自動的に輝点検出が開始される（図2）．解析が終わると，テーブルが表示される．

⑥テーブルには開始フレーム，終了フレーム，総フレーム，輝度値などの情報が表示されており，色づけやチェックも可能である．また，各項目でソートも可能である．

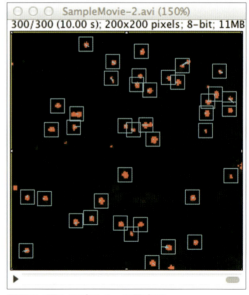

■図2　図1のパラメータ設定で
　　　検出・追跡をしたミオシンⅥ分子

Thresholdで閾値を設定した（AutoとDark backgroundで十分）．

⑦テーブルの行をクリックすれば，追跡した輝点の時系列情報が表示される（図3）．

より詳細な使い方はマニュアルを参照していただきたい．

PTAの設計コンセプト

PTAは（1）動作環境によらない，（2）気軽に動作できる，の2点を開発目標の主軸にした．そこでまず（1）を達成するために，ImageJ上で動くプラグインとすることにした．その理由としては，何と言ってもImageJがJavaの環境で動くということにあった．すなわちWindowsだろうが，Macだろうが，Linuxだろうがどこでも動かすことが可能である．また，輝点追跡を行う際に画像に対して前処理として様々な画像処理を施すことが

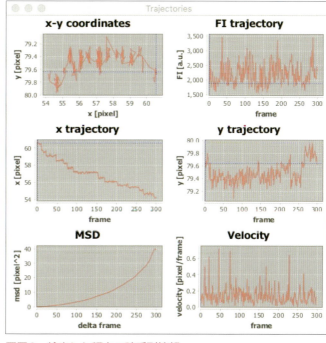

■図3　検出した輝点の時系列情報
左上：XY座標データ，右上：輝度値の時系列，中左：X座標の時系列，中右：Y座標の時系列，左下：平均二乗変位（Mean Square Displacement），右下：速度の時系列．

多々あるが，ImageJには各種フィルタが多く用意されており，1からプログラムを作る場合に比べてだいぶ楽ができる．（2）は，とにかく簡単に動かす，結果を得ることができることを目指した．特に，1分子輝点の画像を開いて，ボタンを押せば，とりあえず解析結果を数十秒〜数分で吐き出すことを目指した（図1〜3）[注2]．

注2
「PTAの使用例」での一連の流れを思い出していただきたい．

開発の実際

① 基本設計を考える

簡単な処理ならともかく，輝点追跡ツールのようなプラグインは，それなりの規模のプログラムになる．したがって，いきなりコードを書き始めるべきではなく，まず紙と鉛筆を使って基本設計のラフスケッチを行う．輝点追跡ソフトに必要な機能は，筆者は以下の3つと考えた．

① 画面上の輝点を検出する
② 検出した輝点をフレーム間でつなぐ
③ 輝点の追跡結果を表示する

複雑に見えるプログラムも基本構造は単純である．次にそれぞれの中身を具体的に考える．①の「画像上の輝点を検出する」動作にはどういった処理が必要だろうか．まず，「輝点」を検出するためには，単純には閾値を設定して，ある閾値以上の輝度値かたまりを輝点として認識する必要がある．また，取り出した輝点のデータをどこかに蓄える必要がある．そのためには輝点を蓄えるためのデータ構造を用意する必要があり……，といったことを考えていく．上記①，②，③の中身をもう少し具体的に書くと以下のようになった．

①画面上の輝点を検出する
1）しきい値により二値化処理をする
2）画像をスキャンし，輝度値かたまりを検出する
3）輝度値かたまりが条件を満たした場合輝点として認識する
　3）-1　二次元ガウス分布によるフィッティングを行う
4）認識した輝度値をデータとして格納する
5）1）〜4）を全フレームに対して繰り返し，データを格納する
②検出した輝点をフレーム間でつなぐ
1）前後のフレームを比較し，距離が一定値以下の輝点を同一輝点としてつなぐ．つなぎ方は，輝点クラス自身を輝点クラスのメンバー変数としておき，次の輝点オブジェクトを渡す
③輝点の追跡結果を表示する
1）輝点情報をグラフデータとして可視化する

　実際にはプログラムを作りながら様々な要素を後付けで付け加えていったが，骨子（方針）はある程度固めたほうがよい．実際にコードに起こす前に，できるだけ要素を細分化しておくことが重要である．そうすれば，やることが明確になっているためにコードを記述しやすい．

　特に，「処理」部分と「表示」部分は明確に分けておくことをおすすめする．そうすれば，別のプラグインで同じ「処理」を使いたい場合，「表示」を気にせずにすむため使い回しが簡単になる．また，細分化しておけば，デバッグ作業もやりやすい．

　図4に，PTAの各クラスの相関関係を記述した．最初からこれらすべてのクラスがあったわけではない．必要に応じて付け足していった結果である．

② 開発言語を考慮する

　ImageJでプラグインを書くときの言語はJavaである．マクロ言語やJythonに比べ，若干（相当？）敷居が高い．マクロに比べて記述すべきことが多く，簡単なフィルタ処理などをすべてプラグインとして開発するのは効率が悪い．筆者は次のようにImageJでの開発言語を選んでいる．

　①単純な繰り返し作業の場合→マクロ言語

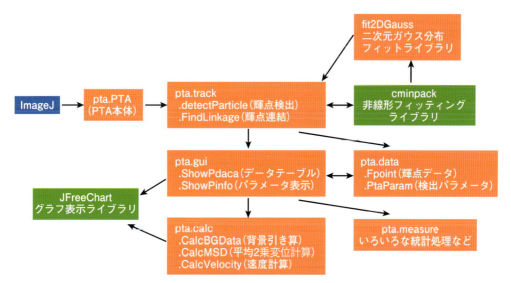

■図4 プラグインPTAの模式図
■が具体的に記述したコード，■は外部ライブラリである．→は処理のフローを大雑把に示している．パッケージは7つ，ソースファイルは19，コード行数は3500行程度である．

②ファイル入出力を含む自動化処理→Jython

テキストファイルの扱いはJavaよりも簡単なので，まずはJythonを選択するべき．また，割り込み処理も特に意識しなくてもよいので，Javaに比べて気軽に扱える[注3]．

③大規模なプラグイン，単純なダイアログではないGUI（Graphical User Interface）を駆使したい場合→Javaによるプラグイン開発

といったように用途に応じて選べば効率的である．PTAの場合，GUIを駆使し，外部ライブラリをゴリゴリ使う必要性を感じていたので，Javaでプラグイン開発を行うことにした．

③ 開発環境を整える

Javaでプラグイン開発を行うためには，開発環境を整えたほうがよい．いくつかフリーで使えるツールを利用することで，大変なプログラム作成もかなり快適になる．ここでは，筆者の開発環境を紹介する．

1. JDKのインストール

JavaはPythonなどとは違い，実行するためにはビルド（C言語でいうコンパイル）という操作が必要となる．そのためのツールをインストールする必要がある．Javaは現在Oracle社が開発・管理しているが，Oracleのサイトから JDK（Java Development Kit）をダウンロードする．

http://www.oracle.com/technetwork/java/javase/downloads/index.html

注3
Javaによるプラグインでは，例えばFor loopによる処理中は，割り込み処理をしないと，他のすべての処理（画像表示なども）が止まってしまう．

自分の環境（OSやBit数など）に合わせたJDKのダウンロードを行う[注4].

2. IDEのインストール

Javaのファイルはテキストデータなので，メモ帳やTextEditなどを使って，コマンドラインからビルドしてもよい．しかし，膨大なJavaのクラスやメソッドなどを正確に記述するのは大変である．そこで，そのような入力を補助してくれる開発環境がいくつか用意されている[注5].そのうちEclipseは代表的なJava開発環境である．

https://eclipse.org/downloads/

3. Gitのインストール

プログラムは論文執筆と同じで，何度も書き換える必要がある．Wordであれば，履歴やバージョン管理機能が付いているが，テキストファイルにはそういった機能は付いていない．Gitは，テキストベースの書類のバージョン管理を実現する機能である．いつでも過去のバージョンに戻ることができ，さらにはGitHubサイトで簡単に公開することができる[注6].以下のサイトからダウンロードする[注7].

http://git-scm.com/

特に，次に紹介するminimal-ij1-pluginを利用するためには必須となる．

4. minimal-ij1-plugin

プラグイン開発の際に，ファイルを一から行ってもよいが，より開発を容易にするminimal-ij1-pluginがGitHubに公開されている．リポジトリ（Gitで管理するプロジェクトのこと）は，プロジェクト管理ツールであるmaven[注8]で作られている．上記Eclipseとgit を組み合わせることで，開発管理がやりやすくなる．以下に手順を述べる．

1）git clone

PC内のDocumentsなどにminimal-ij1-pluginをクローンする．その際，cloneするフォルダ名を変えておく[注9].

```
$ git clone https://github.com/imagej/minimal-ij1-plugin.git ./
  ijtest1.git
```

2）Eclipseでインポート

先ほどcloneしたリポジトリをEclipseで読み込む．

[File > import > Maven > Existing maven projects]

Browseで先ほどインポートしたリポジトリを選び，下のウィンドウに出てくる **pom ~** にチェックを入れる．インポートされたプロジェクトは，Eclipseメイン画面左のPackage Explorerに現れる．この時点では，Project名がデ

注4
ImageJ は Java8 でも問題なく動作する．

注5
Eclipse 以外には NetBeans（https://ja.netbeans.org/），IntelliJ IDEA（https://www.jetbrains.com/idea/）などが有名である．

注6
GitHub（https://github.com/）には多くの ImageJ のプラグインがソースコードとともに登録されているので利用してほしい．

注7
Git はコマンドラインから利用することも，GUI（Graphical User Interface）により利用することも可能である．

注8
プロジェクト管理システム．必要なライブラリなどを，簡単に追加することができる（http://mvnrepository.com/）．ビルドに必要なライブラリは自動的にダウンロードされるため，異なる環境でも同じ開発・実行条件を整えることができる．

注9
Plugin の種類ごとにフォルダ名を変えて作るとよい．

フォルトのProcess_Pixelsのままなので, 自分のプラグイン名に変更する.

プロジェクトを右クリック > [Refactor > Rename Maven Artifact]

ここで,

- Group id：任意の固有のグループ名[注10]
- Artifact id：作成するプラグインの名前（名前のどこかに必ず"_"を入れる. さもないとImageJで認識されない）
- Version：バージョン番号を入れる[注11]
- Rename Exlipse project in Workspaceにチェックを入れる

2)-1. POM.xml

次に, mavenでビルドする際に参照されるPOM.xml（Project Object Modelファイル）をいじる. POM.xmlをダブルクリックして編集する. 最低限編集する箇所は以下のポイントである[注12].

[Artifact]
先ほどの, Rename Maven Artifactで入力した値になっていることを確認する

[Properties]
- いったんmain-class:Process_PixelsをRemoveする
- Createを選び, Name: main-class, Value: メインのクラス名を登録する[注13]

[Project]
- Name: にはplugins/xxx.jarとして自分のプラグイン名を登録
- URL, DescriptionにはWebページやプラグインの説明を既述する

[SCM]
- リモートリポジトリの情報を登録する. デフォルトではminimal-ij-pluginのリポジトリの場所が登録されているので, 変更あるいは削除する.

2)-2. plugins.config

minimal-ij1-pluginで作るプラグインはjarファイルにアーカイブされる. ImageJのプラグインには単体の.classファイルと, 複数の.classファイルをまとめたjarファイルの2種類がある. jarファイルにはplugins.configファイルがアーカイブされており, このファイルにより, メインのclassファイルや, メニューで表示する場所を選ぶことができる. /src/main/resourcesフォルダに入っている[注14]. plugins.configファイルには次のようにある.

```
Process, "Process Pixels", Process_Pixels
```

この場合, Processメニューに"Process Pixels"という名前でメニューに現れ, Process_Pixels.classがpluginとして読み込まれる

注10
今後開発するプラグイン群が, 誰に（どのグループにより）開発されたのかを示すために使われる.

注11
開発中のpluginには"SNAPSHOT"をつける.

注12
どこを修正すればよいかは, minimal-ij1-pluginのreadme.mdに詳述されている.

注13
imagej.app.directoryとして, ImageJへのパスを登録しておくと, Mavenでビルド後にプラグインフォルダーに自動的にコピーされる.

注14
Package Explorerから探すことができる.

なお，PTAの場合，

```
Plugins > PTA, "PTA:Particle Track and Analysis (ver 1.2)", pta.PTA
Plugins > PTA, "CaptImage:Capture Images WYSIWYG", pta.capture.
CaptureImageStack
Plugins > PTA, "About PTA...", pta.AboutPTA
```

となっており，PluginsメニューのPTAサブメニュー内に各プラグインが指定されている．プラグインがパッケージに属している場合は，パッケージ名の指定も必要となる．

2)-3. ビルドとテストラン

ビルドする場合は，

プロジェクトを右クリック > [Run As > Maven Project][注15]

ソースコードは，src/main/javaにある．Process_Pixels.javaにはpublic static void main()が用意されており，**[Run As > Java Application]**で実行すると，ImageJを自動的に立ち上げて画像ファイル（標準ではcrown.jpg）を自動的に読み込みテストすることができる[注16]．

④ ImageJのAPI（Application Programming Interface）の実際

具体的にImageJのプラグインを書くときによく使うクラス，メソッドについて述べる．

■ PluginFilter, PluginFrame, Plugin

ImageJのプラグインとして認識させるには，これらクラス・インターフェース を利用（実装）する必要がある．それぞれ自由度が異なり，

  * PluginFilter：現在開いている画像に対するフィルタ処理

  * PluginFrame：Frame（Javaではウィンドウのことをこう読む）ベースのプラグイン

  * Plugin：自由度が高いが，自分でImagePlusなどの取得を行う必要がある

といった感じである．最初はPluginFilterを用いて簡単な処理を行うプラグインを開発し，慣れればPlugin FrameやPluginといったクラスを試していくことをおすすめする．

■ ImagePlusとImageProcessor

画像そのものを格納するのがこれら2つのクラスである．筆者がJavaのプラグインを書き始めたとき，この2つのクラスの違いが理解できなかった．ここに1つのスタック画像があるとする．画像1枚1枚はImageProcessorのオブジェクトである．それをまとめてひとかたまりにしたものがImagePlusなのだが，この関係は，本と，その本のページ，というように例えることができる．

注15
ビルドした生成物は，targetフォルダに入る．

注16
minimal-ij1-pluginに最初から入っている，Process_Pixelsプラグインは，PluginFilterを利用したフィルタ処理を行うプラグインであり，画像処理の仕方やダイアログ表示の仕方など，とても参考になる．

すなわちImagePlusは本全体を指す．本はタイトルのついた表紙，著者の名前や所属，発刊の日付などが書かれた中表紙，本文が書いてあるページ群からなるが，同じようにImagePlusは画像の名前，スケールといったメタデータとともに画像群をまとめたものである．本に綴じられている各ページがいわばImageProcessorであり，それを通じて，画素値を読み取ったり，逆に書き込んだりする．ImagePlusから各ページ（スタック）にアクセスするためには，ImageStackクラスを用いる．すなわち，

```
ImagePlus imp = WindowManager.getCurrentImage(); //現在アクティ
ブな画像を取得.
ImageStack is = imp.getStack(); //ImageStackを取得.
ImageProcessor ip = is.getProcessor(1); //スタックの1枚目を
ImageProcessorとして返す.
```

となる．本が1ページだけ，つまり1枚の静止画であっても同じように扱うが，この場合はImageStackを経由する必要はない．

```
ImagePlus imp = WindowManager.getCurrentImage(); //
ImageProcessor ip = imp.getProcessor(); //画像をImageProcessor
として返す.
```

■ROI, ImageStatistics

ROI（選択領域）は画像の任意の領域にアクセスする必須のクラスである．ImageStatisticsはその名の通り，画素の統計情報（平均・積算，真円度など）を得ることができる．

```
Roi userRoi = new Roi(x,y,w,h); // Roiを定義.
imp.setRoi(userRoi); // RoiをImagePlusにセット.
ImageStatistics is = imp.getStatistics(AREA+CENTROID) //現在の
画像から面積(AREA)とCENTROID(重心)を取得.
```

これはコツになるが，ImageStatisticsを利用するクラスを作成する場合は，下に示すようにそのクラスがインターフェースであるMeasurementを実装する形式にしておく．そうすれば，AREAやCENTROID（重心）などのメンバー変数をそのまま使えるので記述が楽になり，上のようにコードもわかりやすくなる．

```
public class hogeclass implements Measurements
```

これらはプラグインを作成する際に役に立つ情報のごく一部である．

ImageJのプラグインを書く際のTIPSをまとめたPDFをGitHubに公開しているので参考にしてもらえれば幸いである.

https://github.com/arayoshipta/ImageJ-Plugin-TIPS/blob/master/Documents/20120927ImageJTIPS.pdf

⑤ 外部ライブラリの利用

　プログラミングは大変な作業である. Javaは利用者が多い分, 先人の膨大なコードライブラリが存在する. それらを利用しない手はない. PTAではグラフ表示にImageJ標準のPlotではなく, JFreeChartという外部ライブラリを利用した(Fijiでも利用されている). Plotで表示されたグラフは画像データなので, 拡大縮小表示するとピクセルが拡大されるだけであるが, JFreeChartはベクトルデータとしてグラフを扱えるので拡大縮小がきれいである. JFreeChartのマニュアルは有料だが, 簡単なグラフ表示くらいであれば, マニュアルがなくとも公開されているAPIを参照すればそれほど難しくない.

```
DefaultXYDataset fiframe = new DefaultXYDataset();

fiframe.addSeries("FI", new double[][]{frame,fi});

JFreeChart fichart = ChartFactory.createXYLineChart("FI trajectory", cal.getTimeUnit(), "FI [a.u.]",
fiframe, PlotOrientation.VERTICAL,false,true,false); //引数は左から, チャートの名前, x軸, y軸, データ,
プロットの向き, 判例の表示, ツールチップの表示の有無, URL動的生成の有無
ChartPanel fipanel = new ChartPanel(fichart); //チャートパネルオブジェクトの生成
cFrame.getContentPane().add(fipanel); //JFrameクラスのcFrameにはめ込む
```

自分専用のプラグインにはぜひ盛り込みたい.

⑥ 速さを求めて：JNIの利用

　JavaはJVM(Java virtual machine)上で動くため, CやObjective-Cで書いてその環境用にコンパイルした, いわゆるNativeなソフトに比べて遅いと思われがちである. しかし, Javaが開発されて20年近くたった今, JVMの性能は上がり, Nativeと遜色がないまではいかないまでも, 昨今のPCの性能向上に伴い, スピードはほとんど気にならない.

　一方, PTAで最も重視した点は解析速度であった. 解析ボタンを押してから数十分待つなど我慢できない. すぐに結果が出てほしいのである. さもないと, 条件を変えた膨大な1分子の測定データを解析する気力がなくなってしまう. PTAは1分子画像解析をもとにしているので, 二次元のガウス分布によるフィッティングを行う. ガウス分布は非線形なので, 非線形フィッティングを行う必要がある. 一般的に広く用いられているフィッティングのアルゴリズムとして, LM (Levenberg-Marqurgt)法がある[注17]. これはGnuplotやRなどのフリーのソフトはもちろん, Originなどの商用ソフトでも用いられている

注17
LM法についてはNumerical Recipe in C(技術評論社)などに詳しい.

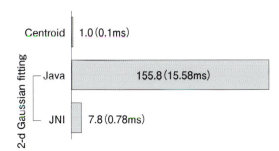

■図5 フィッティング速度の違いについて
Centroidでの処理を1としたときに，Javaによる非線形フィッティング（Jama.jar，LM.javaを利用）とJNIを利用したNativeなライブラリによるフィッティング速度の違い．輝点数，データ量が多くなればなるほど，この違いは大きい．

アルゴリズムである．Javaでも当然このアルゴリズムを使うことができる（Jama.jar）．しかし，テストしたところ，フィッティングが非常に遅く（図5），とても快適な解析が行える環境ではなかった[注18]．

そこで，筆者はJNI（Java Native Interface）を利用することにした．これは，JavaからWindowsやMacなどのNativeのライブラリ（dllやlib）を直接扱うことのできる方法である．しかし，JNIを利用すると，そのプラットフォームでしか利用できなくなってしまう．それは当初の目的に反する．したがって，折衷案として，筆者はMac用のライブラリをXCodeで，Windows用のコードはMicrosoft Visual Studio 2010 Expressを用いて記述した（どちらも無料で利用できる）．LM法のアルゴリズムは，すでに最適化されたライブラリ（CMinpack）があるため，それを利用した．解析速度についてグラフにしたので参考にしてほしい（図5）．

[注18] 編者者の三浦氏の情報では，ApacheCommonsMath のLM法がはるかに速いとのこと．JNIは使わなければよいにこしたことはないので，将来的に試してみたい．

⑦ その他

昨今，実験ノートの記録について重要視されているが，プログラミング開発においても例外ではない．普段実験がメインでプログラミングを空いた時間に行う場合，ログやメモが残っていないと，あとからプログラムを見直したときに何をしていたかわからなくなってしまう．面倒くさくても必ずプログラムにコメントをつける癖をつけたい．

 おわりに

PTAの現在のバージョン（Ver.1.2）にかかった年月は約2年である．もちろん毎日プログラミングしていたわけではない．基本骨子は1週間ほどで作り，あとは思いついたところから拡張していった．自分なりに気に入っている機能としては，ある直線ROI上の輝点と外れた輝点を別々の色のROIに分ける機能である（図6）．これは，共同研究

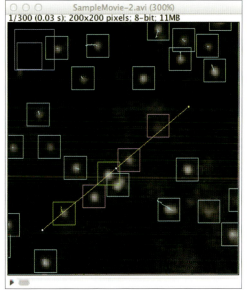

■図6 直線ROI上の輝点の抽出
ライン上の輝点は緑で，少し外れた輝点は紫のROIで表示される．

の際に，核膜上に結合した輸送因子とそうではない輸送因子を分けるために後付けでつけた機能である．レール上を動くモータータンパク質の解析にも使えるかもしれない．自分でプラグインを開発する場合，こういった機能をどんどん盛り込むことが可能である．

　本節を読んで，プラグイン開発を始める人が1人でも出てくれればうれしい．ぜひ，ボスに目をつけられない程度に開発を楽しむことをおすすめする．

文献

1) Funatsu T, et al: Nature (1995) 374: 555-559

for beginners

筆者がJavaの勉強およびImageJのプラグイン開発をするうえで参考にした書籍など
1) 柴田望洋：明解Java入門編(ソフトバンククリエイティブ): 2007
　(Javaを1から学ぶのに最適．Webでも勉強できるが，やはり1冊入門書を手元に置いておくと役立つ)
2) 八木裕乃ら：徹底攻略Java2プログラマ問題集Platform5.0対応(ソキウス・ジャパン): 2006
　(問題集だが，Javaについて広範囲に効率良く学ぶことができる．3回くらいやって8割以上正解できるようなれば十分)
3) 大村忠史ら：JavaGUIプログラミングJava SE 6対応[Vol. Ⅰ](カットシステム): 2007
　(GUIを学ぶのに最適な書．フレーム内の部品の配置やテーブル，リスナーについてなどわかりやすく書いてある)
4) Rasband W: Imagej api. http://rsbweb.nih.gov/ij/developer/api/index.html
　(ImageJのAPI集．プラグインを作成する際にはこのサイトに大いにお世話になる)
5) Rasband W: Imagej code. http://rsbweb.nih.gov/ij/developer/source/index.html
　(ImageJのソースコードはすべて開示されているので，動作がよくわからないAPIを調べるときにソースコードに直接あたると解決することがある)

■■■■ COLUMN

1分子蛍光観察でわかること：1分子蛍光観察で得られるデータとしては，位置，輝点の滞在時間，蛍光強度変化がある．位置情報から，運動の速度，加速度，さらに平均二乗変位を求めることにより拡散係数を得ることができる．滞在時間からは，分子の相互作用の時定数を求めることができる．蛍光強度変化から，周囲の環境変化や，さらにはフェルスター共鳴エネルギー移動法などを用いれば，構造変化を1分子レベルで知ることができる．1分子計測の実際（装置の組み立て〜解析法まで）は，Selvin PR and Ha T: Single-Molecule Techniques: A Laboratory Manual: CSHL Press (2008) に詳しいので，興味のある方は読んでほしい．

第5章 ツール開発を含めた解析へ

3 ImageJマクロの書き方

ImageJ

三浦耕太

 はじめに

　ImageJのマクロ言語は，画像解析を自動化してラクをするための軽量言語である．余裕のない研究者が目の前にある課題をとりあえず乗り越えるためのツールであるから，プログラミング手法の細かいことは気にせず，要は「動けばよし」「結果が出ればよし」「面倒な部分を自動化でされればよし」なのである．本職のプログラマーが満足するようなコードの美しさや速度を求めるのであれば，Javaを学んでプラグインを開発したほうがよい．だからマクロプログラミングにハマる，形式にこだわる，というようなことは遂行矛盾になるので，できるだけ避けたいものである．とはいえ，筆者がこれまで長い間教えてきた経験では，まったくプログラミングの経験がない生物学の院生やポスドクの中に，あっという間にImageJマクロを習得し，その面白さに取り憑かれて様々なプログラミング言語に開眼した，という人たちが何人もいる．なかにはそれでプロになった人もいる．そうしたきっかけになる言語でもある．

　もう1つ強調すべき別の側面は，マクロが解析手順の記録として重要な意味を持つ，という点である．GUIでマウスをカチカチさせながら行った解析作業は記録に残らない．マクロとして残せば処理や解析の再現性が確保される．これは科学としてよりマトモである，と言える．画像解析の手順がどんどん複雑化している現在，記録すること，再現性を確保することは忘れてはいけない点であり，自動化する必要がない1回だけの解析でも，そのためにマクロを書く意味が大いにあるのである．

　本節は，プログラミングの経験がまったくない人に，ImageJマクロの便利な機能を使い始めてもらうために書かれている．プログラミングの知識が少々ある人にはつまらない内容かもしれない．

 用意

　すでにFijiをインストールしているならば，サンプル画像用のプラグインをインストールするほか，特に用意することはない．なお，Fijiではなくネイティブのimagejでも学習することも可能である．ただし，Fijiで使える高機能なスクリプトエディタがImageJ単体では使えないので，Fijiを使うことを私は勧めており，以降の説明はFijiのスクリプトエディタを使っての説明になる．

プログラミングで扱うサンプル画像は，1章2節で紹介したEMBLのサンプル画像用のプラグインをインストールすれば，ImageJのメニューからWeb経由で開くことができる．

また本節では，ところどころでコード例を示し，それを解説しながら進めていく．このとき，できるだけ自分で手を動かしてコードを書き，そのコードを実行しながら読み進めると，ただ読むよりもぐっと効果的な学習になる．プログラミングを学ぶうえで読むことと，実際に書くことは，まったく違う．お手本があって頭では

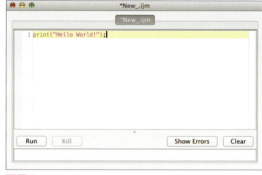

■図1

理解したつもりでも，書いてみると必ず小さな間違いが原因で実行エラーとなる．この失敗を繰り返し自分で経験することでプログラムを書けるようになる．

 基礎

Hello World

まずは簡単な例から始める．ImageJのLogウィンドウに"Hello World!"という文字を出力することを目的とする．とりあえず，Fijiのメニューで**[File > New > Script...]**を選び，スクリプトエディタを立ち上げよう（図1，以下，このコードを書くためのウィンドウをエディタと呼ぶ）．

このエディタには，

- 独自のメニューがある（Windowsの場合はウィンドウにメニューがある．OS Xの場合は上部のメニューが通常のFijiのメニューとは異なる）．
- テキストフィールドがある．ここがコードを書く場所である．
- その下にボタンがいくつか並んでいる．**Run**は実行，**Clear**は消去，**Kill**は実行中のマクロを停止するためのボタンである．Show Errorsと書かれたボタンは，下の出力コンソールを切り替えるためのボタンで，普段は使わない[注1]．
- 下部に出力用のコンソールがある．エラーメッセージなどもここに出力される．

まず，このエディタのメニューで**[Language > IJ1 Macro]**を選び，使用言語をImageJマクロに設定しよう．今後もエディタのメニューの**[File > New]**で新しいマクロを書くときは，このように言語を自分で設定する必要がある．このことで，

- マクロの関数が色付きで表示されるようになり，わかりやすい（シンタックス・ハイライタと呼ぶ）．
- Runで実行したときに，マクロのインタプリタ（ImageJマクロを解釈し，そのコードに従ってImageJを作動させるプログラム）が呼び出される．

注1
2019年現在，BatchというボタンとPersistentというチェックボックスが新たに付け加わっている．前者はマクロではまだ実装が完備しておらず，使うことができない．persistenceは対話的にマクロを実行する環境（Read-Eval-Print Loop REPL）をオンにすることができる．

また，注意しておくと他にも多数の言語を使えることがわかるだろう．言語によってメニューの構成も変わる．

さて，これでマクロを書く用意ができた．次の1行を書いてみよう．

[コード1]
`print("Hello World!");`

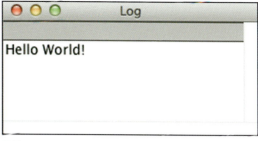
■図2

カッコ，二重引用符(")，セミコロン(;)に特に注意しよう．また，書いている途中でprintが黄土色に，カッコとその中のテキストがピンクになることに気がついただろう（図1）．これがシンタックス・ハイライタであり，コードを機能ごとに自動的に単語を色分けをしてくれる[注2]．

さて，**"Run"** と書かれた左下のボタンをクリックしてみよう．すると，マクロが実行され，新たにログ（Log）ウィンドウが現れて，Hello World!がそこに出力される（図2）．

マクロは他にもスクリプトエディタのメニューコマンド**[Run > Run]**ないしは，**Ctrl-R**（Windows）か**Command-R**（OS X）のショートカットで実行される．慣れてくればコードを書いている間にこのショートカットで実行を繰り返すことでテストしながらマクロを書くようになるだろう．試しに"Hello World!"を"Bye World!"などに書き換えて実行してみよう．

このマクロを保存するには，スクリプトエディタのメニューで**[File > Save]**を選び，通常のファイルと同じように保存する．ただし，ファイル名の最後に**.ijm**というImageJマクロであることを示す拡張子をつけることをおすすめする．単なるテキストファイルなので，**.txt**でもOKなのだが，**.ijm**としておけばファイルの識別が容易になるし，次回スクリプトエディタで開いたときには言語が自動的に識別される．

以上がマクロを書いて保存する，という一連の流れである．

マクロ Hello World!の解説

コードの解説をする．上の例で書いた`print()`は，ImageJのマクロ言語に組み込まれている**「関数」**である．関数という言葉がわかりにくければ，「働き」として考えるとよいかもしれない．`print()`関数は，カッコの中に含まれる文字列，ないしは数値をLogウィンドウに表示するという働きをする．上の例では，"Hello World!"がカッコの中身であり，二重引用符を外した文字列をLogウィンドウに表示させた．

このカッコの中身は，関数に手渡される（入力される）情報である．プログラミングの世界では慣例で「引数（ひきすうと読む．英語ではargument）」と呼ばれる．耳慣れない言葉なので「この関数は引数を1つとる」といった説明があったときに，なんのことやら，という感じになるかもしれないが，カッコ

注2
さらに2019年からマクロコマンドの自動補完機能（Auto Completion）が付け加わった．詳細は省くが，この機能は[Options > Auto Completion]のチェックマークを外すと切ることができる．

の中に書くべき情報が1つある，と理解すればよい．関数によって必要な引数の数は異なり，引数が必要でないものもあることに留意しよう．

　行の一番最後にあるセミコロンは，この行の処理はここまでであることを示す．じつは簡単なマクロだとセミコロンがなくても作動するのだが，少し長くなると，エラーになるようになるので，短いマクロでもセミコロンをつけるように癖をつけておくとよい．

　print()はよく使われる代表的なImageJマクロの関数であるが，他にも様々な関数がImageJには組み込まれている．ImageJのWebサイトのトップページにあるDeveloper Resourcesのページをたどり，Built-in Macro Functionsというページにアクセスすると，そこにすべてのImageJマクロ関数がアルファベット順にリストされている．

https://imagej.nih.gov/ij/developer/macro/functions.html

例えば，print()関数の項目には長い解説が書かれている（以下，冒頭部分）．

print(string)
Outputs a string to the "Log" window. Numeric arguments are automatically converted to strings. The print() function accepts multiple arguments. For example, you can use print(x,y,width, height) instead of print(x+" "+y+" "+width+" "+height). If the first argument is a file handle returned by File.open(path), then the second is saved in the refered file (see SaveTextFileDemo).
Numeric expressions are automatically converted to strings using four decimal places, or use the d2s function to specify the decimal places. For example, print(2/3) outputs "0.6667" but print(d2s(2/3,1)) outputs "0.7".
...

　この関数は何をすることができるか，という解説が細かく書かれている．print()は多機能な関数なので特に長いが，これらの機能をフルに活用することで，より広く様々な挙動をマクロに加えることが可能になる．時間のあるかぎり，この関数リファレンスのページに書かれたそれぞれの解説を読むことをおすすめする．面倒かもしれないが，機能をよく知っていることが後々，時間の節約になる．

　他の関数を眺めるとわかるように，多くの関数では関数の名前に続くカッコに，引数が書かれており，複数の場合にはコンマで分けられていることがわかるだろう．関数をマクロの中で使う際には，特に解説されていないかぎり，同じ数の引数をカッコの中に与える必要がある．

【例題①】

上で書いたHello World!のマクロに，次の１行を加えて実行せよ[注3]．

```
print("\\Clear");
```

また，この行をHello World!の前に置くとどうなるだろうか．次の２つの
コードになるはずである．

【解答】

後に挿入の場合：

［コード2］
```
print("Hello World!");
print("\\Clear");
```

前に挿入の場合：

［コード3］
```
print("\\Clear");
print("Hello World!");
```

後に挿入した場合には，Logウィンドウには何も表示されない．じつは
print("\\Clear")はprintの特殊な用法で，引数に与えられた文字列を出力す
るのではなく，Logウィンドウをクリアしてまっさらにする，という命令に
なっている．

引数の文字列を見るとわかるように２つのバックスラッシュ（\\のこと）[注4]
で始まっていることがわかる．これは「エスケープシークエンス」と呼ばれる
記号であり，ここでは「単なる文字列ではありません」，という宣言になってい
る．関数リファレンスを読めばわかるのだが，"\\Clear"は，Logウィンドウ
をクリアせよ，という命令になっている．したがって，より正確を期せば，「見
えないぐらい短い間"Hello World!"が出力され，消去される」ことで，何も出
力していない，という結果になる．

では前に挿入した場合はどうだろうか．この場合にはまずLogウィンドウ
がクリアされてから"Hello World!"が出力されるので，必ず１行目に"Hello
World!"が表示されることになる．

この例題で強調したいのは，関数を書く順番が変わると結果が変わる，とい
うことである．これは書かれているマクロを実行するプログラム（インタプリ
タという．Runをクリックすると起動する）は，最初の行から下に向かって順
番に関数を実行しているからである．このことを知っていればあたりまえの
ことのように思うかもしれないが，マクロが予定通りの実行結果にならなかっ

注3
"Clear"という単語の最初
のＣは大文字であること
が必須である．

注4
日本語キーボードでは
「Option＋¥」で入力可能．

⑤章 ツール開発を含めた解析へ

たり，途中でエラーを吐いて停止してしまうような場合，タイポ（打ち間違い）に次いでありがちなのが関数の順番がうまくいっていない，あるいは間違っている，というバグである．

マクロセット

1つのマクロファイルの中に複数のマクロプログラムを書いて別個に実行することも可能である．これをマクロ・セットと言い，関連するマクロを1つにまとめておくための便利な機能である．例えば次のような2行のマクロがあったとしよう．

```
print("Hello World!");
print("Bye World!");
```

これを実行すると，2行のテキストがLogウィンドウに表示される．これを別々のマクロにするには，それぞれの行の前後に次のように書き加える（図3）．

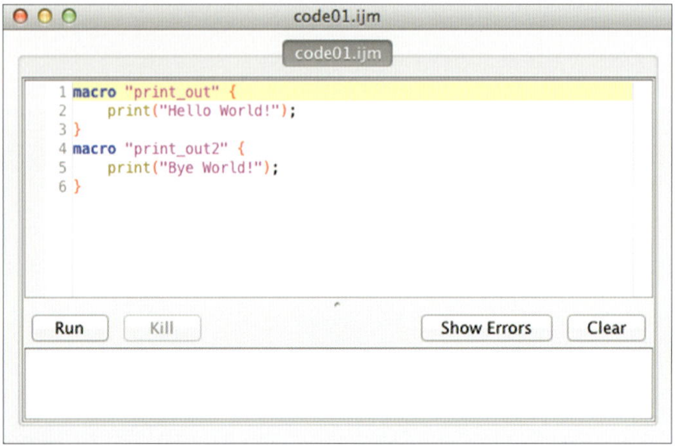

[コード4]
```
macro "print_out" {
    print("Hello World!");
}
macro "print_out2" {
    print("Bye World!");
}
```

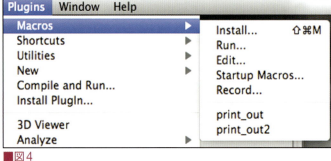
■図3

■図4

macroは以下がマクロである，という宣言である．続く二重引用符で囲まれた文字列がそのマクロの名前になる．このマクロの本体は中カッコ（{}）で囲まれた部分になる（この範囲を「このマクロのスコープ」という言い方をする）．

このマクロセットには2つのマクロがあることになる．単に**Run**のボタンをクリックすると，一番最初のマクロが実行され，2番目のマクロは実行されない．それぞれを別々に実行するには，いったんこのマクロを**TwoMacros.ijm**といった名前でファイルとしてデスクトップなどに保存し，その上でFijiのメニューから**[Plugins > Macros > Install...]**を実行し，ファイル選択ウィンドウで保存したマクロのファイルを選ぶ．このあとでFijiのメニューに戻り，**[Plugins > Macros >]**を選ぶと，Macros以下のメニュー項目に，2つのマク

ロが付け加わっていることがわかるだろう（図4）．ここで**[Plugins > Macros
> print_out2]**を選べば，2番目のマクロが実行され，Logウィンドウに**"Bye
World!"**と出力される．

　マクロセットはこの例だとあまり意味がないが，複数の関連する機能をまと
めたツールを作るには便利な機能である．

変数の扱い
文字変数

　マクロにおける変数の扱いについて解説する．スクリプトエディタで**[File
> New]**により新しいタブを開き**[Language > IJ1 Macro]**で言語を設定
した後，以下のようにコードを書いて実行してみよう．

[コード5]

```
1    text = "Hello World";
2    print( text );
3    text = "Bye World";
4    print( text );
```

Logウィンドウに

```
Hello World
Bye World
```

と表示されるはずである．まずコードの1行目に注目しよう．左辺に$text$,
右辺に"Hello World"とあり，双方が等号でつながれている．これは，数学で
の代入の書き方，例えば$x=5$と同じように，$text$という変数に$Hello\ World$と
いう値（この場合は文字列である）を代入している．したがって，その次の行
では$text$が$print$関数の引数を与えているが，実際には代入した元の値，す
なわち"Hello World"を引数にしていることになる．

　4行目は，2行目とまったく同じコードであるが，3行目で変数$text$にはあ
らためて$Bye\ World$が代入されているので，変数$text$の内容は上書きされるこ
とになる．Logウィンドウの出力内容もこれに応じて変化する．

　なお，変数名は，例えば$print$のような関数名と一致しないかぎり何を使っ
てもよい．例えば$text$の代わりに

```
a = "Hello World";
```

としても同じことだが，

```
print = "Hello World";
```

223

は実行時にエラーになる．変数を使うことの意義は，次のような操作が可能になることにある．

［コード6］

```
1  text1 = "Hello";
2  text2 = " World!";
3  text3 = text1 + text2;
4  print(text3);
```

1行目と2行目はそれぞれ変数への代入である．3行目はこれらの変数を連結し，3番目の変数に代入する．これは変数だけからなるコードであり，変数を使うことの典型的な意義である．この意義について以下でもう少し詳しく説明してみるが，意義はどうでもよい，という方は飛ばして結構である．

変数を使うことの意義

変数というと最初に誰もが習うのは数学における変数だろう．次のような方程式を考えてみる．

```
z = x + y
```

この方程式には具体的な数字がまったく登場せず，

```
3 = 1 + 2
```

といった数式を一般化した形式であると言える．一般化することの意味はシンボリックな操作が可能になり，あらゆる入力値に対してそれに対応する出力値を構成する一定の規則を作る，ということにある．

プログラミングにおける変数も，手順を一般化することに意味がある．プログラミングの場合は文字列も変数に代入できるので，例を挙げれば fullname = first_name + last_name といったような一般化が可能になる．この例ではどのような名前の人でもそのファーストネームとラストネームが入力されれば，その人のフルネームが構成される，という一般的な機能になる．この例はトリビアルであるが，実戦的には例えば，多くの画像ファイルに同じ処理を施すときに，ファイルの名前を filename という変数にしてプログラムを書けば，ファイル名を入れ替えるだけで同じ処理を施すことができるようになる．こうした処理は後々多用することになるだろう．

数値変数

変数には数値を代入することもできる．例えば次のように．

```
value = 256;
```

　文字列と異なり，右辺の256に二重引用符がついていないことに特に注意しよう．
　次のコードを書いて実行してみよう．

　　［コード7］

```
1   a = 1;
2   b = 2;
3   c = a + b;
4   print(c);
5   print(a, " + ", b, " = ", c);
```

　　出力は

```
3
1 + 2 = 3
```

となるはずである．足し算が行われたのだな，とコードを実行して思う人が多いだろう．ところが，これを次のように少々変更してみよう．変更部分は1行目と2行目で，数値を二重引用符で囲んだ．

　　［コード8］

```
1   a = "1";
2   b = "2";
3   c = a + b;
4   print(c);
5   print(a, " + ", b, " = ", c);
```

　　出力は

```
12
1 + 2 = 12
```

となるはずである．これは「足し算が間違っている」のではなく，変数a，bに二重引用符で囲まれた数値を代入しているので，aとbが数値変数ではなく，文字列変数になるからである．したがって，3行目は，数学の加算（addition）の+ではなく，文字列の連結（concatenation）の+として機能することになる．ある変数が数値型であるか，あるいは文字列型であるか，ということは，代入の時点で何を代入するかによって決まる．このように変数の

225

字面だけ眺めていてもそれが数値を保持しているのか，文字列を保持しているのか，ということはわからない．具体的な値の代入がなされたときまで遡る必要がある．

【例題②】
コード7を改変し，引き算 (-)，掛け算 (*)，割り算 (/) の結果も表示するようにせよ．

【解答】
様々な書き方が可能であるが，次のように書くとよいだろう．

［コード9］

```
1   a = 1;
2   b = 2;
3   c = a + b;
4   d = a - b;
5   e = a * b;
6   f = a / b;
7   print(a, " + ", b, "=", c);
8   print(a, " - ", b, "=", d);
9   print(a, " * ", b, "=", e);
10  print(a, " / ", b, "=", f);
```

マクロのレコーディング

実際に画像処理・解析マクロを書くときには，様々な関数を組み合わせる．必要な関数は，リファレンスのページを目を皿のようにして探してもよいのだが，ImageJマクロ関数は2015年8月現在数えたところ338個もある．さらに，関数run()を通じて使える（後述）メニューの項目は500強，Fijiではそれがさらに1000近くまで増えている．これらの機能を使いこなすには，適切なマクロの関数を探すだけで一苦労，ということになる．

幸いなことに，ImageJにはマウスを使ってメニュー項目を選びながら操作する過程を，マクロコマンドとして自動的に記録するコマンドレコーダ (command recorder) 機能がある．この機能を使いながらマクロを書き進めるのが最も効率的な方法である．次の処理の流れを使って具体的に試してみよう．

① 新しい画像を作成する．
② ノイズを加える．
③ ガウシアンぼかしを加える．

■図5

④輝度閾値によって二値化する．

これらの操作を自動記録するため，まずコマンドレコーダを**[PlugIns > Macros > Record…]**によって立ち上げる．図5のようなウィンドウが新たに現れる．

以後，マウスを使ってメニューを選択して行う処理が，このウィンドウに自動的にマクロのコマンドとして記録される．そこで，以下のような操作を行ってみよう．

①**[File > New > Image…]**で新しい画像を作る．画像のサイズは任意である．

②**[Process > Noise > Salt and Pepper]**でノイズを加える．

③**[Process > Filters > Gaussian Blur…]**で，Sigma=2としてボケを加える．

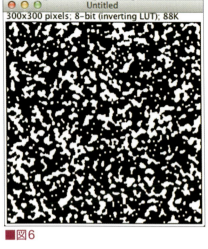
■図6

④**[Image > Adjust > Threshold…]**で輝度閾値調整ウィンドウを開く．この状態で，自動的な閾値の検出がなされているので，**"Dark Background"**がチェックされていることを確認してから**Apply**のボタンをクリックし，画像を二値化する．まだら模様の白黒画像が最終的な結果になるはずである（図6）．

ここでコマンドレコーダを確認してみよう．図7のように，マクロのコマンドが記録されているはずである．

あとは，このコマンドをすべて選択してコピーし，スクリプトエディタにペーストすればよい．

なお，Macを使っている人の場合，コピペがうまくできないことがある．そのときにはレコーダの上部右端にある**Create**というボタンをクリックすると，自動的に記録内容が新たなスクリプトエディタに転記される．

また，記録中に他の操作をしてしまった場合には，行単位で消去することができる．どれがどれだかわからない場合は，レコーダを立ち上げ直してやり直すか，レコーダに表示されているコマンドをすべて選択してリターンキーを押せば，記録内容をクリアできるので，そのままやり直すことができる．

ペーストしたマクロを眺めると，二重スラッシュ（//）で始まる行があることがわかるだろう．この行は緑色のフォントになっているはずである．この二重スラッシュは，「コメントアウト」と言い，それに続く部分は実行せず無視せよ，という制御記号である．マクロ・インタプリタが無視するのは行末までなので，今回の例の場合，行の先頭から行末までが無視されることになる．

付け足しになるが，もし複数の行を一時的に実行させないようにするには，ブロックコメントを使う．実行さ

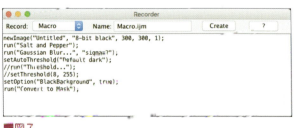
■図7

せたくない場所の前に /* を，最後の部分の後に */ を挿入すると，これらの記号に挟まれた複数行をまとめて無視させることができる.

ペーストしたマクロから，この緑の部分を削除した後の状態は以下のようなコードになっているはずである.

[コード10]

```
1  newImage("Untitled", "8-bit black", 200, 200, 1);
2  run("Salt and Pepper");
3  run("Gaussian Blur...", "sigma=2");
4  setAutoThreshold("Default dark");
5  setOption("BlackBackground", true);
6  run("Convert to Mask");
```

このままの状態でスクリプトエディタの **Run** ボタンをクリックしてみよう. すると先ほど手作業で行った処理が一度に起こり，まだら模様の二値画像ができ上がるはずである.

このままでもよいのだが，せっかくなので，マクロの最初の行の前に macro "GB2_Thr" {という1行を加え，最後の行のあとに } を加えて，マクロとして自立させよう（コード11参照）. また，中カッコ（{}）で囲まれた部分は字下げをする. 後でコードを読みやすくするためで，字下げをしないとエラーになるわけではないが，マクロの宣言部分と，その中身の区切りがはっきりする. なお，字下げは，下げたい行を複数選択し，タブのキーを押すと1タブ分の字下げができる. ただ，デフォルトではタブ幅が8字分である. これでは下げすぎ，と感じられる方は，スクリプトエディタの **[Edit > Tab Sizes >]** で，4か2を選択すればよい.

なお，1つのファイルにマクロが1つだけならば，必ずしもマクロとして宣言する必要はない. メニューに加えたいから，あるいは後で読んだときマクロのタイトルで何をするマクロなのかわかりやすいから，といった理由に他ならない[注5].

[コード11]

```
1  macro "GB2_Thr" {
2      newImage("test", "8-bit black", 200, 200, 1);
3      run("Salt and Pepper");
4      run("Gaussian Blur...", "sigma=2");
5      setAutoThreshold("Default dark");
6      setOption("BlackBackground", true);
7      run("Convert to Mask");
8  }
```

注5
より良い作法は，マクロのファイルの一番上にブロックコメントでなにを実装したのかを詳しく説明し，自分の名前，日付，連絡先を書いておくことである.

さて，自動的に記録されたマクロであるが，その内容を理解しておくと，応用範囲が広がる．行ごとに以下，解説しておこう．必ずしもこの解説をすべて今理解する必要はないが，後にある程度マクロが書けるようになったときにもう一度読めば理解が進むだろう．

[1行目]

先ほど付け足したマクロの宣言文である．

[2行目]

newImage(title, type, width, height, depth)という関数を使って，新たな画像を生成する．この関数の詳細はImageJのサイトにあるマクロ関数リファレンスのページに譲るが，簡単に説明すると，この関数は5つの引数をとる．先頭から順に，画像の名前，ビット深度とピクセルの初期値，画像の幅，画像の高さ，画像の枚数，となっている．最初の2つの引数は文字列で，あとの3つは数値である．ビット深度は8-bitの他にも16-bit，32-bit，RGBなどを設定することができる．ピクセルの初期値はblack（8-bit画像だったら0に相当）ないしはwhite（8-bit画像だったら255に相当）として設定する．画像の枚数は，スタック画像にする場合，1以上の数にする．

[3行目]

run(option)という関数で，2行目で生成した画像にノイズを加えている．この関数はコマンドレコーダでマクロを記録すると頻繁に登場する関数で，引数にImageJのメニューの項目名をとる．ノイズを手動で加えた際に，**[Process > Noise > Salt and Pepper]**を選択したが，このメニューツリーの最後の部分"Salt and Pepper"が引数になっている．run関数は，引数の文字列を使ってメニューツリーをサーチし，マウスで選んだときと同じようにその項目を実行する．

[4行目]

この行の関数も再びrunである．今回は引数が2つあり，1つ目の引数は上の例と同様，メニューの項目Gaussian Blur…である．ガウスぼかしの場合，ボケの強度を入力するウィンドウが出てきたのを覚えているだろうか．2つ目の引数は，この数値入力部分にあたり，ガウスぼかしの場合はシグマの値が書かれている．

[5行目]

setAutoThreshold(option)は，自動的に輝度閾値を検出する関数である．引数には，輝度閾値を設定するための小さなウィンドウにあるいくつかのオプションを設定する文字列を与える．今回の場合は"Default dark"となっている．"Default"は，閾値自動検出のアルゴリズムがデフォルトのものを選択する，という意味である．他にもOtsuなどのアルゴリズムの名前がここに来るが，何が使えるのか，ということは知っている必要はない．手で閾値設定のウィンドウを操作し，コマンドレコーダで記録すればよいのである．"dark"は，"Dark background"（背景は暗い）がチェックされていることに相当する．

[6行目]
setOption(option, boolean)は，設定用の関数で，**[Process > Binary > Options...]** で，"Black background" をチェックすることに相当する．これは手動で処理を行った際には含まれていなかった操作であるが，閾値を自動検出する際に背景が暗いということを前提に計算が行っており，マクロではこれを明示的に行う必要がある．このため7行目で二値化を行う前に，背景を黒にせよ，と指定しているのである．

[7行目]
再びrun関数であり，Applyのボタンを押したことに相当する引数は**[Process > Binary > Convert to Mask]** の項目を指定している．"マスクに変換" という意味であるが，これは閾値設定の状態を元に，画像を二値化する機能である．

　今回の例に限らず，何らかの処理・解析を行う際には，このように手順をマクロとしてまず記録する．そして自動的に生成されたマクロをスクリプトエディタにペーストし，少しずつ編集して使いやすくするのが，基本的なマクロの書き方となる．

【例題③】
コード11を改変し，作成される新しい画像の大きさ（幅，高さ）を変更せよ．

【解答】
　2行目の関数の3番目（幅）と4番目（高さ）の引数を次のように変更すれば，幅が400，高さが250の画像が作成されるようになる．

```
newImage("test", "8-bit black", 400, 250, 1);
```

 条件と反復

　ここまでに書いてきたマクロはすべて，1行目から最後の行に向けて，1行ずつ実行される，というマクロだった．これでもかなり助かることは多いのだが，繰り返し同じ関数を実行したい場合には，その回数だけ同じ関数がぞろぞろと何行も続いてしまう．このため，同じ処理を繰り返す**反復**（loop）をマクロに書き込むことができる．また，**条件**（conditions）によってある行を実行する・しないということができるとさらに柔軟性が高まる（図8）．そこ

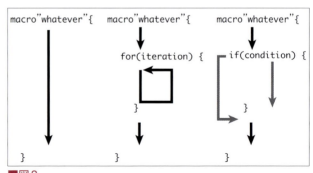
■図8

で，ここではマクロに反復処理や条件分枝を組み込む方法を学ぶ．

for文による反復

次のコードは，簡単な反復処理の例である．スクリプトエディタに自分で書いて実行してみよう．forの引数はけっこう複雑なので，とくにこれは自分で書いてみてほしい．

［コード12］

```
1   for( i = 0 ; i < 5 ; i += 1 ) {
2       print( i + ": " + "whatever" );
3   }
```

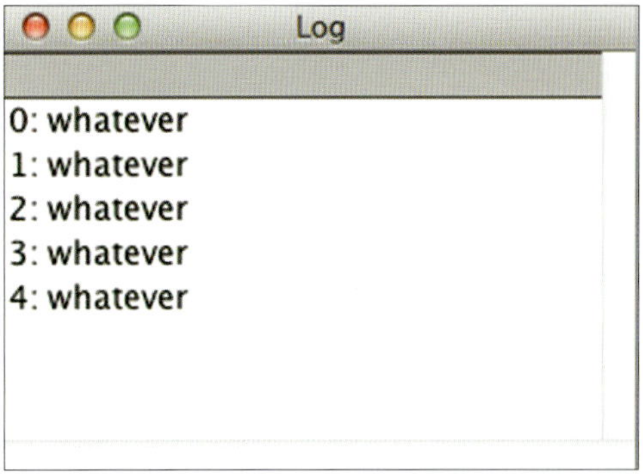

■図9

このコードを実行すると，Logウィンドウに図9のように出力されるはずである．

コードのそれぞれの行を解説する．

【1行目】

forによるループの回数を設定している行である．この設定には，forに与えられる3つのパラメータによって行う（通常の関数と異なり，パラメータがセミコロンで区切られていることに注意しよう）．最初のパラメータはループの初期値で，$i = 0$である．このiは，ループのカウンタとして使う変数である．2番目のパラメータはループを継続する条件である．この場合には$i < 5$となっている．3番目のパラメータは，ループごとにiの値をいくつ増やすか，というステップサイズの設定である．$i += 1$という書き方をしているので，なんだこれは，と思われた方もいるかもしれない．これは$i = i + 1$という書き方の省略形で，ループごとに変数iに1を加えよ，という命令になっている．他にも$i++$というさらに省略した書き方もある．行末にある中カッコは，forループがここから始まることを示している．

【2行目】

ループごとに実行されるコードで，iの値と，それに続く文字列をLogウィンドウに出力する．具体的にループがどのように起こるかというと，まず変数iは初期値として0を与えられる．次に，ループの中身（{}で囲まれた部分がループする中身である）が初めて実行される．その後に，ループなのでまた1行目に戻り，iに1が加えられて$i = 1$となる．この足し算をした後のiに関して，2番目のパラメータで規定されるiの条件，すなわち5以下の数である，という条件を満たしているかどうかの判断がなされる．目下$i = 1$なので，この条件は満たされている．2巡目のループが開始され，3行目が実行される．5巡目が終わると$i = 5$となり，$i < 5$の条件を満たさなくなるので，6巡目のループには入らず，スクリプトは停止する．以上のようなプロセスの結果，Logウィンドウに5行の出力がなされる．

231

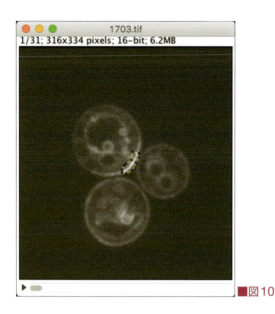

■図10　　　　　　　　　　　　　　　　　　　　　　　　　■図11

【3行目】
中カッコはforループの範囲がここで終わることを示している．

　いくつか注意しておこう．ここではループのカウンタとしてiという変数を使ったが，変数の名前がiである必要はない．例えばcountといった任意の変数名でも同じ機能を果たすことができる．ただし，iは，プログラミングで頻繁に使われるループ用の変数なので，この慣例に従ってiを使うように決めておけば，後々コードが読みやすくなる．また，筆者はi = 0のように空白を入れて書いたが，この空白は入れても入れなくても挙動は同じである．ただし，空白を開けて書いたほうが，コードの可読性が上がる．

【例題④】
❶for(i = 0; i < 5; i += 1)の最初のパラメータを変更し，1行だけ出力するようにせよ．
❷for(i = 0; i < 5; i += 1)の2番目のパラメータを変更し，10行出力するようにせよ．
❸for(i = 0; i < 5; i += 1)の最後のパラメータを変更し，10行出力するようにせよ．

【解答】
❶i = 4とする．
❷i < 10とする．
❸i += 0.5とする．

forループによるスタック画像の処理

生物画像解析で頻繁に行うのが，時系列の測定や三次元画像の改善などで行う画像スタックの処理・解析である．これは，繰り返しの処理になることがしばしばあり，forを使ったループが活躍することになる．ここでは，時系列の画像スタックをforループを使って扱い，輝度変化の時系列を取得してみよう．なお，スタックの輝度変化の測定は**[Image > Stacks > Plot Z-axis Profile]**によっても一発で行うことができるが，この場合平均輝度のみの測定が可能である．自分でマクロを書けば，様々な測定を行うことができる．

さて，スタックの輝度測定のマクロは以下のコード13のようになる．自分で書いてみよう．なお，2, 3, 7行目は，コマンドレコーダを立ち上げ，

- **[Analyze > Set Measurements...]**（ "Mean gray Value" を選択）
- **[Analyze > Clear Results]**
- **[Analyze > Measure]**

の操作を記録し，コピー&ペーストをする．

[コード13]

```
1  frames=nSlices;
2  run("Set Measurements...", "  mean redirect=None decimal=4");
3  run("Clear Results");
4  for(i=0; i<frames; i++) {
5    currentslice=i+1;
6    setSlice(currentslice);
7    run("Measure");
8  }
```

このコードを試してみよう．サンプル画像**[EMBL > Samples > 1703-2(3s-20s).stk(6.6M)]**を開く．この画像スタックは，FRAP（光褪色後蛍光回復法）実験の時系列画像で，細胞の縁の一部分で蛍光が一時的に褪色し，それが徐々にまた明るくなっていく様子の記録である．Rectanglarないしは Polygon ROI ツールを使って[注6]この強制褪色の部位を選択領域とし（図10），コード13を実行する．

実行結果は，Results のウィンドウに出力される測定結果である． "Mean" という列に，フレームごとの選択領域における平均輝度が表示されていることを確認しよう（図11）．以下，コード13の解説をする．

【1行目】
nSlices という関数によって，アクティブな画像スタックのフレーム数（Z軸のある三次元画像スタックであればスライス数である[注7]）を取得し，変数frames に格納．

【2行目】
コマンドレコーダで取得した測定パラメータの設定である．このrun関数の

注6
付録4参照．

注7
関数 nSlices は三次元目が z 軸なのか t 軸かを区別せずスタックが保持している画像の枚数を返す．各次元の数をすべて知りたい時には getDimensions という関数を使うとよい．この場合，z 軸と t 軸が区別されて数が返ってくる．

第2引数には，測定パラメータ名やオプションがずらっと並んでいる．`mean`という文字列は，"Mean gray value"（平均輝度）を選択することに相当する．ここにはないが，他の測定パラメータを選択する場合も同様に省略された形式で指定する．例えば`min`は，"Min & max gray value"（最小輝度），`integrated`は"Integrated density"（総輝度），といったようになっている．省略形はおおもとのコード以外の場所には記載されていないので，コマンドレコーダ経由で取得することが必要になる．なお，`redirect=None`は，測定の転送先の指定[注8]，`decimal=4`は測定値の小数点以下の桁数を指定している．

注8
3章1節演習②を参照．

【3行目】

コマンドレコーダを使って取得した`run`関数である．Resultsウィンドウにあるデータをクリアし，まっさらにする．

【4〜8行目】

`for`を使ったループである．カウンタである変数`i`の初期値は0，フレーム数から1を引いた値まで，1ずつ値を増やしながらループを行う．

【5行目】

ループ内で，`i`に1を加えた値を`currentslice`という変数に格納している．この理由は次に解説する．

【6行目】

ループ内．`setSlice`関数によって，特定のフレームを表示させる．引数にフレームの番号を指定するので，ここに`currentslice`が登場する．画像スタックの番号は1から始まるが，`i`は初期値である0から始まるので，5行目であらかじめ1を加えるのである．もちろん，5行目を省略し，`setSlice(i+1);`としてもよい．あるいは`for`ループの設定自体を変更し，4行目を`for(i=1; i<frames+1; i++) {`，5行目を`setSlice(i)`としてもよい．どのように書くかは個人の好みの問題であるが，例えば筆者の場合は`for`ループの初期値はなるべく0，とすることにしている．また，コードをわかりやすくするために，変数`i`に1を加える操作を5行目に独立させ，その結果，コード13のようになった．

【7行目】

ループ内．測定を実行する`run`関数である．

【例題⑤】

コード13を改変し，平均輝度に加えて，輝度の最大・最小値，総輝度，輝度の標準偏差が測定結果に表示されるようにせよ．

【解答】

コマンドレコーダを作動させ，**[Analyze > Set Measurements...]**で指定された測定パラメータを選択，必要なマクロ関数を取得する．

- Mean gray value
- Min & max gray value

- Integrated density
- Standard deviation

この結果に従い，2行目を次のように変更する．

```
run("Set Measurements...",
 "mean standard min integrated redirect=None decimal=4");
```

while文による反復

反復処理はwhile文によっても行うことができる．forよりも融通の効く
ループの設定が可能で，「何らかの条件が有効である限り反復せよ」という形
式になる．コード14はwhileを使った簡単な例である．自分で書いて実行し
てみよう．

[コード14]

```
1   counter = 0;
2   while (counter <= 90) {
3     print(counter);
4     counter = counter + 10;
5   }
```

実行結果は，Logウィンドウに出力される0から90まで，10ずつ増加する
数列である．解説しよう．

[1行目]
変数counterに0を格納する．

[2行目]
whileを使ったループの制御文である．カッコの中は，ループを継続する条
件が書かれており，ここではcounterが90より少ないか等しいことが条件
になる．

[3行目]
counterの値をLogウィンドウに出力する．

[4行目]
counterに10が加えられる．

[5行目]
中カッコはwhileで規定されるループの範囲がここで終わることを示している．

なお，4行目は，counter += 10;と書いても同じである（forループの項でこ
の書き方は解説した）．この省略した記法は，他の演算でも使える．例えば
counterから10を引く場合は

counter -- 10;

10を掛ける場合は，

```
counter *= 10;
```
10で割る場合は,
```
counter /= 10;
```
となる. forループの項で, 1ずつの増加であれば
```
counter++;
```
とも書ける, と解説したが, 1ずつ減らす場合は
```
counter--;
```
である. これらの記法は特にどのような場合にどれを使う, という規則はあまりない. かつては, 計算速度の違いが感じられたそうであるが, 計算機の速度が飛躍的に向上して, この違いを感じることはあまりないものと思われる. どちらかと言えば, 見やすさ, 書きやすさ, という点で書き方を選んでいるのが実情である.

【例題⑥】
コード14と同じ出力をするコードをforループで書け.

【解答】
以下のようになる.

```
for (counter = 0; counter <= 90; counter+=10){
  print(counter);
}
```

コード14と比較するとわかるが, whileの条件は, たった1つである. このため, 条件判断に使う変数counterの初期値はwhileの文の前に行っており, なおかつ, counterの数値はループの内部で加算を受けている. このように, ループに使う変数の初期化や, 変化がwhileの設定に含まれていないことは, コードに様々な柔軟性をもたらす.

whileの条件判断は, ループする内容の後に行うこともできる. コード14を改変して, 次のようにして実行してみよう.

[コード15]

```
1  counter = 0;
2  do {
3    print(counter);
4    counter += 10;
5  } while (counter < 0);
```

実行結果は, 1行だけ0と出力されるはずだ. コードを見てみよう. 先ほどwhile文のあった部分がdoに置き換えられて, while文はループする部分を囲

む中カッコのあとに移動している．また，whileの条件をよく見るとcounter < 0に変更されている．counterの初期値は1行目にあるように0であり，これはcounter < 0の条件を満たさない．しかし，コードの実行は上から下に順番に起きる，という特性から，2行目では単にdoとなっているので，とりあえずループは開始する．しかし，1巡目を終えて最後の行に至ったとき，初めてcounter < 0という条件が評価され，この条件を満たさないので，2巡目は行われずにループは終了する．このようにwhileの特質は，条件判断を先送りにできる，という部分にもある．

条件の判断について

ループを終える条件として，コード14のwhileのループではcounter <= 90，コード12のforループではi < 5という書き方をした．いずれもそれぞれの変数がある値よりも小さいかどうか，という評価を行っていることになる．ではその評価の結果はどのようにして解釈されているのだろうか．このことを理解するために，次のコードを書いて実行してみよう．

```
decision = 3 < 5;
print(decision);
```

まず3 < 5の評価を行い，その結果をdecisionという変数に格納している．次の行でdecisionに格納された値を出力している．Logウィンドウを見てみると，1と出力されているはずである．次に下のコードのように，1行目の3を8に置き換えて実行してみよう．

```
decision = 8 < 5;
print(decision);
```

この場合には0と出力されているはずである．実は評価の結果は2つしかなく，0か1である．0が「false（偽）」，1が「true（真）」に相当する．3 < 5は真なので1を返し，8 < 5は偽なので0を返す．敷衍すれば，i < 5といった評価の結果は，真か偽か，なのである．これに鑑みれば，whileの機能は，カッコ内が真（true）であるかぎり中カッコに囲まれたコードをループせよという機能だ，ということがわかる．

右辺と左辺の比較評価は，<や<=だけでなく，他にも様々な記号があり，それぞれ機能が異なっている．表1はそのリストである．

特に注意してほしいのは，数字などでは見慣れない==と!=である．例えば，

■表1

記号	機能
<	より小さい
<=	より小さい，あるいは等しい
>	より大きい
>=	より大きい，あるいは等しい
==	等しい
!=	等しくない

```
decision = 8 == 5;
print(decision);
```

は0を出力するが,

```
decision = 8 != 5;
print(decision);
```

は, 1を出力する.

【例題⑦】
コード15を改変し, 200から100まで10おきに数字を出力せよ.

【解答】
以下のようになる.

```
1  counter = 200;
2  do {
3    print(counter);
4    counter -= 10;
5  } while (counter >= 100);
```

if-elseによる条件と分枝
if文を使うことにより, 条件によってマクロの特定部分を実行, あるいは無視することができる. 次の簡単な例を書いてみよう.

[コード16]

```
1  num = 5;
2  if (num == 5){
3   print("num is 5");
4  }
```

このコードを実行すると, Logウィンドウに"num is 5"と出力される. ifで始まる2行目のカッコ内に注目すると, num == 5となっており, numが5に等しいかどうかチェックしていることがわかる. もし(if)等しければ, 続く中カッコで囲まれた部分が実行される. 最初の行を

```
num = 6;
```

と書き換えて実行してみよう. 今度は何も出力されないはずである. 今回はnum == 5ではないので, 中カッコ内のコードが実行されないのである.
さらにコードを改変する. num == 5でなかった場合にも出力があるようにコードを拡張しよう. この場合, elseを次のように使う.

[コード17]

```
1  num = 6;
2  if (num == 5){
3   print("num is 5");
4  } else {
5   print("num is not 5");
6  }
```

この実行結果は，num is not 5のはずである．2行目の比較で，等しくないことが判明すると，elseに続く中カッコの部分が実行される．ifとelseは，説明的に書いてみると，「もしAならばBを実行，Aでないならば，Cを実行」という命令になる．

複数の条件を組み合わせたい場合には次のようにする．コード16を改変し，

```
1  num1 = 5;
2  num2 = 10;
3  if ((num1 == 5) && (num2 == 10)){
4   print("num1 is 5 and num2 is 10");
5  }
```

この場合，2つの変数num1とnum2が保持している値のチェックをしている．2つの条件が両方とも成立していることを要件としたい場合，2つの条件を&&（ANDと読む）で連結し，全体をカッコで囲む．両方とも条件に合致していなければ，出力は起きない．1行目をnum1 = 1としてみれば確認できる．

どちらか一方が正しければ出力があるようにするには，||（ORと読む）を使う．

```
1  num1 = 5;
2  num2 = 10;
3  if ((num1 == 5) || (num2 == 10)){
4   print("num1 is 5 or num2 is 10");
5  }
```

1行目をnum1 = 1としても，num1 is 5 or num2 is 10と出力されることを自分でも確認してほしい．

ループと条件分枝の応用

ループと条件分枝（if-else）を使った応用例として，輝点が水平に動くアニメーションを描くマクロを作成する．動画を描画するプログラムは書くこと自体が楽しいため，プログラミングのよい練習になる．こうしたシミュレー

ション画像は，トラッキングのソフトの性能を確かめるのに便利である．

　輝点の動き自体は，ループを使ってフレームごとの描画位置（位置座標）を少しずつずらせばよいのであるが，輝点が画像の端でバウンドして逆方向に動くように工夫しないと，輝点は画像のフレームを出ていってしまう．バウンドするようにするには，輝点が画像の縁に到達したかどうかを常に確認し，縁に到着したら逆方向に動くように動きを変えればよい．この確認に if を使う．

　下のコード18が輝点描画のマクロである．かなり長いコードに思えるかもしれないが，実際に描画を行うのは後半の for を使ったループの部分である．前半は，描画に必要な様々なパラメータなどの設定，描画するスタックの用意などに当てられている．

　面倒に思えるかもしれないが，コピペせずに，コードを見ながら自分で書いてみることをおすすめする．自分で書くと，実行時にエラーになることが多いが，エラーの内容をよく読んでバグを探すことがコーディングのよい練習になるのである．エラー時には "Macro Error" というウィンドウが現れ，何に問題があったのか，ということを説明してくれる．例えば

```
Undefined variable in line 8.
y_position = ( <h> / 2) - ( sizenum / 2);
```

というエラーだったとしよう．これは "8行目に未定義の変数" という説明で，さらに，どの変数に問題があったのかを，<> の記号で囲み，強調して表示している．上の例であれば変数 h である．変数 h は，コードの6行目で定義されているので，そこを眺めて，何らかのバグがないかを探す，といった手順になる．

　なお，コメントアウトしてある部分はほとんどがコードの解説のためにつけたものであり，書かなくても作動に支障はない．

[コード18]

```
1   // **** 初期値 ****
2   sizenum=10; //輝点の大きさ（単位はピクセル）
3   int=255;    //輝点の輝度値
4   frames=50;  //スタックのフレーム数．動画のコマ数に相当
5   w=200;      //画像の幅
6   h=50;       //画像の高さ
7   x_position = sizenum;   //輝点の最初の位置のx座標
8   y_position= (h/2)-(sizenum/2);  //輝点のy座標，ただし，包摂する四
    角形の左上コーナーのy座標
9
10  //**** 色の指定 *****
11  setForegroundColor(int, int, int);
```

```
12    setBackgroundColor(0, 0, 0);
13
14    //**** 移動速度をユーザに聞く *****
15    speed=getNumber("Speed [pix/frame]?",10)
16
17    //**** スタックの用意 ****
18    stackname="dotanimation"+speed;
19    newImage(stackname, "8-bit Black", w, h, frames);
20
21    //**** スタックのフレームに輝点を描くループ ****
22    for(i=0; i<frames; i++) {
23      setSlice(i+1);
24      x_position += speed;
25      if ((x_position > (w-sizenum)) || (x_position < 0) ) {
26          speed*=-1;
27          x_position += speed*2;   //avoids penetrating boundary
28      }
29      makeOval(x_position, y_position, sizenum, sizenum);
30      run("Fill", "slice");
31    }
32    run("Select None");
```

コードの解説をしよう.

【2〜6行目】

様々な変数を初期化して,具体的な値を与える.それぞれの変数の役割はコメントで解説した.

【7行目】

ここでも変数を設定しているが,輝点の位置は少々解説が必要になる.輝点のx座標の初期値は,輝点の大きさと同じピクセル数とする.つまり,画像の左端から輝点の直径分だけ右にずれた部分が輝点の最初の位置となる.

【8行目】

y座標の変数の初期化.少々込み入った計算をしているが,この理由は輝点を描くときの座標指定の際に,輝点の中心の位置の座標ではなく,輝点を包摂する四角形の左上部の角の位置座標を指定する必要があるためである.輝点を描くために makeOval という関数を使うが,この関数は4つの引数をとる(29行目参照).最初の2つの引数が,この包摂四角形の左上の角の座標なのである.y軸上で輝点の位置が,画像のちょうど真ん中になるようにするため,まず画像の縦の高さを半分にし(h/2),そこから輝点の半径(sizenum/2)を引く.このことで,輝点は縦方向に中心の位置に描画されることになる.

【11～12行目】

描画色，背景色をそれぞれ白と黒にする．関数setForegroundColorとsetBackgroundColorでこれを指定する．いずれも引数が3つなのは，RGB値によって指定するためである．

【15行目】

輝点の移動速度の変数の初期化．ここでは，固定した値ではなく，関数getNumberを使い，ユーザによる入力値を使う．この関数の第1引数は，入力ウィンドウに表示されるテキスト，第2引数はデフォルトの値である．

【18行目】

19行目で新規作成する画像スタックの名前を作り，変数として格納．

【19行目】

関数newImageを使って，描画先の画像スタックを新しく作る．変数はいずれもここまでの間に初期化したものである．

ここまでが描画のための準備である．

【22行目】

描画のためのループ．19行目で作成した画像スタックの一番最初のフレームから最後のフレームまでループする．

【23行目】

関数setSliceでアクティブな画像フレームを指定する．ループの演算子iに1を加えているのは，iの初期値が0であるのに対して，フレーム番号（スライス番号）は1番目から始まるからである．22行目のループの指定を((i=1; i<frames+1; i++))として，setSlice(i)とすればまったく同じ結果となるのだが，慣習上ループは0から始める．この慣習は人によって異なる．

【24行目】

輝点のx座標を速度分（speed）だけずらす．このことで1ループごとに輝点の位置がずれていくことになる．

【25行目】

ifを使って，描画される輝点の位置が画像の内部に収まるかどうかチェックする．評価の中身は2項目あり，これらはor(||)で同時に評価している．1番目は輝点が画像の右端から出ていないかどうかの評価，2番目は左端から出ていないかどうかの評価である．もし，これらのいずれかであれば

【26行目】

速度に-1をかけて，移動を反転させる．

【27行目】

輝点がすでに画像の縁に接触しているので，反対の向きに移動するようにx座標を調整する．

【29行目】

ここまでの結果で算出した座標に輝点を描くためのROIを設置．

【30行目】

ROI内のピクセルを白く塗りつぶす.

【31行目】

22行目で始まったforループはここまで.

【32行目】

結果する最後のフレームの輝点の位置に描画に使ったROI（30行目を見よ）が
残ってしまうので, それを消去する.

【例題⑧】

(1) コード18を改変し, 輝点が垂直に運動するようにせよ.

(2) コード18を改変し, 輝点が縦横に運動するようにせよ.

【解答】

(1) 縦の動きに改変するには, ループの中でx座標ではなくy座標が変化す
るようにすればよいので, コード18の24〜27行目にある座標の変数を以下
のように改変すればよい.

```
y_position += speed;
if ((y_position > (h-sizenum)) || (y_position < 0) ) {
    speed*=-1;
    y_position += speed*2;
}
```

　一点, 注意すべきなのは, ifの条件も変えることである. 画像の縁に輝点が
あるかどうかを判定する際に, 画像の幅（w）ではなく高さ（h）を使う必要がある.

　(2) 縦にも横にも動くようにするには, 座標の変数を2つとも変化させる必
要がある. また, 画像の縁で跳ね返る動作を上下と左右で独立して行わせるた
め, 速度の変数xとyそれぞれに関して必要になる. 同様に, ifの条件も, xと
yそれぞれに関して行う必要がある. 15〜28行目を改変して以下のようにす
ればよい.

```
speedx=getNumber("Speed [pix/frame]?",10)
speedy = speedx;

//**** スタックの用意 ****
stackname="dotanimation"+speedx;
newImage(stackname, "8 bit black", w, h, frames);

//**** スタックのフレームに輝点を描くループ ****
for(i=0; i<frames; i++) {
```

```
    setSlice(i+1);
    x_position += speedx;
    if ((x_position > (w-sizenum)) || (x_position < 0) ) {
        speedx*=-1;
        x_position += speedx*2;
    }
    y_position += speedy;
    if ((y_position > (h-sizenum)) || (y_position < 0) ) {
        speedy*=-1;
        y_position += speedy*2;
    }
```

元のコードにあった変数speedを，speedx，speedyという2種類の変数にしたところがポイントである[注9]．

注9
余裕のある方は，乱数を生成する関数randomを使ってブラウン運動を再現してみるとよい．色々なシミュレーションの基本である．

 ## ユーザ定義関数（User-defined functions）

書いているコードが長くなってくると，同じ処理を繰り返し書く場面が出てくる．こうしたときに使うと便利なのがユーザ定義関数である．他にも利点はいろいろあるのだが，とりあえず簡単な例で試してみよう．次のコードを書いてほしい．

［コード19］

```
1  a = 1;
2  b = 2;
3  c = a + b;
4  print(c);
```

実行すると，Logウィンドウに3が出力されるはずである．この加算の部分をユーザ定義関数を使って改変すると次のようになる．

［コード20］

```
1  function addition(n, m) {
2      p = n + m;
3      return p;
4  }
5  a = 1;
6  b = 2;
7  c = addition(a, b);
8  print(c);
```

実行して出力が同じであることを確認しよう．なんでこんなややこしいことをするのか，と思われるかもしれない．実際には足し算のような簡単な計算で関数を定義することはないが，理解のための例だと考えてほしい．

まず，コード20の7行目を見よう．コード19で足し算a+bだったところが，addition(a, b)に置き換わっている．これはこれまでに見たImageJの関数と同じように，関数の名前と，カッコの中の引数で構成されている．この関数additionは，1〜4行目で定義されている関数である．

1行目を見てみよう．ユーザ定義関数はfunctionという宣言で始まる．続いて関数の名前（ここではaddition）が書かれている．関数の名前はImageJにもともと入っている関数と重複しなければなんでもいい．関数の名前に続き，カッコの中にこの関数の引数を書く．ここでは引数はnとmである．これらの引数は関数の内部で使われる変数である．1行目の行末は左中カッコで終わっている．ここから4行目の右中カッコまでの間に書かれたコードが，この関数の処理内容ということになる．

関数の中身を見てみよう．2行目にあるように，nとmを足し，その結果を変数pに格納している．3行目は関数の返り値の定義であり，宣言returnに続けて，この関数が結果として出力する内容を書く．ここではpを返す（出力する）ようにしている．

ユーザ定義関数がどのように書かれているか，だいたい理解できただろう．マクロのインタプリタに我々がなったつもりでコード20を追ってみよう．インタプリタは，まず1行目をチェックする．functionの宣言を見つけ，中カッコで囲まれたユーザ定義関数の部分はとりあえず見るだけで，実行しない．そこで5行目にインタプリタは飛んで，まず変数aの初期化，次に6行目で変数bを初期化する．7行目に至ると，式の右側をまずチェックし，そこにadditionという関数を見つける．ImageJに入っているマクロ関数ではないため，コード全体の中からadditionというユーザ定義関数を探す．1行目で定義されているのを発見し，引数として渡されたaとbの中に格納されている数値を使って，2行目と3行目を実行する．その結果を7行目の左辺の変数cに返す．8行目に至り，cに格納された数値をLogウィンドウに出力する．

7行目をもう一度眺めよう．引数としてaとbが与えられているが，これらの変数に格納されている値が，addition関数の入力値となる．もちろん，これらの引数を，変数ではなく，具体的な数字で与えることも可能である．例えば，7行目をc = addition(10, 100)と書き換えれば，出力される値は110になる．

なお，関数はその引数に関数を使うことも可能である．例えばコード20を改変してみる．

[コード21]

```
1  function addition(n, m) {
2      p = n + m;
3      return p;
```

```
4    }
5    a = 1;
6    b = 2;
7    print( addition(a, b) );
```

7行目にあるように，関数printの引数として，直接addition関数が与えられている．これをプログラミングの世界では「関数をネスト（内包）する」という．表記が短くなるのですばやく書くことができる．ただし，慣れていないとコードは読みにくくなる．

ユーザ定義関数を使うことのメリット

さて，最後になるが，ユーザ定義関数を使うことのメリットを考えよう．上の例に挙げたような簡単な数式をあえて関数にする必要はあまりないが，例えば，2点間の距離を計算する関数など，ある程度特殊な用途の数式は関数を作っておく価値がある．例えばマクロの中で2回以上距離を計算する必要があるとしよう．距離を計算する関数を作っておけば，数式にバグがあった場合，その関数を手直しさえすれば，すべての計算に問題がなくなる．複数の箇所にある数式を手直しする手間が省けるのである．また，同じような計算を別のマクロで行いたい場合，その関数をコピペすれば，簡単に再利用することができる[注10]．

こうした手間を省く，あるいは再利用性といった利点以外にも，可読性を高める，という関数を使うことの利点がある．例えば，3種類の工程で構成される画像解析マクロがあったとしよう．この場合，それぞれの工程による処理は1回限りかもしれないが，工程ごとに関数を作っておけば，下のコードにあるように，シンプルな形で全体の処理の流れを書くことができる．

```
b = f1(a);
e = f2(c, d);
f3(b, e);
```

ここで例に挙げたf1, f2, f3という3つ関数の定義は同じファイルのどこかにかけばよい．上の3行は言わばアウトラインであり，全体を把握しやすくなっている．コードを読む他の人にとってわかりやすいだけでなく，特に自分にとって頭の整理になる．また，後に自分でコードを読んだときに，全体で何をしているのかすぐに思い出すことができる．こうしたことのためにも，関数には役割を反映した説明的な名前を付けておくとよい．

配列

さて，ここからは"配列"の使い方を学ぶ．"配列"と言われてもなんのことやら，という感じかもしれない．比喩的に言えば，配列はカプセルホテルにあ

注10
自分で書いた関数をライブラリとして別のマクロで使いたい場合は，コピペ以外にもImageJのフォルダ内にあるMacroというフォルダに，Library.txtというテキストファイルを用意し，そこに関数を書けば，別のマクロからその関数を使うことができる．

るロッカーのようなものである．ずらっと横並びになっているロッカーには
番号が順番にふってあり，受付で鍵を受け取れば，その鍵についている番号で
自分のロッカーを探し当てることができる．客はそこに自分の物をしまうこ
とができる．こうしたロッカーのまとまりが「配列」だ，と思えばわかりやす
いかもしれない．1つ1つのロッカーが配列の要素であり，その各要素には数
値や文字などを格納することができるのである．

　生物画像解析を行う際に，配列はとても重要なツールになる．例えば，画像
の中のある直線上の輝度プロファイルを扱いたいときには，その直線に沿った
輝度を数字の配列として扱う（後に詳述する）．また，時系列の輝度変化も配
列として扱うことになる．

文字の配列

　まず文字を要素とする配列を扱ってみよう．図12にあるような配列をま
ず考える．この図の場合は横並びのロッカーではなくてタンスと考えればよ
いだろう．このタンスは引き出しが5つあり，上から順に，Heidelberg,
Hamburg, Hixton, Grenoble, Monterotondoという文字が格納されてい
る．それぞれの棚には上から順番に番号（インデックス）がふってあり，0から
4までになっている．そして，タンスの名前をstationsとする．すなわち，こ
れが配列の名前となる（配列変数の名前，ということになる）．

　この配列をマクロで実装してみよう．コード22である．配列を作成し，
EMBLがある5つの都市の名前を要素に格納し，ユーザに番号を入力しても
らって，それに応じた都市の名前を出力する，というプログラムである．

Array"EMBL"

0	Heidelberg
1	Hamburg
2	Hixton
3	Grenoble
4	Monterotondo

■図12

[コード22]

```
1    stations = newArray(5);
2    stations[0] = "Heidelberg";
3    stations[1] = "Hamburg";
4    stations[2] = "Hixton";
5    stations[3] = "Grenoble";
6    stations[4] = "Monterotondo";
7    address = getNumber("which address [0-4]?", 0);
8    if ((0<=address) && (address<4)) {
9      print("address"+address+" > "+ stations[address]);
10   } else {
11     print("That address is somewhere else not in stations");
12   }
```

　　コードの解説をしよう．

【1行目】
関数newArrayを使って，新しい配列を作成する．引数は要素の数で，ここで

247

は5である.

[2〜6行目]

配列の要素に，具体的な値（ここでは文字列）を順番に格納していく．要素のインデックスは，[i]のように，四角カッコで囲んで指定する．例えばstations[0]="Heidelberg"とすると，インデックスが0の要素に，Heidelbergという文字列を格納することになる.

[7行目]

関数getNumberを使って，ユーザに表示したいインデックスの数を聞く．この関数の引数についてはコード18で解説した.

[8〜12行目]

入力された番号が0以上で4以下の場合には，配列の長さに収まっているので，都市の名前を出力する．そうでない場合（else）には，「その番号は該当しません」という主旨の出力をする.

なお，コード22の1〜6行目のように，各要素ごとに値を代入するのではなく，もっと簡単に一度に作ることもできる．これは次のようにする.

```
stations =
  newArray("Heidelberg", "Hamburg",
  "Hixton", "Grenoble", "Monterotondo");
```

コード22の1〜6行目を，この1行に差し替えて同じ結果であることを試そう．ちなみに，この本来"1行"のコードは途中で改行して3行になっているが，セミコロンまでが1行と見なされ，その間の改行は無視される．横に長い場合には適宜改行を挿入すると見やすくなる.

数の配列

配列の要素には，数値を格納することもできる．画像解析では文字列の配列よりも数値の配列を使うことが圧倒的に多い．使い方は文字列の場合と同じだが，自分で数値を各要素に入力することはあまりない．測定した数値の収納先，あるいは計算結果の収納先として使われることがほとんどだからである．コード23は，輝度プロファイルを数値の配列として取得し，その配列を"Results"テーブルに書き込む，というマクロである．輝度だけではなく，それぞれの要素のインデックス番号も書き込む．コードを自分で書けたら，次のような手順で実行すればよい．なんでもよいので画像を開く．例えば，**[File > Open Samples > Blobs (25K)]**など．この画像上に直線選択領域[注11]を適当に描く．その後，コード23を実行する.

注11
付録4参照.

［コード23］

1 `if (selectionType() !=5)`

```
2      exit("selection type must be a straight line ROI");
3    tempProfile = getProfile();
4    output_results(tempProfile);
5
6    function output_results(rA) {
7      run("Clear Results");
8      for(i = 0; i < rA.length; i++) {
9          setResult("n", i, i);
10         setResult("intensity", i, rA[i]);
11     }
12     updateResults();
13   }
```

コードの解説をしよう.

【1～2行目】

この最初の2行は必ずしも必要ではないのだが，画像に輝度プロファイルを取得するための直線選択領域 (Line ROI) が設置されているかどうかを確認する．こうしておくとうっかり領域を選択をせずに実行したときにあわてないですむ．selectionType()は，現在の選択領域の種類を返す関数で，何も選択されていなければ-1を返す．また，直線選択領域の場合は5が返り値となるので，直線選択領域がなければ2行目が実行される．関数exitはマクロの実行を停止するコマンドである．引数は，停止したときに表示されるメッセージボックスに現れるメッセージ文である.

【3行目】

getProfileは，現在選択されている直線選択領域の輝度プロファイルを取得し，数値の配列を返す関数であり，ここではそれにtempProfileという名前をつけている.

【4行目】

output_resultsは，ユーザ定義関数で，6～13行目に定義されている．引数として，上で取得したtempProfileを渡す.

【6行目】

ユーザ定義関数output_resultsの宣言．引数として変数rAをとる.

【7行目】

念のため，Resultsテーブルを消去して空にする.

【8行目】

ここからは，配列の要素を1つ1つResultsテーブルに書き込んでいく．このためにforのループを使う．ループの回数は配列の長さ（要素数）rA.lengthである.

【9行目】

関数setResultを使って，インデックス番号（ここではiの値）をResultsテ

■表2

関数	機能
Array.concat(array1,array2)	引数に与えた配列を連結して1つの配列を返す.
Array.copy(array)	配列のコピーを返す.
Array.fill(array, value)	配列を, 第2引数で与えた値ですべて埋める.
Array.findMaxima(array, tolerance)	ピーク (maxima) の位置を, ピークの強さ順の配列にして返す. 第2引数のtoleranceは, ピークを分割する最小の高さ.
Array.findMinima(array, tolerance)	逆ピーク (minima) の位置を強さ順の配列にして返す.
Array.fourier(array, windowType)	配列のフーリエ振幅を返す. 第2引数は, "none", "Hamming", "Hann" ないしは "flat-top" から選ぶ. 第1引数だけだと, デフォルトで "none" になる.
Array.getSequence(n)	0からn-1までの数列を配列として返す.
Array.getStatistics(array, min, max, mean, stdDev)	配列の最小値, 最大値, 平均値, 標準偏差を, 引数に与えた変数に返す (左辺に返ってくるわけではない). 第1引数が数値の配列である必要がある.
Array.print(array)	配列をLogウィンドウに出力する.
Array.rankPositions(array)	配列の数値を大きい順にランク付けし, そのインデックスを新たな配列として返す. 例えば, 最大の数値が10番目の要素にあったとすると, 返ってくる配列の10番目の要素の値は0になる.
Array.resample(array,len)	配列を第2引数に与えた長さに再標本化する (resample).
Array.reverse(array)	配列の順番を逆転させる.
Array.show(array)	配列を独立したウィンドウに表示する.
Array.show("title", array1, array2, ...)	複数の配列をResultsウィンドウのように表示する. 第1引数が文字列だった場合には, ウィンドウのタイトルにその文字列が使用される. この文字列が "Results" だった場合には, 通常の測定結果表示に使われるResultsウィンドウが使われる. また, この文字列が "(indexes)" で終わっていると, 0から始まる行のインデックスが最初の列になる. "row numbers" で終わっていると, 1から始まる行のインデックスが最初の列になる.
Array.slice(array, start, end)	配列の一部をstartからend -1まで抜き出す.
Array.sort(array)	文字の配列をアルファベットの順番に並べ替える.
Array.trim(array, n)	配列の最初のn個 の要素を抜き出す.

ブルに書き込む.

【10行目】
同様に, インデックス番号iにおける輝度の値を書き込む.

【11行目】
書き込みのループの終端.

【12行目】
関数updateResultsは, Resultsテーブルの表示を最新の状態に更新する. setResultで書き込んだだけでは, 表示が変わらないので, この関数を使って明示的に更新する必要がある.

【例題⑨】
コード23を改変し, 輝度プロファイルの総和を出力せよ.

【解答】
forループを使って輝度を積算すればよい. このため, コード23の4行目からを書き換え, 以下のようなコードになる

250

```
1    if (selectionType() !=5)
2        exit("selection type must be a straight line ROI");
3    tempProfile = getProfile();
4    sum = 0;
5    for (i = 0; i < tempProfile.length; i++)
6        sum += tempProfile[i];
7    print(i);
```

3行目で直線選択領域に重なっている部分のピクセルの輝度が配列tempProfileとして格納する．4行目で積算用の変数sumを0で初期化，その後にforループを使って配列の要素を次々にsumに加算していく[注12]．forループを抜けた後の最後の行で輝度プロファイルの総和を出力する．

注12
ループの内容が1行のみの場合は，中カッコを省略できる．

配列を扱う関数

解析を自由自在に行うには，配列を扱うためのImageJマクロの関数をよく理解しておくことが重要である．これらの関数は`array.`で始まる一連の関数である．これらの関数を表2にリストし，その機能の簡単な解説を加えた．

画像解析における配列の応用

実際に画像を解析する際の配列の使われ方を見てみよう．

スタック画像の計測

時系列の測定の結果を配列に格納するテクニックは，頻繁に使われる．そこで次のような解析をマクロにしてみる．時系列スタックのフレームごとの平均輝度と，標準偏差を測定し，それを2つの配列に格納する．最後にその配列を表として表示する．さらに，その結果を輝度の時間的な変化としてプロットする．

[EMBL > Samples > virus.tif (2.6M)] を開き，以下のマクロを実行してみよう．

[コード24]

```
1    frames=nSlices;
2    meanInt = newArray(frames);
3    sd = newArray(frames);
4    for(i=0; i<frames; i++) {
5        currentslice=i+1;
6        setSlice(currentslice);
7        List.setMeasurements;
8        meanInt[i] = List.getValue("Mean");
9        sd[i] = List.getValue("StdDev");
10   }
```

Intensity Dynamics

Index	meanInt	sd
0	53.03689	32.57078
1	53.29874	32.83640
2	53.35083	32.82380
3	52.40499	32.12811
4	52.23955	31.90168
5	51.97852	31.71591
6	51.78150	31.56551
7	51.65259	31.43053
8	51.49030	31.31029
9	52.04098	31.09936
10	51.25736	30.60571
11	51.05837	30.54302
12	50.96638	30.52072

■図13

```
11  Array.show("Intensity Dynamics (indexes)", meanInt, sd);
```

実行結果は測定値の表である（図13）.

次のセクションで，この結果をプロットするマクロを書くが，その前にひとまずここまでのコードの解説をしよう.

[1行目]

画像スタックのフレーム数を関数`nSlices`を使って取得し，変数として保持する.

[2行目]

平均輝度の測定結果を格納するための配列`meanInt`を作る．各フレームの測定結果が1つなので，フレーム数が結果の数になる．そこで，フレーム数の長さの配列を用意する.

[3行目]

同様に，標準偏差を格納するための配列`sd`を用意する.

[4行目]

各フレームの測定を順次行うための`for`ループを開始.

[5行目]

フレームを指定するため，`for`ループのインデックスに1を足す．フレームの番号は1から始まるため.

[6行目]

表示フレームの指定を関数`setSlice`で行う.

[7行目]

ImageJが保持している`List`というメモリ領域に，測定結果が保持されるように指定し，あらゆる測定項目がこれで測定される.

[8行目]

`List`から平均輝度の値を抜き出し，配列`meanInt`の`i`番目要素に格納する.

[9行目]

`List`から輝度の標準偏差の値を抜き出し，配列`sd`の`i`番目要素に格納する.

[10行目]
forループをここで閉じる．

[11行目]
forループを抜けた後に，測定結果を表にして表示する．関数Array.showを使い，Resultsウィンドウの形式で表示する．

計測値のプロットと，カーブ・フィッティング

測定結果の配列は，上のように表示することができるが，配列をPlot.create関数を使ってプロットすることもできる．また，結果の配列をフィッティングしてプロットすることもできる．以下，フィッティングを行うコードをコード24に追記してみる．

[コード24] 追記

```
1  xA = Array.getSequence(frames);
2  Fit.doFit("Exponential with Offset", xA, meanInt);
3  Fit.plot;
```

この3行を追加して実行すると，図14のようなフィッティング結果が表示されることがわかるだろう．
追記部分のコードを解説する．

[1行目]
フィッティングを行うにはx軸の配列が必要になるので，関数Array.getSequenceを使って用意する．時系列データでは通常時間間隔が決まっている．ここでは間隔1で配列を用意したが，例えば時間間隔が0.1だったら，forループを使って要素ごとに掛け算をする必要がある．

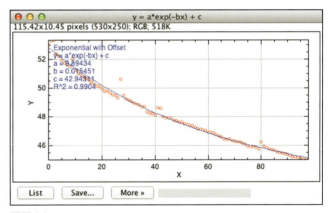
■図14

[2行目]
フィッティングはFit.doFit関数によって行う．この時系列データでは蛍光褪色が起きているので，その褪色をモデルとして扱うため，指数関数をフィッティングする．第1引数に使うモデルを指定する．モデルの名前は **[Analyze > Tools > Curve Fitting...]** で開くウィンドウの左上にあるドロップダウンメニューの項目にリストされているものを使う．数式を自由に書いてもよく，例えば今回の場合であれば，y = a*exp(-b*x)+c と書いてもよい．

[3行目]
フィッティングの結果をプロットして表示する．

【例題⑩】

コード24に，結果のプロットを行うコードを追記せよ．関数は Plot.create を使え．

【解答】

一番簡単なのは次の1行を追記することである．

```
Plot.create("Intensity Change",
    "time", "mean intensity", meanInt);
```

これでは少々物足りない，という方は，色や，プロットのタイプをカスタマイズすればよい．この場合には，Plot.create で配列を指定しないで実行し，そのあとで色やプロットのタイプを指定して最後にプロットを表示する（図15）．

```
Plot.create("Intensity Change", "time", "mean intensity");
Plot.setColor("red");
Plot.add("circles", meanInt);
Plot.show();
```

プロットの軸の最小・最大値を変更したい場合は，さらに間に Plot.setLimits 関数を使って指定する．

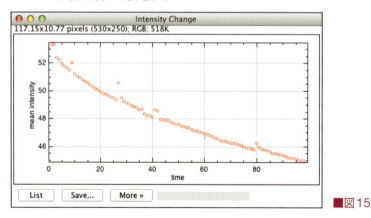

■図15

 データファイルへのアクセス

ここまでの説明はすべて，既にFijiで開いている画像に対して処理や解析を施す内容だった．実際には，ファイルシステムから画像を開いたり，処理後の画像や測定結果を新たにファイルとして書き込むことが，プログラミングで作

業を自動化することの大きなメリットである．そこでここでは，ファイルの入出力のプログラミングの仕方を紹介する．

サンプル画像のファイルを**[EMBL > Samples > Save NucSeq4.zip (10.5M)]**でダウンロードして解凍しておいてほしい．このメニュー項目を選ぶと，保存先を指定するウィンドウが表示されるので，デスクトップなど，わかりやすい場所に保存するとよい．Windowsの場合は，Cドライブの一番上に保存しておくと，後々面倒なことにならない（何が面倒なのかは，後述する）．

ファイルの読み込みと書き出し

ファイルパスとは

ImageJマクロに限らず，プログラムから特定のファイルにアクセスするためには，「ファイルパス」とは何か知っている必要がある．すでに知っている人は，この項は飛ばしてよい．

ファイルパスとは，いわばコンピュータの中でのファイルの場所を示す住所だと思えばよい．ご存知のように，ファイルはフォルダの階層構造の中のどこかにある．例えば，MacではFijiは通常，Application（アプリケーション）というフォルダの中にある．このファイルパスを書き出すと

```
/Applicaitons/Fiji.app
```

となる．スラッシュ（/）が階層の区切りを示しており，これはMacやUnixの作法である．Windowsであればデスクトップにある場合のファイルパスは

```
C:\Users\Kota Miura\Desktop\Fiji.app\fiji-win64.exe
```

のようになる．階層の区切りはバックスラッシュ（\）を使う（日本語OSでは少々特殊だがバックスラッシュではなくて円記号¥を使う）．これはWindows特有の作法である．OSによって異なる階層の区切り記号（セパレータ，とプログラマーは呼ぶ）は，ImageJマクロで表示することができる．スクリプトエディタを開いて，次の1行を実行してみればLogウィンドウに表示される．

```
print(File.separator);
```

`File.separator`は，現在使用しているOSのセパレータを返す関数である．

いずれにしろ，このようにファイルパスを書けば，コンピュータの中のあらゆるファイル（ないしフォルダ）を指定できることになる．

上に例に挙げたようなファイルパスはファイルシステムの中で唯一無二のファイルを指し示すので，「フルパス」や「絶対パス」とも言う．ファイルパスは，こうした絶対的な言い方ばかりではなく，相対パス，という言い方から，あえて区別した言い方があるのである．相対パスは今回使うことはないが，簡

単に説明しておくと,「現在の場所から見てどこにあるか」という方法で場所を特定するファイルパスである. 住所を例にとろう. はがきなどに宛名として書く住所が言わば「絶対パス」である. 一方, 自分の家を基準にして「右に三軒隣」といった指定の仕方が「相対パス」になる. 例えば, Fiji.appの中にはMacでもWindowsでもpluginsというフォルダがある. Fiji.appのフォルダを基準に考えれば, "plugins/"ないしは"plugins\"である. こうした相対パスであれば, Fiji.appがどこにあっても, さらにOSに関係なく"plugins" + File.separaterと書いて, プラグインのフォルダを指定できる.

ファイルの開き方・保存の仕方

ファイルの入出力に関連するマクロのコマンドはいろいろあるが, そのほとんどがFile.で始まる関数になっている. ImageJマクロ関数のリファレンスのページを見て, どんなコマンドがあるのか, 大体でいいので見ておくとよい.

さて, それでは先ほどダウンロードした画像Nucseq001.tifを開くために, ファイルパスをまず調べよう. フォルダ構造を見ながら手書きでもよいのだが, とても間違いやすい. そこで次のマクロで, ファイルパスをLogウィンドウに表示させてみよう.

```
f = File.openDialog("a file");
print(f);
```

筆者の場合はMacでは

```
/Users/miura/Downloads/fourfiles/Nucseq001.tif
```

Windowsでは

```
Z:\Downloads\fourfiles\Nucseq001.tif
```

であった. これらがファイルパスであり, これを使えば画像を開くことができる. スクリプトエディタの**[File > New]**で新しいタブを作り, そこに関数openを使って次のように書く. 引数は上でログウィンドウに表示された内容である.

Macでは単にファイルパスをコピペすればよい.

```
open("/Users/miura/Downloads/fourfiles/Nucseq001.tif");
```

Windowsでは少々ややこしく, 次のようにバックスラッシュが二重になるように追記する.

```
open("Z:\\Downloads\\fourfiles\\Nucseq001.tif");
```

　実行すると，画像スタックが開くことがわかるだろう．なお，特に
Windowsではこのファイルパスに日本語フォントが入っていると問題が起き
ることがあるので，Windowsではパスになるべく日本語が入らない場所に
ファイルをおくとよい．「面倒なこと」と最初に言ったのはこの点である．以下，
ファイルパスはそれぞれのOS，それぞれの保存場所に応じて異なるので，注
意しよう．

　さて，この開いた画像スタックを二値化しよう．**[Macros > Record...]**を
使って，二値化処理のコマンド（**[Image > Adjust > Auto Threshold]**で，
アルゴリズムはOtsu，チェックボックスはStackをチェックする）をサンプ
リングする．次のようなコマンドが取得できるので，それを上のopenの行の
下に追記する．

```
open("/Users/miura/Downloads/fourfiles/Nucseq001.tif");
run("Auto Threshold", "method=Otsu white stack");注13
```

注13
whiteは，画像の背景とシグナルのどちらが黒で，どちらが白か，情報をアルゴリズムに知らせる．

　ここまで実行して確認しよう．うまく白黒画像ができていたら，今度は
保存である．保存先のフォルダをまず手で作成する．筆者の場合は，
fourfilesのフォルダにoutというフォルダを作成した．したがって，この
出力先フォルダのパスは，/Users/miura/Downloads/fourfiles/out/にな
る．新しく保存するファイル名をNucseq001bin.tifとすれば，ファイル
パスは

```
/Users/miura/Downloads/fourfiles/out/Nucseq001bin.tif
```

となる．関数saveAsを使い，3行目に追加する．

```
open("/Users/miura/Downloads/fourfiles/Nucseq001.tif");
run("Auto Threshold", "method=Otsu white stack");
saveAs(".tif", "/Users/miura/Downloads/fourfiles/out/Nucseq001bin.
tif")
```

　saveAsの第1引数はフォーマットの指定である．第2引数が新しく保存す
るファイルのパスになる．ここでは行わないが，Resultsにある計測値を保存
するには，第1引数を "results" にすればよい．
　ここまででは，ファイルパスを明示的にプログラムの中に書き込んでいる
が，最初のファイルパスの取得の方法を考えれば，以下のように書き直すこと
ができる．

[コード25]

```
1  f = File.openDialog("a file");
2  open(f);
3  run("Auto Threshold", "method=Otsu white stack");
4  newpath = File.directory + "out" + File.separator +
5  File.nameWithoutExtension + "bin.tif";
6  saveAs(".tif", newpath)
```

　新しいファイル名とパスを作る部分（4〜5行目）が少々ややこしいが，これでファイルパスをコピペする必要がなくなるし，機種依存性もなくなる．なお，`File.directory`は最後に開いたファイルが保存されているフォルダのパスを返す関数，`File.nameWithoutExtension`は，最後に開いたファイル名から拡張子を除いた文字列を返す関数である．これらを使って，例えば，Nucseq001.tifというファイル名からNucseq001bin.tifという画像処理後の新しいファイル名を作る．

複数のファイルの開き方・保存の仕方

　さて，ここに書いたマクロはファイルを開いたり，保存するにはまだ幾分かの手作業が必要だった．これでは完全に自動化していることにならない．複数のファイルを自動的に処理する場合には（これをバッチ処理と言う），関数`getFileList`によってファイルのリストを配列として取得し，その配列の要素に格納しているファイル名を使ってファイルを開く．`getFileList`の挙動を知るために，この関数だけ使って任意のフォルダ内のファイルを列挙する次のマクロを試してみよう．

[コード26]

```
1  d = getDirectory("Choose a Directory");
2  files = getFileList(d);
3  for (i = 0; i < files.length; i++)
4    print(d + files[i]);
```

　`getDirectory`は，ユーザにフォルダを選ばせるための関数である．実行して，フォルダを指定すると，`getFileList`にフォルダのパスが渡され，ファイル名のリストが`files`という名前の配列になって返ってくる．あとは，`for`ループでフォルダ名と，配列の要素を順番に組み合わせてLogウィンドウに出力している．このループの中にコード25を組み合わせればよい．それは次のようなコードになる．ファイルを開く・処理する・保存する，という部分は繰り返しになるので，関数`doBinarize`を作成した．

[コード27]

```
1   d = getDirectory("Choose a Directory");
2   files = getFileList(d);
3   for (i = 0; i < files.length; i++){
4     f = d + files[i];
5     doBinarize(f);
6   }
7
8   function doBinarize(f){
9     if (!File.isDirectory(f)){
10       print(f);
11       open(f);
12       run("Auto Threshold", "method=Otsu white stack");
13       newpath = File.directory + "out" + File.separator +
14         File.nameWithoutExtension + "bin.tif";
15       saveAs(".tif", newpath);
16       close();
17     }
18   }
```

9行目で，File.isDirectoryという関数を使ったif文が新たに付け加わっている．これは，引数に与えられたパスが，フォルダかどうか判定し，trueあるいはfalseを返す関数である．この場合，パスがフォルダでなかったときにのみ，処理を行いたいので否定形になる感嘆符（!）を添え，if (!File.isDirectory(f))となっている．

また，16行目にclose()という現在開いているアクティブな画像（一番上にあって，マクロのコマンドの対象になる画像）を閉じる関数を加えた．今回の例の場合は画像が4つだけなので手で閉じることもできるが，数百のファイルを処理するような場合には，毎回閉じないとプログラムが終わったときに大変なことになる．あるいは，メモリが足りなくなるおそれがある．

 まとめ

本節では本文で登場するマクロを理解するために必要なImageJマクロの書き方・使い方に絞って解説した．実際の運用は研究プロジェクトごとに異なるだろう．ぜひともそれぞれの創意工夫でプログラミングを行ってほしい．また，ここで紹介したImageJマクロ関数は，全体のほんの一部である．他にも便利な関数が揃っているので，時間のあるときにマクロのリファレンスのWebページを眺めてみるといいだろう．

第5章 ツール開発を含めた解析へ

4 ImageJ派生プロジェクト

塚田祐基, 三浦耕太

 様々な派生プロジェクト

　ImageJはオープンソースで開発されているプロジェクトであり，その大きな利点として発展性がある．それが画像解析の需要と組み合わさった結果，ImageJは様々な派生ソフトウェアプロジェクトを生み出したり，関連することとなった．ここでは2016年現在の，いくつかのImageJ関連プロジェクトを紹介することで，画像解析コミュニティの営みを概観し，今後の展開を予想してみる．

　ここで紹介するプロジェクトのほとんどは，生命科学研究機関に属する研究者たちが進めており，顕微鏡技術などと同様に生命科学研究と密接に関わり合いながら，その推進に貢献をしている．これらのプロジェクトは多様な形で進む現在の生命科学の一側面なのである．

FijiとImageJ2

　まず，本書で扱ってきたFijiである．「Fiji is just ImageJ」という再帰的な名前が示すように，基本的にImageJだと思っていただいてよいのだが，これまで何度か説明したように，ImageJにおよそ400の生物画像解析に関連するメニューコマンドを追加し，さらにプラグインの複雑な依存関係が自動的に管理されている多機能バージョンのImageJである．2007年12月にスタートして以来，ImageJプラグイン開発者の共通プラットフォームとしての役割も担っている．2章1節COLUMNでも解説しているので興味のある方は読み返していただきたい．

　そしてImageJ2は従来のImageJの見た目や使い勝手を温存したまま内部構造を刷新し，特に多次元データをより一般的に扱うことを目的としている．三次元の時系列データを例にとると，これまでのImageJでは二次元画像のスタックにZ方向の位置と時間をラベルしたものとして扱い，XYの次元と他の次元を別個に扱って計算する必要があった．ImageJ2では三次元の時系列データをより一般的なデータモデルである四次元データとして扱う．その画像処理計算も，n次元に拡張可能な一般化したアルゴリズムで直接行う．今後，生物画像のさらなる高次元化が予想されており，それに対処するための長期的な展開を視野に入れた刷新であると言える．異なるデータモデルに対応するため，画像処理アルゴリズムの実装および全体の設計がこれまでのImageJとまったく異なっている．その結果の一部として，ImageJには

あった本体とプラグインという区別がなくなり，ImageJ2の中心に実装されたアルゴリズムは存在せず骨格だけで，すべてがプラグインだけから構成されている．

■図1

このようにImageJ2はImageJとまったく異なるソフトであると考えてよいのだが，ImageJの従来のプラグインやマクロ，スクリプトもそのまま使うことができること（後方互換性と言う）に開発のプライオリティが置かれているので，「これまでのプラグインやマクロが使えなくなる」という将来の心配は不要である．

FijiとImageJ2はもともと別のプロジェクトであったのだが，ライブラリなどの共有が徐々に行われ，2014年半ばからはFijiにImageJ2を追加するという形で融合した．2016年2月現在，Fijiはデフォルトの状態でImageJ2がベースになっている．これらの変更とともに，ファイルの入出力に関するライブラリがBioformatsというツールからSCIFIOライブラリに移行しつつある．SCIFIOライブラリは，Bio-Formatsを一般化し，ImageJ2の新しいデータモデルに対応したライブラリである．なお，Bio-Formatsプラグインは2章3節で紹介したように顕微鏡会社ごとに異なる様々な形式の画像ファイルを読み込むためのツールで，ImageJでは最もポピュラーなプラグインの1つである．SCIFIOライブラリはまだ開発中でバグが多く発見されており，Fijiのダウンロードパッケージには同梱されているものの，デフォルトでは旧来のBio-Formatsプラグインを使うように設定されている．SCIFIOを使ってみたいかたは，**[Edit > Options > ImageJ2]** で表示されるウィンドウ（図1）で，**"Use SCIFIO when opening files (BETA!)"** のオプションをチェックして有効にしてみよう．

以上のようにFijiはすでにImageJ2をその一部としているが，ImageJ2はそれだけでも単体でダウンロードして使うことが可能である[注1]．Fijiは，**「生命科学の解析用に機能を大幅に追加したImageJ」** であることがこれまでの位置づけであるが，中身がImageJ2に変わってもこの点は同じである．

ImageJ2は使えるのか？

ImageJ2は使えるのか，と質問されることが大変多い．Fijiを使っている方はすでにImageJ2を使っていることになるので，すでに使っていますよ，というのがその答えになる．

以下，この段落は少々ギークな話になるので理解できない方は気にしないでほしいのだが，ImageJ2の画像データモデルはImgLib2というFijiに以前から入っている多次元データモデルでもあり，すこし先進したいバージョンになっている．スクリプトが書ける方はこのライブラリを意識的に使うことが推奨されている．SPIM（Selective Plane Illumination Microscopy，いわゆる光シー

注1
2018年現在，ImageJ2単体での使用は不可能で，Fijiが公式のImageJ2とされている．

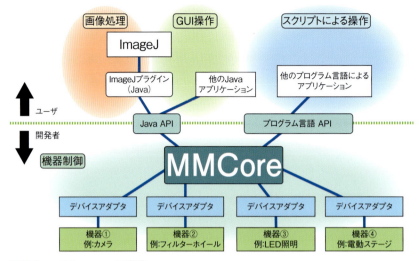

■図2 μManagerの構造

ト顕微鏡）のデータに関するプラグイン群は，このImgLib2を使って実装されている．ただし，ImageLib2の使い勝手はまだまだ複雑であり，より簡便なプラグイン実装のためのフレームワークとしてOpsというインターフェースが，目下すさまじい勢いで開発されつつある．また，上でImageJ2はプラグインだけの集まりである，と説明したが，この新たなプラグインのフレームワークはSciJava Commonsというライブラリである．このライブラリはImageJ2の枠を超えてKNIME, OMERO, CellProfilerといった生物画像解析や生物画像データベースソフトの開発者たちが，実装の互換性を高め，作業の重複を避けるために共同で開発しているフレームワークであり，すでに実用可能である．SciJava Commonsは生物画像解析のソフト群のフレームワークとして今後の有力な基準となる可能性が高いので，開発や高度なスクリプトに興味のある方はコードを眺めてみることをお勧めする．

顕微鏡制御ソフトウェア：μManager

　μManagerは顕微鏡制御や画像取得を統括するソフトウェアで，ImageJと同様にオープンソースのプロジェクトとして開発されている．バイオイメージングにおける顕微鏡制御は年々複雑になり，多数の機器で複雑に構成されているシステムをミリ秒単位のタイミングで制御をする必要があるため，統括して制御するソフトウェアの重要性が高まっている．この状況を反映して2005年からμManagerの開発が始まり，開発当初からその需要に応えて広く普及しており，ユーザコミュニティも非常に活発なプロジェクトとなっている．開発元はUCSF（米カリフォルニア大学サンフランシスコ校）のVale研究室（http://valelab.ucsf.edu）メンバーが主体で，ImageJのプラグインから派生したプロジェクトの中でも，実際に出版されている論文に与えている影響は特

筆に値する．ImageJは画像解析を自由自在に行うためのツールであるが，画像解析をしていると画像取得に関してどうにか越えたくなる壁が現れることがある．新鮮な食材が卓越した料理方法に勝ることがあるのと同じように，画像取得は画像解析で到達できないものを提供してくれるのだ．その意味で，μManagerは生命科学研究者やImageJに強力な武器を提供する．

μManagerはMMCoreと呼ばれるプログラム本体と，そのプログラムにアクセスするためのAPI（Application Programming Interface），制御する機器に指令を送るデバイスアダプタから成る（図2）．機器の制御は機器ごとに作られたデバイスアダプタを通して情報がやり取りされ，それを一括してMMCoreが取り仕切ってくれる．ユーザやプログラムは機器それぞれに対応することなく，MMCoreとやり取りを行えばよいので非常に使い勝手が良い．

図2が示すように，ユーザからはImageJの一部として認識することができ，ImageJの画像処理・解析機能もそのまま利用できるように設計されている．さらに自由度が高いことにJavaやMatlabなど他のプログラム言語・スクリプトからMMCoreへアクセスすることができるので，自作したプログラムにMMCoreを通した機器制御の機能を持たせることが可能だ．簡単な使い方については付録3に記載したので，手始めに触ってみることをお勧めする．

μMnagerはこれまで主に公的助成金によって開発が進められてきたが，2016年からはサポートに関してはOPEN IMAGINGという企業（https://open-imaging.com/）としてサービスを続けるというアナウンスがあった．ソフトウェア自体は引き続きオープンソース，無料で利用でき，コミュニティも活発なので使い勝手は変わらないが，本格的に利用し，さらに有償で具体的なサポートを得たい人はサービスパッケージを購入することも一考に値するだろう．

 ## その他の生物画像解析ソフト

ImageJ以外の生物画像解析ソフトにも触れていこう．2016年2月の時点で実際に生物学の現場で使われているものを表1にまとめてみた．ここに挙げたものはすべて無料で使用することができ，ネットで入手可能なプラグインなどもあるので，生物画像解析の世界を広げたい方には試す価値があるだろう．いずれも顕微鏡画像の解析を念頭に，オープンソースで開発されているソフトウェアである．

なお，CellProfiler, CellCognition, BioImageXDはPythonで書かれているので，Javaはダメだけど Pythonなら書ける，という人にとっては拡張性が高い．

生物画像処理のソフトウェアが複数あると，どれを使えばよいか迷ってしまうかもしれないが，表1の短評にあるようにそれぞれに特色があり，選択肢があることは歓迎すべきことである．また，どれか1つを使いこなせるようになれば，画像処理に使われる専門用語にも慣れるので，他のものに乗り換えるこ

■表1　様々な生物画像解析ソフト

ソフト	URL	最初の リリース(年)	短評
CellProfiler	www.cellprofiler.org	2005	ドロップダウンメニューで複数の処理を選択して組み合わせ, 複雑な処理過程を1つのワークフローとして構成できる. ワークフローは保存し再利用したりサーバで走らせバッチ処理を行うことができる. ImageJマクロの実行をワークフローに挿入できる.
KNIME	www.knime.org	2006	いわゆるGUIプログラミングによって複数の処理を組み合わせ, ワークフローを作ることができる. ImageJの機能やプラグインを使うことも可能.
Icy	icy.bioimageanalysis.org	2011	ImageJによく似た使い勝手であるが, 特に三次元データ関連の処理・解析に関する機能や, スクリプティングの機能が豊富である. 後発なのでユーザが少ないのが弱点.
BioImageXD	www.bioimagexd.net	2006	開発当初は三次元データの可視化に重点が置かれていたが, 最近では様々な解析機能が追加されている. 開発者たちが全員Windowsユーザなので, OSXユーザがあまり大事にされないのが難点.
ilastik	ilastik.org	Ver.2.0は 2014	機械学習で生物画像解析の問題をあらかた片付けてしまおうという独自性の高いプロジェクト. トラッキングも含め様々な面で成功している. このグループでは画像処理のライブラリとしてジェネリックなVigraの開発も同時進行しており, 多次元データの扱いも将来的には問題なく拡張されていく見込みである.
CellCognition	www.cellcognition.org	2006	High Throughput Microscopyの大量画像データを解析するためのソフト. 機械学習を駆使して形質スクリーニングを行う. Vigraを画像処理に使っている.

とは容易になるだろう.

生物画像解析の専門家コミュニティと画像定量解析の今後

　さて, プロジェクト自体の話題から, それを運営する人々, コミュニティについても触れておきたい.

　10年前と今の生物画像解析の状況を比較すると最も異なるのは, 使うことのできるツールの数と幅である. ツールがないので自分で作るしかない, という10年前には当たり前だった状況が, 入手できるツールの種類と数があまりにも多いので, どれを使えばいいのかわからない, という状況に変わった. 例えばグーグルなどで特定の画像処理の機能を検索すると様々な選択肢があり, 画像解析に詳しくなければ, どれを選んだらよいのか路頭に迷うことになる. これは言わば「Amazon問題」とも言える. ネットのAmazonで, 例えば「LED電球」で検索すると, 膨大な数の電球がヒットする. 昔の電気屋であれば店員にどれがいいでしょう, と聞いて済んだのだが, ネットでは商品のそれぞれのページのカスタマーレビューなどを読んで比較し, 星の数を横目に見ながら自分で選び決断する労力がかかる. 画像解析ツールに関しても似たような状況がある. しかも最先端の解析では, 実装されたアルゴリズムを1つだけ選べばよいわけではなく, いくつかを組み合わせて使うことが必要であり, 可能な組み合わせの数は膨大になる. 選ぶのはますます大変である.

　生物画像解析の専門家というと, これまでは開発者を指すことが多かった. 最新のアルゴリズムを実装し, ソフトを提供して現在の膨大な数のツールの蓄積に寄与してきた人たちである. 彼らは主に数学, 信号処理, 画像処理工学な

どの専門性を持つ研究者であり，彼らにとっての関心は多くの場合，新たな画像処理手段の開発や，処理速度の向上，処理アルゴリズムの一般化にある．数あるツールをいかにうまく使うか，ということよりも，いかに新しいツールを作るか，という関心において研究を行い，生物学者との共同研究の成果は生物学者にとっては新しい生物学の知見，画像解析開発者にとっては新しい画像解析アルゴリズムやツール，ということになる．

　したがって，生物学者は開発者と共同研究を行わない限り，増大するツールの種類と数に今後ますます頭を悩ませることになるが，このAmazon問題を解決する，新たなタイプの生物画像解析の専門家が特にヨーロッパで現れ始めている．「開発者（developers）」に対して「解析者（bioimage analysts）」と呼ぶ．解析者は膨大な数の画像処理ツールについて，何がどこにあるのか，どの程度のスペックなのか，何ができて何ができないのか，といった解析側から見た詳しい知識を持っており，生物学的な疑問を解くためにスクリプトなどでツールを組み合わせ解析を行い，生物学的に意味のある数値を叩き出す．あるいは，画像処理工学的にはトリビアルかもしれないが，生物の画像を解析するうえでは便利な機能を実装したりもする．また，イメージングが中心となる生物学のプロジェクトでは，画像解析でどこまでの解析が可能なのか，という専門的な知識が実験方法やイメージング機器のプランを立てるうえでプロジェクトの開始の時点から必要になるが，解析者はこの点でもプロジェクトに貢献する．こうした生物画像解析の専門家は日本ではまだまだ少ないが，イメージングの広汎な普及を鑑みれば，今後欧州のようにどんどん増えていくであろう．4章6節のコラムで，欧州における生物画像解析者は新しい種類の専門家であり，そのコミュニティもまだ萌芽期にあることを簡単に触れたが，今後の動向は次のWebサイトでフォローできる．

http://neubias.org

　また，生物画像解析の専門家に関するより詳しい説明と展望については，次のサイトの解説を参照にしてほしい．今後，日本の専門家にも参加を呼びかけていく予定である．

EuBIAS Manifesto：http://doi.org/10.5281/zenodo.18047

　これらの活動は2016年5月から，EUの研究ネットワーク助成プログラム［COSt Actions］によって4年間サポートされることが決まった．EUの科学戦略を担うHorizon2020の枠組みでサポートされているプログラムでありプロジェクト名はNEUBIASとなった．既に26カ国から200人以上の専門家が参加している．日本からも参加できるので，ぜひとも応募していただきたい．

　考えてみれば，生物におけるイメージングと画像解析は，あくまでも測定技術であり，静的であれ動的であれ多次元のデータを取得する手段である．そし

て，測定対象となる構造を規定するという意味で生物学の本質に関わる部分もある．生命現象を定量的に測定するための手段として，またその測定結果である画像の解析手法を研究する分野として，手法が整理され体系となっていくのはまだまだこれからのことであり，その意味で生物画像解析という分野は始まったばかりである[注2]．

 まとめ

ImageJに関わる画像定量ツール，プロジェクトについて紹介し，この研究分野の状況を考察した．冒頭でも述べたように，これらのツールは生物学の実験を行っている研究者が深く関わり，現場で実際に役立つツールとなっている．そして個々の研究者はインターネットによりつながったコミュニティで解析に関する情報交換を頻繁に行っている．科学研究の成果の共有は論文誌による発表が今も昔も主流ではあるが，オープンラボノートブックや，ブログなどインターネットを通じた多チャンネル化が起きつつあり，さらに解析ツールの開発や運用に関してはインターネットでつながったコミュニティによる情報共有が主流をなしている．技術革新が速く，その威力も大きい現在の生物学において，ツールの最新情報を共有したり，開発コミュニティに貢献したりすることは科学の営みに資するところ自他共に大である．これらコミュニティにおける日本人の寄与を見かけることは残念ながらあまり多くないので，国内の独自コミュニティの形成や，国際コミュニティへの参加を積極的に捉えていただければ幸いである．個々の小さなアイデアや労力も，共有すればそれは科学的な貢献にほかならないのである．

注2
英語になるが，三浦の編著「Bioimage Data Analysis, (2016) Wiley-VCH」も参考にしてほしい．電子版は無料である．
URL：http://www.imaging-git.com/applications/bioimage-data-analysis-0

■■■ **COLUMN**

　本書では生物画像定量について，実践的かつ基盤となる考え方に触れながら，ImageJに特化した解説を提供するとともに，オープンソースや無料で使えるソフトウェアに焦点を当てた．オープンソースソフトウェアは解析ツールの選択肢として有力であり，それぞれのコミュニティの存在意義も大きいが，それはクローズドな商用ソフトの利用と相反するものではない．各企業が自信を持って提供するソフトウェアはAxioVision，NIS-Elements，cellSensなどの顕微鏡メーカーの正規ソフトやMetaMorph，Imarisなどの画像処理専用ソフト，MATLABやLabViewなどの汎用ソフトウェアなど，用途によって特徴ある選択肢が，当然オープンソース以外にも存在する．解析をする側としては，特定のソフトウェアに固執する必要はなく，目的ごとに合ったものを選ぶのが合理的であると思われる．好みや慣れはあるが，根本的な考え方や原理は共通することが多いので，むしろいくつかのツールを使ってみることをおすすめする．

☞ 確認テストの解答

■ 第5章 1 節

■■■ 問題1

　Fijiではjarsフォルダ内のij-1.50e.jar（1.50eの部分はバージョンアップなどで変わる），そして，素のImageJではImageJフォルダ内のij.jarが，それぞれImageJの中核部分である．このファイルを演習②と同様に別のフォルダにコピーし，zip形式として扱えるようリネームのうえ，展開して中身を確認しよう．内蔵プラグインはどこにどのように収められているだろうか？「ImageJの大半の機能がプラグインによって実現している」という主張は定量的に示すことができるだろうか？
[ヒント] ij.jar内にてImageJのメニュー構成の基盤を記述しているIJ_Props.txtファイルが参考になる）

■■■ 解　答

　素のImageJに最初から収められ，ImageJの機能の大半を実装している内蔵プラグイン群は，ij.jarの中のij/pluginフォルダ内と，さらにそのサブフォルダであるij/plugin/filterフォルダ，ij/plugin/frameフォルダ，ij/plugin/toolフォルダに配置されている．その数はFijiでも素のImageJでも同じバージョンを元にしている場合には変わらず，筆者の環境では合計246ファイル，2.3MBであった．ImageJ全体は413ファイル，4.3MBのclassファイルであるから，ファイル数換算で60%，classファイル容量換算で53%がプラグインの占める割合である．なおソースファイルの行数から見積もると，全体の45%（60777行/133737行）がプラグインである．

■■■■ 問題②

　演習③では複数の画像処理を組み合わせて，最終的な結果を得た．１つの画像スタックを対象に解析するのであれば，１ステップずつマウスとキーボードを使って実行してもよい．しかし現実には薬剤処理・変異体・ストレス条件など多くの実験区画があり，これらに対して同一の画像解析手法をミスなく適用せねばならない．そのようなシチュエーションでは労力的にも信頼性の点でも，ユーザが１つ１つ手動で画像処理のステップを踏むよりも，一連の操作をマクロによって言語化し自動化することが必要となる．さらにこれは，解析終了後，ノイズ抑制の度合いを変えるなど画像処理工程のパラメータを見直して，再解析することも容易にする．そこで，演習③で用いた画像ファイルについて，最初に各画素で時間軸方向へのガウスぼかし（σ=2）を施し，その後にLpx Flowを用いた流動解析を行うマクロを作成しよう．さらにガウスぼかしのσを5に上げると，速度測定の結果はどうなるだろうか？

[ヒント] 手動での操作をもとにマクロを作る場合にはユーザの操作を記録する[Plugins→Macros→Record]が役立つ．

■■■■ 解　答

```
1  run("Lpx Filter1d", "filter=gauss gausssigma=2 axis=z overwrite");
2  run("Lpx Flow", "mode=measure widthxy=16 stepxy=8 widtht=-1 stept=1 subtavgt
     sensitivity=0.10 trackfactor=-1 mintrackdt=-1");
3  run("Lpx Flow", "datatitle=ER-flow.tif mode=redisplay dispvect vectscale=-5
     vectmowing=0 vecttype=arrow_speed dispspeed mapzoom=2 dispplots");
```

　時間軸方向のガウスぼかしのσを5にするには，1行目のgausssigma=2をgausssigma=5とする．流動速度は最大値や平均値などいずれも「時間軸方向のガウスぼかしをかけない場合」＞「σが2の場合」＞「σが5の場合」の関係になる．つまり時間軸方向にスムーシングを施すと（ノイズ抑制で実施される場合がある），速度が低く見積られるバイアスが働くということである．

付録 1 ImageJ
Fijiのインストールなどに関する情報

三浦耕太

本節では以下4つの内容について解説するが，開発状況に応じて変更される可能性があるため，最新情報はサポートサイト（1章2節参照）を参考にしてほしい．

- Fijiのインストール
- プラグインのインストール
- プラグインのファイル形式
- Fijiやプラグインの不具合への対処

 Fijiのインストール

まず下記のFijiのWebサイトにアクセスする．

http://fiji.sc/Downloads

このページの「Download Fiji for your OS」の中から，使用しているOSのインストーラをダウンロードする．Windows，Linuxに関して「32-bit」，「64-bit」の選択肢があるが，これは使っているOSが32bitの場合問題になる．32bitのシステムで64bitのパッケージは利用できないからである．64bitのシステムでは32bitのソフトを使えるが，64bitのバージョンをダウンロードすることをおすすめする．インストール先のOSが32bit版か64bit版かを調べる方法は後述する．

ダウンロードした圧縮ファイルを解凍し，**Windowsの場合**はFijiのフォルダ（Fiji.app）をデスクトップに置く．Program Files以下に配置すると，ファイル書き込みができないなどの問題で使えない．実行するには，Fiji.appフォルダ内のfiji-win64.exe（32bitバージョンの場合はfiji-win32.exe）をダブルクリックする．デスクトップにショートカットを作っておくと便利である．

OS Xの場合は.dmgファイルをダブルクリックすると，Fijiをアプリケーションフォルダにドラッグせよというウィンドウが表示されるので，その通りにする．ただし，ドラッグの先は他にもデスクトップなどどこででもよく，コピーした先のFiji.appをダブルクリックすると作動する．

Linuxでも解凍したファイルはどこに置いてもよい．

他のバージョンに関して

　ダウンロードできるバージョンは他にも様々あり，ダウンロードページの下の方に "Life-Line Fiji versions" としてリストされている．これらについて少々解説しておく．

　"No JRE" というパッケージに関しては，特別の理由がないかぎり選ばなくてよい（詳細は後述）．

　"Life-Line version" は，プログラムの大きな変更が行われる前に作動がその時点でうまく行っていたバージョンである．2014〜2015年にかけて，Fijiの中核の部分の全面的な改造が行われ，2016年12月の時点でも依存しているJavaのバージョンの変更のための対応などが続行している．こうした大きな変更を行うといろいろな機能に不具合が起きることがあり，安定して機能するようになるまでにはしばらく時間がかかる．そこで改造前の過去のバージョンを "Life-Line version" として配布している．最新のバージョンで何か問題があったときには，この "Life-Line version" の中でも最新のものを試してみるとよい．2016年12月の時点では，2015年12月22日付のものが最新である[注1]．

　1つのコンピュータにImageJやFijiはいくつでもインストールできる．そこで最新のもの，"Life-Line version" の双方を別個のフォルダにインストールし，作動状況によって "Life-Line version" を使う，といったことも可能である．

　せっかくなので，「大きな変更」について少し詳しく解説しよう．以下はかなりマニアックな話になる．ImageJの後継となるImageJ2をCurtis Rudenらのウィスコンシン大学のグループが2010年から開発しており，その試験的な公開版が2014年6月初めに発表された．それとともにFiji内部でも中心になる部分がImageJからImageJ2に大幅に切り替えられた．大きくは次の2点である．

> ①ImageJ2では多チャネル・三次元・時系列，といった多次元画像データの扱いを根本的に見直している．特に基幹となる部分はドレスデンのFijiグループが開発したImgLib2というジェネリックなライブラリを使っている．なお，このライブラリはCellProfilor, KNIME, Icyといった他の生物画像解析パッケージもその基幹に採用することが決まっている．
> ②ファイルの入出力機能としてSCIFIOというLOCI Bioformatsをベースとする新しいライブラリが導入された．

　さらに同時進行で，Fijiを構成する多数のプラグインの管理の仕方にも大幅な変更があった．もともとFijiではImageJに追加するプラグインのソースコードをすべて1カ所に集めて一元管理し，ビルド（Fijiをソースコードから実行可能なアプリケーションにコンパイルすること）もそれらのソースコードから行われていた．

　これを集中管理とすれば，2014年からは分散管理となった．Fijiに同梱さ

注1
2016年以降，Java8が推奨されている．2019年10月現在，最新のJava8 Life-Line version は2017年5月30日リリースのものである．

付録

れるプラグインは，今やそれぞれ独立したレポジトリと呼ばれるサーバで，それぞれの責任者が管理している．ビルドする際には，Fijiが保持しているリストに従い，これらのレポジトリに順番にアクセスして最新のプラグインを組み込むようになった．これは，Mavenという新しいビルドツールの登場と，GitHubというソースコードレポジトリのWebサービスの登場が大きく影響している．Mavenは，ライブラリ間の複雑な依存性を解決するビルドツールであり，まさにこれはFijiがそもそも目指していた機能である．それを組み込むことで，Fijiがこれまで独自に行っていた依存性管理は，Mavenで代替できるようになった．また，GitHubは一貫したWebインターフェースでソースコードへのアクセスを可能にする．これらのとても使いやすいツールの登場により，Fijiの設計は大々的に分散化することができたのである．

　余談になるが，集中管理していたころのFijiの管理は天才的なプログラマー（そもそもは数学者だが）であるJohannes Schindelinに依存してのみ運営可能な，膨大な量のソースコードの塊であった．彼がいなければ，管理はほとんど不可能であったと言ってもよい．それをまるで革命でも起こすかのように一気に分散化し，慌てふためくFijiの仲間たちがだんだんとその意図を理解し始め，分散化されたまったく新しいアーキテクチャーの中で生き生きとコーディングを始めるのを見届けるやいなや，Johannesは「ちょっと休むね」と一言残してFijiのネットワークから去っていった．まったく見事なものである．

SCIFIOについて

　2014年半ばから導入されたファイルの入出力の新たなライブラリ，SCIFIOに関してであるが，特定の種類のファイルが開けないなどのバグが発見されている．このため，2016年12月現在，SCIFIOはFijiに同梱されているもののデフォルトでは使用しないようになっている．改良は日々続いているので，試したい方は，**[Edit > Options > ImageJ2]** で，SCIFIOの使用できるようにすればよい（チェックを入れる）．

All-Platforms パッケージについて

　ImageJやFijiはJavaの実行環境で作動する．Javaとは，WindowsやOS XなどのOSと同じようなシステムと考えてよいが，他のOSの上にそのシステムを走らせるので，Virtual Systemとも呼ばれる．大抵のOSにはすでにJavaのシステム（実行環境）がインストールされている．これを**JRE（Java Runtime Environment）**と言う．

　Windows, OS X, Linuxのダウンロードパッケージには，JREがFijiに含まれているので，使っているコンピュータ（OS）にすでに入っているJavaとは関係なく，そのFijiに同梱されているJavaの実行環境が使われる[注2]．一方，All-Platformsというパッケージには，JREが含まれておらず，使っているマシンにインストールされているJREが使われる．

　OSのJREを使えば，自分でJREのバージョンを選択できることや様々な

注2
2016年2月の時点ではJRE1.8.0_66である．

チューニングが可能という利点がある一方，問題もある．2016年2月現在，FijiはJRE1.8を使って走らせることになっているが[注3]，No JREの場合，起動したときにどのバージョンのJREが使われるかは，OS側の設定状況によって決まってくる．このあたりを自力で調整できない場合，不本意にもJREの1.6や1.7で起動したときに，そもそも起動できなかったり，エラーが生じる可能性がある．また，JRE1.8が同梱されたパッケージをインストールした場合でも，コマンドラインの使用に慣れている人は，Fijiをコマンドラインで立ち上げる際に--java-homeオプションで使用したいバージョンのJavaのルートディレクトリを指定すればよい．以下のコマンドは，OS XのターミナルからJRE1.6で走らせる場合のコマンド例である[注4]．

```
/Applications/Fiji.app/Contents/MacOS/ImageJ-macOS X --java-home $(/
usr/libexec/java_home -v 1.6)
```

以上のような理由で，No JREをインストールするメリットはあまりない．

32bit版か64bit版か（Windowsの場合）
C:\以下に
- Program Files(x86)
- Program Files

の2つのフォルダがあったら64bitのシステムなので，64-bitを選択すればよい．32-bitの場合，使用できるメモリの上限が2ギガバイト以下になる．
　なお，次のページに調べ方がより詳しく書いてある．
- 自分のパソコンが32bit版か64bit版かを確認したい

http://support.microsoft.com/kb/958406/ja

32bit版か64bit版か（Linuxの場合）
　ターミナルに次のコマンドを打ち込んで，出力にx86_64という文字列が見えたら64-bitを選択すればよい．

```
uname -a
```

詳しくは次のページなどを参照にするとよい．
- Linux（Ubuntu）が32bitなのか64bitなのか見分ける方法

http://takuya-1st.hatenablog.jp/entry/20090707/1246983582

注3
JRE1.8（Java 8）でFijiを走らせる場合には，アップデートサイトのひとつであるJava-8を導入する．プラグインやライブラリがJRE1.8に最適化したものに置き換わる．

注4
このコマンドは，JREないしはJDK1.6がインストールされていないマシンでは実行エラーになる．インストールされているかどうか確認するには，"/usr/libexec/java_home -V"のコマンドで，そのマシンにインストールされているすべてのJavaのバージョンがリストされる．

プラグインのインストール

ImageJではプラグインと呼ばれるファイルを追加することで，新たな画像処理・解析機能を追加することができる．じつのところ，ImageJの本体そのものが多くのプラグインからできており，ダウンロードしたときにはこれらのプラグインも一体になっているので，どれがプラグインなのか，ということは判別しにくい．Fijiの場合はダウンロードパッケージに同梱されているプラグインの数がさらに多いので，「何がプラグインなのか」というのはさらに難しくなる．こうした最初から加えられているプラグインではなく，あとから自分で追加するプラグインに限って，ここではプラグインということにしよう．

Fijiの場合，プラグインの追加の仕方は主に2通りある．1つ目はマニュアルでの追加，2つ目は **Update-Site Manager** を使った方法である．後者のほうが自動的にプラグインの更新を監視してくれるのでおすすめであるが，すべてのプラグインを網羅しているわけではないので，手動でインストールする方法の詳細については，5章1節の演習①を参考にしてほしい．Update-Siteを使ってプラグインを追加する方法に関しては，本文の1章2節を参考にしてほしい．

 ## プラグインのファイル形式

様々なプラグインをさがしたりダウンロードしているうちに，プラグインのファイル形式が何種類かあることに気がつくだろう．以下に簡単な解説をする．

.classファイル

プラグインのファイル形式で最も軽量なものは，拡張子が.classのクラスファイルである．これはJavaで書いたコードをコンパイルしたもので，NIHのサイトからダウンロードしてきたImageJには多くのクラスファイルが同梱されている．

例：ImageJ/plugins/Filters/Fit_Polynomial.class

プラグインの配布形式としては次に述べるJarファイルと並んで一般的な形式である．なお，Fijiに同梱されているプラグインはすべてJarファイルとなっており，クラスファイルは含まれていないが，自分で使いたいプラグインのクラスファイルをインストールすればその機能が追加される（インストール方法は既述）[注5]．

注5
10年ほど前は，この.class形式でプラグインを配布することが一般的であったが，昨今では次に述べる.jarファイルで配布されているものがほとんどである．

.jarファイル

いくつものクラスファイルから構成されるプラグインの場合には，これら
を.jar という１つのファイルにまとめて配布されている[注6]．このファイル
形式はzipと同様の圧縮形式で，zip解凍ソフトなどを使い，5章1節の演
習②「jar形式のプラグインの中を見てみる」に従えば，閲覧することが可能
である．

コマンドラインからは次のようにすると，jar ファイルの中身をリストす
ることができる．プラグイン，3D Object Counterの例になる．

注6
もちろん１つだけのクラ
スファイルでも .jar に
パッケージすることは可
能である．

```
unzip -l plugins/3D_Objects_Counter-2.0.0.jar
```

以下が出力である．

```
Archive:  plugins/3D_Objects_Counter-2.0.0.jar
  Length  Date    Time    Name
--------  ----    ----    ----
       0  09-17-14  06:14  META-INF/
     533  09-17-14  06:14  META-INF/MANIFEST.MF
       0  09-17-14  06:14  Utilities/
   19350  09-17-14  06:14  Utilities/Counter3D.class
    3828  09-17-14  06:14  Utilities/Object3D.class
    7906  09-17-14  06:14  _3D_objects_counter.class
     429  09-17-14  06:14  plugins.config
    4494  09-17-14  06:14  _3D_OC_Options.class
       0  09-17-14  06:14  META-INF/maven/
       0  09-17-14  06:14  META-INF/maven/sc.fiji/
       0  09-17-14  06:14  META-INF/maven/sc.fiji/3D_Objects_Counter/
    1308  09-17-14  06:14  META-INF/maven/sc.fiji/3D_Objects_Counter/
pom.xml
     110  09-17-14  06:14  META-INF/maven/sc.fiji/3D_Objects_Counter/
pom.properties
--------                  -------
   37958                  13 files
```

上にリストされたファイルのうち，**plugins.config**というファイルには，
ImageJ/Fijiのメニューのどこにプラグインを配置するか書かれている．この
ファイルを読むには，

```
unzip -c plugins/3D_Objects_Counter-2.0.0.jar plugins.config
```

とすればよい．出力はplugins.configの中身で以下である．

```
Name: Object_Counter3D
# counts objects in a 3D stack by using a dumb threshold on the
slices then connecting components
# consecutive slices that are the same object, and makes results.
# code is from the original developer Fabrice.Cordelieres@curie.
u-psud.fr in August 2009 (newer
Analyze, "3D Objects Counter",_3D_objects_counter
Analyze, "3D OC Options", _3D_OC_Options
```

　最後の2行が，メニューに関する設定で，このプラグインは **[Analyze > 3D Objects Counter]** および **[Analyze > 3D OC Options]** というメニュー項目を追加することがわかる．コマンドラインから手っ取り早くJarファイルの働きを知るには，このようにunzipを使う．

.javaファイル

　ソースコードそのもののファイルで，NIHのサイトからダウンロードしたImageJのプラグインフォルダにはいくつもの.javaの拡張子を持つファイルが同梱されている．Fijiにはこれらのファイルは同梱されていない．.javaのファイルはこのままでは実行できない形式で，既述のように実際に使われるのはそれをコンパイルした後の.classファイルである．ImageJのプラグインフォルダに入っている.javaファイルには，すべてそれをコンパイルした.classファイルも同梱されているので，自分でコンパイルする必要はない．

　最近ではあまり見かけないが，古いプラグインの中には，.javaのファイルだけが配布されているものもある．こうしたソースコードをImageJやFijiでプラグインとして使用するには，自分でコンパイルする必要がある．Fijiは目下コンパイル機能をサポートしていないので，NIHのサイトからダウンロードしてきたImageJを使う．まず，.javaのファイルをImageJのフォルダにあるPluginsフォルダにコピーする．次にImageJを立ち上げ，**[Plugins > Compile and Run…]** を実行する．ファイルを選択するように聞かれるので，.javaファイルを選択すると，そのファイルがコンパイルされ，同じファイル名で拡張子が.classのファイルが新たに作られ，実行される．この.classファイルを，FijiのPluginsフォルダにコピーすれば，Fijiでもプラグインとして使うことができる．

　また，マシンにJDK1.8をインストールしている場合は，コマンドjavacに，必要なクラスパス（Fiji.app/jars/ij-1xx.jarは必須）に通してコンパイルすることもできる．

・ソースコードだけで配布されているプラグインの例：

Animated Sine Wave

http://imagej.nih.gov/ij/plugins/animated-sine.html

スクリプトファイル(.txt, .ijm, .js, .bsh, .py)

スクリプト言語で書かれたプラグインもある．特にダウンロードしてきたスクリプトはScript Editorで開いて実行することが通常であるが，メニュー項目として常駐させることも可能である．

- **.txt**: ImageJマクロのスクリプト．通常のテキストファイルである．マクロのファイルとして自動的に認識されないので注意．
- **.ijm**: ImageJマクロのスクリプト．ImageJマクロであることを拡張子で明示的に示したテキストファイル．マクロとして自動的に認識される．
- **.js**: Javascriptのスクリプト．
- **.bsh**: BeanShellのスクリプト．
- **.py**: Python (Jython) のスクリプト．

ImageJやFijiをダウンロードパッケージに同梱されメニューに常駐しているスクリプトは，Pluginsフォルダ内に単に置かれているだけであるが，ファイル名にアンダースコアが含まれていることで，メニュー項目に自動的に加えられる．同様に，自分でダウンロードしてきたスクリプトも，ファイル名にアンダースコア(_)が含まれていれば[注7]，Pluginsフォルダに置くことでメニューに常駐させて実行することができる[注8]．

注7
自分でファイル名にアンダースコアを加えてしまってもよい．

注8
4章3節のスクリプトPlot_Results.bsh をインストールする手順を参照．

例：Fiji.app/plugins/Scripts/File/Fix_Funny_Filenames.ijm

特にこのようにメニューに常駐させる際，.ijmのImageJマクロで注意すべきなのは，メニュー項目にはファイル名がそのまま反映され，ファイル内の"macro"で宣言されたマクロ名が無視されることである．またファイル内に複数ある場合 (macro set[注9])，2番目以降のマクロは実行することができない．したがって，1つのファイル内に複数のマクロがあるマクロセットの場合は，1つずつに分割する必要がある．

注9
5章3節参照．

FijiやプラグインのTrouble不具合への対処

使用中にバグと思われる作動を発見したら，ImageJのメーリングリストに問い合わせてみるとよい．同じ問題を経験している人からの返答が期待できるし，解決策がない場合には，詳しい人間が対処方法を考えてくれる．

特定のプラグインが具合悪い場合は，メーリングリストに不具合を報告する際に，宛先のCCにその作者のメールアドレスを加えるとよい．ImageJのメーリングリストはやりとりが多いので，プラグインの作者が見逃していることは

277

よくある．いずれにしろ，しばらくするとそのバグを直したバージョンが公開される．不具合の報告の際には，次の点を明記することが推奨されている．

①使っているOSとそのバージョン
②ImageJのバージョンとJavaのバージョン．メニューバーの一番下をクリックすると，これらのバージョンが表示されるので，それをバグ報告に書く．
③不具合を他人が再現できるように配慮して説明を書く．「これをやると変なことが起きる」だけだと，他の人が同じ不具合を再現できないので，直そうにも直せない．

メーリングリストの他に次の3つの方法がある．
1つ目は2015年9月から始まったImageJ Forumである．メーリングリストではなく，Webサイト上に質問のスレッドを作って回答を待つ．これまでのところ，質問に対してかなりの率で何らかの回答が投稿されている．やりとりの量は，メーリングリストよりも多くなっている．

http://forum.imagej.net/[注10]

スレッドに画像を貼ることができる，というメリットもある．
2つ目は，Fijiに搭載されているバグ報告システムの使用である．メニューから**[Help > Report a Bug]**を選ぶと，**"Bug Report Form"**というウィンドウが表示されるので，所定の項目を埋めてバグ報告システムに投稿すればよい[注11]．使っているシステム情報などが自動的にテキストになって報告されるので，開発者にとっては修復作業がしやすい．このシステムはBugzillaというWebサービスを使っており，このWebサービスにメールアドレス，パスワードを登録してユーザーになる必要がある．この登録は，ウィンドウの**"Visit the Bugzilla account creation page"**というボタンを押すと，Webサイトが表示されるのでそこで登録する．
3つ目は，問題が特定のプラグインにある場合で，なおかつそのソースコードがコードリポジトリであるGitHubに公開されている場合である．このときにはそのサイトの**"Issues"**に問題として報告すると，対応が最も速い．例えば，Fijiに同梱されている共局在解析のプラグイン，**"Colocalization Analysis"**のレポジトリを見てみよう．

https://github.com/fiji/Colocalisation_Analysis

このURLのWebページを開くと，真ん中にソースコードのリストがある．上部タブには様々な項目がリストされているが，そのうち**"Issues"**という問題報告のページへのリンクをクリックすると，新しい問題から古

注10
2018年からはURLがhttps://forum.image.sc/に変更．他の多くの生命科学系の画像解析ソフトとフォーラムが統合された．

注11
2019年10月現在，このバグ報告システムは調整中で使用できない．

い問題まで，順番にリストされていることがわかるだろう．それぞれの問題には番号が付けられて管理され，対話のスレッドが用意される．ここでプラグインの開発者とやりとりしながら問題の解決をするのが2016年の時点では最も速い．

付録 2 ImageJ

[Set Measurements...] の測定項目

三浦耕太

　[Analyze > Set Measurements...] を選ぶと，**[Analyze > Measure]** や，**[Analyze > Analyze Particles...]** の測定項目を選択することができる．これらの項目を，それぞれ簡単に解説する．括弧内は，Resultsウィンドウに結果が表示される際のヘッダー名である．

項目名	解説
Area（Area）	面積．スケールが既知でSI単位で計算されているときと，単にピクセル数で表示されている場合があるので要注意．
Standard deviation（StdDev）	輝度の標準偏差．
Min & max gray value（Min, Max）	輝度の最小値・最大値．
Integrated density（IntDen, RawIntDen）	総輝度値．輝度の平均値×面積．SI単位で面積が実測されている場合には，RawIntDenが表示され，これが単純な輝度の総和である．面積の単位がピクセル数のときにはIntDenが輝度の総和である．
Mean gray value（Mean）	輝度の平均値．
Centroid（X, Y）	幾何学的な重心．領域に含まれるすべてのピクセルの座標の平均値．
Modal gray value（Mode）	輝度のモード．最も出現頻度の高い輝度．
Perimeter（Perim.）	輪郭の長さ．
Fit ellipse（Major, Minor, Angle）	領域にフィットさせた楕円の主軸と副軸の長さ．Angleは主軸と副軸の間の角度．
Center of mass（XM, YM）	物理的な重心．輝度の重みをつけた座標の平均値．
Bounding rectangle（BX, BY, BW, BH）	領域を収める最小の長方形の左上コーナーの座標，および幅・高さ．
Shape descriptors ・Circularity（Circ.） ・Aspect Ratio（AR） ・Roundness（Round） ・Solidity（Solidity）	以下の4種類の形態記述子を計算する． 真円度．$4\pi \times$面積/（輪郭長）^{2}．1.0は真円であり，0.0に近づくほど長細い形になる． アスペクト比．フィットした楕円の主軸長を副軸長で割った値． 円形度．$4 \times$面積/π/（主軸長）^{2}． 凸度．形態の凹みの少なさを表す数値である．凸包（Convex Hull）処理と関連している．凸包処理によって任意の領域はすべて凸型の輪郭によって領域を包み込む．直感的には領域の凹んだ部分がなくなるようなアウトラインを引く，ということになる．この際に，元の領域の面積を，凸包処理した後の面積で割ると，凹みが大きければ小さい値，凹みが少なければ1.0に近づく．
Feret's diameter（FeretX, FeretY, FeretAngle）	フェレット径．領域を点集合としたときに，その中で最も遠い二点間の距離．
Median（Median）	輝度の中央値．
Skewness（Skew）	輝度の三次モーメント．輝度のヒストグラムの分布が左右に対称だと0になる．左にテイリングしていると負に，右にテイリングしていると正になる．
Kurtosis（Kurt）	輝度の四次モーメント．輝度のヒストグラムの分布が正規分布だと0，より広がっていると負，より鋭いピークであれば正になる．
Area fraction（%Area）	閾値選択[Image > Adjust > Threshold...]を行っている画像であれば，その閾値で選択されている領域の画像全体に対する百分率．閾値選択を行っていない画像では，0ではない輝度を持つピクセルの数の，全ピクセル数に対する百分率．
Stack position（Slice, Ch, Frame）	スタックの中での位置．例えばZスタックであれば，3枚目はSlice＝3となる．Chはチャネル番号，Frameは時系列の場合の時間フレームの番号．

測定項目の選択リストの下には，測定方法のオプションのリストが並んでいる．以下はその解説である．

設定項目	解説
Limit to threshold	測定の対象を輝度閾値（[Image > Adjust > Threshold...]など）で選択した領域に限定する．
Invert Y coordinates	通常，測定された位置情報は画像の左上角を原点とするので，Y座標は上から下に向かって数が増えてゆく．これは日常的なY軸の増大方向と逆である．この設定項目をチェックすると，左下が原点になる．筆者の場合は，データに一貫性を持たせるため，これをチェックしたことは今まで一度もない．
Add to overlay	測定対象となった領域をオーバーレイで表示する．オーバーレイは画像に直接描画しないので，後で[Image > Overlay >]以下にあるコマンドで消したり保存したりできる．
Display label	Resultsウィンドウに表示される結果の表に，"Label"という列が加わり，測定した画像のタイトル（画像のウィンドウのタイトルバーに表示されている画像名）が記入される．
Scientific notation	科学的表記法で数値を表示する．
NaN empty cells	測定が行えなかった項目に関しては0ではなくNaN（非数）とする．
Redirect to	ドロップダウンメニューに表示されるのは，デスクトップに開いている画像のリストである．通常，現在アクティブな画像の中で選ばれた領域に対して測定も行うが，その測定を別な画像で行う場合（測定領域の転送）は，ここでその画像を選ぶ．詳しくは3章1節の演習②「測定領域の転送」参照．
Decimal places	小数点以下の桁数．

付録 3 ImageJ
μManager 体験

塚田祐基

　5章4節で触れたオープンソースの顕微鏡制御ソフトウェア，μManagerはImageJと共通する思想を持ち，画像解析から画像取得へと展開しているImageJ派生プロジェクトとして特筆に値する．また，生物画像解析から顕微鏡機器制御へと視野を広げることは，新たな世界が開けると共に画像解析についても自由度や質の向上が期待できる．この節ではμManagerを体験するための手引きを記載する．

　まずはμManagerのWebサイト（http://www.micro-manager.org）からインストール用のパッケージをダウンロードする．2016年3月現在，バージョン1.4が最新であるが，インターフェイスやAPIが大きく変わった2.0もベータ版として入手可能である．ここでは1.4について説明するが，2.0でも操作法や使い勝手は踏襲されているので困ることはないだろう．公式サイトの**"downloads"**から最新版をダウンロードし，インストール，起動すると，初めに読み込む設定ファイルを選択するウィンドウが出るので，**"MMConfig_demo.cfg"**を選択して先に進む．すると，図1に示す2つのウィンドウが現れるはずだ．1つはお馴染みのImageJのパネル，もう1つはμManager固有の操作パネルである．μManagerは顕微鏡ないし周辺機器の制御ソフトなので，制御したい機器が接続されていなければ意味がないのだが，初めに選択した設定ファイルは動作確認のためにカメラをシミュレートするもので，これを使ってどのようにμManagerが動作するか一通りわかるようになっている．このカメラシミュレータを使ってμManagerの操作方法を簡単に説明する．

　μManagerのパネル左上，**"Snap"**というボタンを押してみる．これはカメラからの画像を取得するボタンで，図2のウィンドウが現れるはずだ．シミュレートしているカメラはサイン波の受光を疑似しており，その画像が現れる．シミュレートしているサイン波は動いているので，繰り返し**"Snap"**ボタンを押すと，光の縞が移動した画像がそれぞれ得られる．設定はそのままに，**"Snap"**ボタンの下にある**"Live"**ボタンを押すと，動画像が表示され，サイン波が動いているのが確認できる．**"Live"**ボタンを押すと表示が**"Stop Live"**となるので，これをクリックして一度動画の表示を終わらせる．

　それでは機器の制御の1つとしてカメラの設定を変えてみよう．**"Snap"**ボタンの右にある**"Exposure"**の値を変更し，再び**"Snap"**を押してみる．画像表示が自動調整されるので見た目はあまり変わらないかもしれないが，得られた画像の輝度値は露出時間の変更により変わっているはずだ．

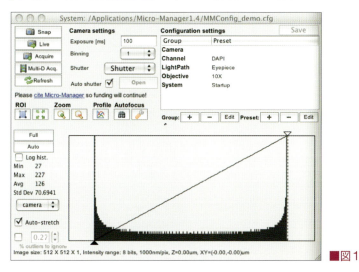

■図1

Exposureを10msに設定して画像取得した場合と，100msにして取得した画像の輝度値を比較するために，**"Snap"** ボタンを押し，取得画像のウィンドウもしくは，ImageJのパネルをクリックしてアクティブにした後，カーソルを取得した画像上に移動して確認してみよう．ImageJのパネルに表示される輝度値の桁が変わっていることが確認できるはずだ．さらにExposureを1000msにすると，輝度値のサチュレーションが起こることが確認できる．

次に，Exposureの右側にある**Configuration settings**を操作してみよう．**"Group"** にあるCameraの行の**"Preset"** の列をクリックし，ドロップダウンメニューに現れる**HighRes**，**LowRes**，**MidRes**から1つを選んだ後，**"Snap"** を押すことで取得画像の変化を見てみる．

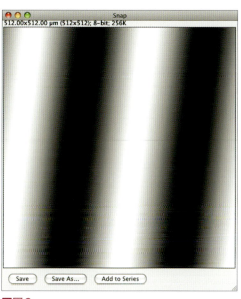

■図2

それぞれの設定を選択すると，Binningの数値が変わり，取得される画像のウィンドウサイズと輝度値が変化することがわかる[注1]．カメラなどの周辺機器は画像取得に際して多くの設定値があるが，これらを実験環境や実験内容に合わせて作成した設定ファイルとして管理することができる．μManagerはどんな接続機器でも統一されたインターフェイスで操作できるため，複数の異なる接続機器を扱っている研究者にも重宝するだろう．

注1
通常Binningを上げると，同じExposure timeで輝度値は上がるが，μMnagerのバージョンによってはそこまでシミュレートしていないこともあるようだ．

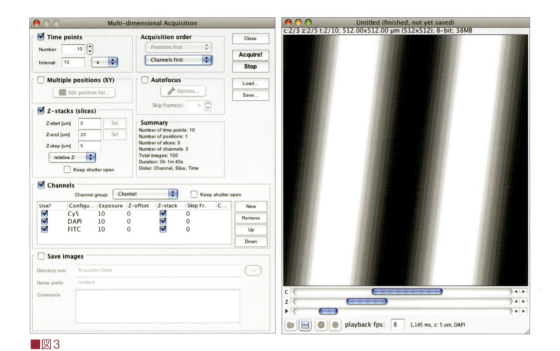

■図3

　さらに，多次元データの取得も試してみよう．まず**"Multi-D Acq."**ボタンを押し，**Multidimentional Acquisition**パネルを表示させる（図3左）．**"Time points"**にチェックを入れ，撮りたい画像の枚数（例えば10）と時間間隔（例えば1000ms）を入力する．**"Z-stacks"**にチェックを入れ，z軸方向について，画像の取得開始（Z-start；例えば5），終了位置（Z-end；例えば20）と取得間隔（Z-step；例えば5）を入力する．**"Channels"**のチェックを入れ，**"Channel group"**で加えたいチャネルの種類（例えばChannel）を指定し，**"New"**ボタンを押すことで設定済みのチャネルを加えることができる．ここでは**Cy5**，**DAPI**，**FITC**を加えた（図3）（Channelグループでは手持ちの機器に従って，様々な種類の画像取得を設定することができる）．**"Acquisition order"**で**Time first**，**Channels first**を指定する．**"Acquire!"**ボタンを押すと画像取得が始まり，x, y, z, 波長，時間のデータが取得できる．

　画像が得られると，ビューアでデータが自動的に表示され，ビューアの下部にあるスライドバーを動かすことで任意の画像を見ることができる．また，保存ボタンを押すことでビューアからデータを保存することもできる（図3右の左下，左から2つ目のボタン）．取得した画像に対してはImageJの画像処理機能も同時に使うことができる．例えば，ImageJメニューの**"Image"**から**"Adjust"**を選び，**"Brightness/Contrast..."**を選択することで，モニタに映る画像の明るさやコントラストを変えることができる．

　このように，ImageJと同様に非常に直感的な操作で画像取得や調整，設

定の管理が行える．ここでは μ Managerを使った最も基本的な画像取得についての体験方法を解説したが，このソフトウェアの本領は様々な機器をつなげて統合的に制御することにある．顕微鏡を扱っている方はぜひ様々な機器を接続して μ Managerの実力を試してほしい．また，スクリプトを使ったプログラマブルな機器制御もImageJと同様に整備されており，複雑な実験操作を可能にすることで，イメージングの強力な味方になるだろう．ImageJと同様に開発コミュニティや使用している研究者もアクティブなので，新たな実験計画を立てる際に活用していただければと思う．

付録

ImageJ/FijiのGUIの図解

付録5
生物画像解析用語・日英対応表

主に本書で用いた生物画像解析用語の英語と日本語の表記対応リストをアルファベット順で紹介する.

active contour
動的輪郭法

active image
アクティブな画像
- 使用例 - 画像をアクティベートする
(処理対象の画像を一番手前に持ってくること).

array
配列

binarize
二値化

binary
二階調

binary image
二値画像

colocalization
共局在

color coding
色符号化

convex hull
凸包処理

convolution
畳み込み演算
・smoothing 平滑化

correctness
正確度

dilation
膨張処理

distance map
距離分布画像
・Eucledian distance transformation
　ユークリッド距離変換

Forct's diameter
フェレット径

fluorescence photobleaching
蛍光褪色

Gaussian blur
ガウスぼかし

global optimization
全体最適化

High Throughput Microscopy
大量処理顕微鏡

image analysis
画像解析

image moments
画像のモーメント
・skewness 輝度の3次モーメント
・kurtosis 　輝度の4次モーメント

image processing
画像処理

intensity profile
輝度プロファイル

intensity threshold
輝度閾値
・lower threshold value 閾値の下側値
・upper threshold value 閾値の上側値

Light Sheet Fluorescence Microscopy
光シート型顕微鏡

morphological processing
数理形態演算
・erosion 侵食処理
・dilation 膨張処理

nearest-neighbor method
最小近傍法

particle tracking
粒子追跡法

projection
投影
・maximum intensity projection 最大輝度投影法
・mean intensity projection 平均輝度投影法

pseudo-color
疑似カラー

quantization
量子化

ratio imaging
割合画像法

ROI (Region of Interest)
選択領域
・line ROI 直線選択領域, 直線ROI
・rectangular ROI 矩形ROI
・polygon ROI 多角形ROI, ポリゴン選択
・freehand ROI 自由形ROI, フリーハンド選択

287

salt and pepper noise
ごま塩ノイズ

scale（e.g. grayscale）
階調

secondary measurement
二次測定

segmentation
分節化
・**over-segmentation** 過大分節化
・**under-segmentation** 過小分節化

shape descriptors
形態記述子
・**circularity** 真円度
・**roundness** 円形度
・**solidity** 凸度
・**aspect ratio** アスペクト比

skeletonization
骨格化処理

stack
スタック

structuring element
構造要素

surface rendering
表面再構築

watershed transformation
分水嶺変換

あ と が き

　この本は，ImageJ をマウスで使って直感的に画像処理・解析を行う手順から，Java のプログラミングを行って独自の機能を追加する方法まで，かなり幅の広い内容となった．生物画像解析の初心者から上級者まで，何らかの参考になると自負できる内容である．とはいえ，その内容は ImageJ が持つ豊富な解析資源のごく一部分に限られており，この本を踏み台にして読者の方々がさらに自由にオリジナルな解析を行えるようになることを願っている．ご意見，質問などは，略歴に掲載した Twitter のアカウントに気楽にしてほしい．

　本を書くにあたって注意したのは，英語の技術用語と日本語との対応である．新しい分野ゆえのことだと思われるが，英語の技術用語が日本の専門家の間のやり取りで普通に使われている．例えば「セグメンテーションしたオブジェクトをウォータシェッドでリファインしてから，パーティクル・トラッキングをする」といった説明が普通になされるような状況である．この例は少々大袈裟かもしれないが，大体こんな感じだろう．専門家同士の会話ならばそれでいいし，そもそも専門家は英語論文と数式を通じて会話をする．とはいえ，計算機を使った生物画像の解析が今後の生物学の進展にさらに深く関わるようになるであろう近い未来を考えれば，知識と技術を広く普及させるうえでいかにも不自由である．上のカタカナのずらずら並んだ呪文のような言葉を「分節化した対象を分水嶺法により精錬してから粒子追跡をする」というように，字面が示唆する意味を通して一般に受け入れられやすくすることが母語での知識の伝播には，とても大事なことであると私は考えている．さらに，以下に述べるように画像解析は生物学の問いの本質的な何かであると私は恥ずかしげもなく考えているので，言葉の扱いにはどうしても注意したいのである．

　生物画像の解析と言うと，コンピュータを駆使し，最先端の画像処理技術を操る手法，という印象があるかもしれない．ImageJ を代表とする Java の画像処理・解析ライブラリだけではなく，Matlab, R, Python，C++ などでも画像解析の機能は日々新たに追加・改善されて，どんどん使いやすく，なおかつ高機能になりつつある．例えば，深層学習に代表される機械学習の理論と実装は，画像解析と融合しつつあり，その進展は最先端のイメージング技術と融合した生物学に多くの知見を新たにもたらすことはほぼ確実である．現在のトップジャーナルに掲載される生物系の論文の 7 割には何らかのイメージングが関わっているということからも，イメージングと生物画像解析が最先端である，というのはあながち間違いではないだろう．

　とはいえ生物学の長い歴史を振り返ってみよう．その本質には画像解析が常に関わってきたのではないか．現代の生物学は，博物学・生理学・生化学・分子生物学（物理学）をその祖先としている．これはかなり雑駁な歴史観かもしれないが，博物学という祖先を考えると，その営為は自然界の生物を代表とする存在を探索しスケッチし，雄しべや足の数を数え，種に名前を与えるということがその本質であった．ドリトル先生のことを思い浮かべればよい．あるいはフックが顕微鏡を覗き込んで初めて「細胞」を発見しスケッチしたことでもよい．このスケッチする，という行為は，現代の画像解析の立場から言えば，自然界を分節化し，境界を確定する，そのことでその存在を対象として切り出す，という行為にほかならない．こうした意味で，生物学はそれが博物学であった時代からその方法論として画像解析が常に関わってきたし，これからもそうなのであり，ふるかうた対象は境界が境界であることが科学的に決定すべきミクロやナノの世界になっている．したがって「ImageJ でちょいちょいといじくって何でもいいから数を」と軽く思うなかれ．じつはそれは生物学に伝統的な本質をいじくっているのである．

手法の難易度は問題の難易度とは無関係なことが往々にしてある．そのことを肝に命ずべきなのだ．

　謝辞を述べる．「細胞工学」編集室の楳木雅昭さんには連載時から本の出版まで関わっていただき，度重なるこちらのわがままな要望にも真摯に応えていただいた．本の編集にあたってはコードを含めて内容を細かくチェックし，筆者たちと同等かそれ以上の貢献をしていただいた．共同執筆者である塚田祐基さんは，同じ大学の出身として，はからずも一緒に本を出すことができたのはじつにうれしいことである．頑迷な私の意見をいつも柔らかく受け止め，情報科学者として提言を行い，最適な解に導いてくれた．塚田さんと，寄稿していただいた朽名夏麿さん，新井由之さんは，画像解析コースなどで一緒に働いてきた仲間でもあり，今後の日本での生物画像解析を担っていく方々であると私は思っており，さらなる活躍を願っている．この本に掲載した ImageJ/Fiji そのもの，プラグイン，サンプル画像は多くの研究者のご厚意による無償の提供である．クレジットはそれぞれの場所にしてあるので，ここでは名前を割愛するが，深く感謝申し上げる．連載中に読者からのフィードバックがあまりなく，少々落胆したのだが，基礎生物学研究所の上野直人副所長には励ましの言葉を幾度もいただき，心の強い支えとなった．日本の NIBB バイオイメージングフォーラムの方々の中に，連載の内容に関して大いに有益なコメントをしてくれた方々がいる．名前は挙げないが，こうした専門家の集まりが大切であることを再認識した．また最後になるが，学部時代から世話になり，私を応援し続けてくれている国際基督教大学名誉教授・女子学院院長の風間晴子先生と，年老いてなお私を叱咤激励する父の昭彦と母の昌子にこの場を借りてお礼を申し上げたい．

2016 年 2 月 29 日　於ハイデルベルク　　　　　　　　　　　　　　　　　　　三浦耕太

索 引

数字

1 分子蛍光観察 ······ 216
1 分子計測 ······ 204
3D ImageJ Suite ······ 13
3D データの可視化 ······ 38, 109
[3D Surface Plot] ······ 85
[3D Viewer] ······ 41, 47, 109

欧文索引

A

active contour（動的輪郭法）······ 140, 153
[Analyze Particles...]
······ 55-59, 83, 87-88, 99, 103, 122, 172, 280
[Analyze Skeleton(2D/3D)] ······ 106
API（Application Programming Interface）······ 212, 262
area（面積）······ 55, 103, 280
argument（引数）······ 219
array（配列）······ 246, 250, 251
Aspect Ratio（アスペクト比）······ 103, 280
[Auto Local Threshold] ······ 97, 196
[Auto Threshold]
······ 53, 80, 83, 85, 103, 121, 172, 176, 196, 257

B

BARs（プラグイン）······ 124, 127
Batch Processing（バッチ処理）······ 76
B & C ウィンドウ ······ 26
binarize（二値化）······ 162
binary（二階調）······ 18
binary image（二値画像）······ 78
Bio-Formats（プラグイン）······ 261
bit depth（ビット深度）······ 17
Bleach Correction（プラグイン）······ 120
[Brightness/Contrast...] ······ 47, 64, 73, 134, 198

C

c（channels）軸 ······ 34
C. elegans（線虫）······ 105
circularity（真円度）······ 56, 103, 280
class ファイル , 形式 ······ 192, 274
[Close-]（フィルタ）······ 79
CMYK 画像 ······ 35
colocalization（共局在）······ 37
color coding（色符号化）······ 65
Color options ······ 31
command recorder ······ 226
Convex Hull（凸包処理）······ 103
[Conversions...] ······ 120
[Convert to Mask] ······ 230
convolution（畳み込み演算）······ 74
[Convolve...] ······ 74
Correct 3D drift（プラグイン）······ 115
correctness（正確度）······ 129
[Create Selection] ······ 81, 177
[Curve Fitting...] ······ 125, 253
Cutoff ······ 134

D

Dataset organization ······ 31
dictyBase ······ 63

D

Dictyostelium（細胞性粘菌）······ 63
DifferenceTracker（プラグイン）······ 139
dilation（膨張処理）······ 78
Displacement ······ 135
distance map（距離分布画像）······ 82, 83

E

Eclipse ······ 210
equalization ······ 68
erosion（侵食処理）······ 78
EuBIAS Manifesto ······ 265
Euclidian distance transformation
（ユークリッド距離変換，EDT）······ 82

F

Feature Stack ······ 61
Feret's diameter（フェレット径）······ 280
FFmpeg（プラグイン）······ 63
Fiji ······ 12, 141, 192, 205, 217, 260, 277
——のインストール ······ 12, 270
[Find Maxima] ······ 163
FISH の測定 ······ 82
[Fit Ellipse] 105
fluorescence photobleaching（蛍光褪色）······ 117
for 構文 ······ 21
——による反復 ······ 231
for ループによるスタック画像の処理 ······ 233
FRAP（光褪色後蛍光回復法）実験の時系列画像 ······ 233

G

Gaussian Blur ······ 67, 80, 133, 150, 176, 181
Git ······ 42, 210
GitHub ······ 96, 124, 210, 272
global optimization（全体最適化）······ 129
Ground Truth ······ 168

H

HDF5 ······ 33
[Histogram] ······ 67, 69, 119, 177
Hyperstack（ハイパースタック）······ 39

I

if-else による条件分岐 ······ 238
Image analysis（画像解析）······ 8
[Image Calculator] ······ 64, 67, 81, 89, 133
ImageJ2 ······ 260, 261, 271
3D Viewer（プラグイン）······ 41, 47, 109, 110
ImageJ/Fiji の GUI（図解）······ 286
ImageJ マクロ ······ 20, 36, 146, 217, 277
ImagePlus ······ 212
image processing（画像処理）······ 8
ImageProcessor ······ 212
ImageStatistics ······ 213
Integrated density（総輝度値）······ 56, 234, 280
intensity threshold（輝度閾値）······ 52

J

jar（Java Archive）形式 ······ 192, 195, 275
Java ······ 208, 209
Java 実行環境 ······ 109, 272
.java ファイル ······ 276

JDK（Java Development Kit）・・・・・・・・・・・・・ 209, 276
jet ・・27
JFilament（プラグイン）・・・・・・・・・・・・・・・・・・・ 140
JFreeChart ・・・・・・・・・・・・・・・・・・・・・・・・・・・・・・・・・ 205
JNI（Java Native Interface）・・・・・・・・・・・・・・・ 214
JRE（Java Runtime Environment）・・・・・・・・ 272
JVM（Java virtual machine）・・・・・・・・・・ 203, 214
Jython ・・・・・・・・・・・・・・・・・・・・・・・・・・・・・・・ 209, 277

K

kurtosis（輝度の 4 次モーメント）・・・・・・・・・ 280
Kymoquant（プラグイン）・・・・・・・・・・・・・・・・・ 148

L

line ROI（直線選択領域 , 直線 ROI）・・・・・ 215, 249
Link Range ・・・・・・・・・・・・・・・・・・・・・・・・・・・・・・・ 135
LM（Levenberg-Marqurgt）法 ・・・・・・・・・・・・ 214
LOCI ツール（プラグイン）・・・・・・・・・・・・・・・30, 31
Look-Up Table（LUT）
・・・・・・・・・ 23, 25, 27, 40, 66, 91, 134, 158, 286
LPX［LPX（LPixel）ImagJ Plugins］プラグイン集
・・・・・・・・・・・・・・・・・・・・・・・・・・・・・・・ 192, 197, 202

M

μ Manager ・・・・・・・・・・・・・・・・・・・・・・・・・・ 262, 282
machine learning（機械学習）・・・・・・・・・・・・・59
[Macro...]（バッチ処理）・・・・・・・・・・・・・・・・ 76, 92
MATLAB ・・・・・・・・・・・・・・・・・・・・・・・・・・・・・・・・・・・27
Maven ・・・・・・・・・・・・・・・・・・・・・・・・・・・・・ 210, 272
ManualTracking（プラグイン）・・・・・・・・・・・・ 139
Max Intensity ・・・・・・・・・・・・・・・・・・・・・・・・・・・・・40
.mdf ファイル ・・・・・・・・・・・・・・・・・・・・・・・・・・・・ 132
[Mean...]（フィルタ）・・・・・・・・・・・・・・・・・・・ 73, 76
mean gray value ・・・・・・・・・・・・・・・ 56, 234, 280
[Measure] ・・・・・・・・・・ 24, 81, 102, 159, 233, 280
[Median...]（フィルタ）・・・・・・・・・・・・・・・・・ 73, 78
Memory management・・・・・・・・・・・・・・・・・・・・・32
Metadata viewing ・・・・・・・・・・・・・・・・・・・・・・・・32
Min Intensity ・・・・・・・・・・・・・・・・・・・・・・・・・・・・・40
MMCore ・・・・・・・・・・・・・・・・・・・・・・・・・・・・・・・・ 263
morphological processing（数理形態演算）・・・・・・・・・・・79
MTrackJ（プラグイン）・・・・・・・・・・・・・・・ 129, 181
Multi-Tiff Image ・・・・・・・・・・・・・・・・・・・・・・・・・・38

N

nearest-neighbor method（最小近傍法）・・・・・・・・・・ 128
newImage 関数 ・・・・・・・・・・・・・・・・・・・・・・・・・ 229
NIH image ・・・・・・・・・・・・・・・・・・・・・・・・・・・・・・・10
non-particle discrimination value・・・・・・・・・・ 134
Normalize Kernel ・・・・・・・・・・・・・・・・・・・・・・・・・75
nSlices 関数 ・・・・・・・・・・・・・・・・・・・・・・・・・・・・ 233

O

OCTANE ・・・・・・・・・・・・・・・・・・・・・・・・・・・・・・・ 139
OME（Open Microscopy Environment）-tiff ・・・・・・・・・・・・30
[Open-]（フィルタ）・・・・・・・・・・・・・・ 79, 80, 176
Orthogonal Views ・・・・・・・・・・・・・・・・・・・・・・・・40
[Orthogonal Views] ・・・・・・・・・・・・・・・・・・・・・・41
over-segmentation（過大分節化）・・・・・・・・・・86

P

ParticleTracker（プラグイン）・・・・・・・ 129, 133, 205
particle tracking（粒子追跡法）・・・・・・・・・・・ 128
Per/Abs ・・・・・・・・・・・・・・・・・・・・・・・・・・・・・・・・・ 134
[Plot Profile]・・・・・・・・・・・・・・・・ 19, 83, 145, 185

Plot Results（プラグイン）・・・・・・・・・ 123, 127, 139
[Plot Z-axis Profile] ・・・・・・・・・ 118, 121, 176, 177
Plugin ・・・・・・・・・・・・・・・・・・・・・・・・・・・・・・・・・・ 212
PluginFilter ・・・・・・・・・・・・・・・・・・・・・・・・・・・・・ 212
PluginFrame ・・・・・・・・・・・・・・・・・・・・・・・・・・・・ 212
plugins.config・・・・・・・・・・・・・・・・・・・・・・ 211, 275
POM.xml（Project Object Model ファイル）・・・・・・・・・・ 211
print（ ）関数 ・・・・・・・・・・・・・・・・・・・・・・・・・・・ 219
projection（投影）・・・・・・・・・・・・・・・・・・・・・・・・39
[Properties...] ・・・・・・・・・・・・・・ 55, 101, 109, 194
polygon ROI（多角形 ROI, ポリゴン ROI）・・・・・・・・・・39
PTA（Particle Track and Analysis, プラグイン）
・・・・・・・・・・・・・・・・・・・・・・・・・・・・・・・・・ 139, 204

Q

quantization（量子化）・・・・・・・・・・・・・・・・・・・・・ 7
QuimP（プラグイン）・・・・・・・・・・・・・・・・・・・・・ 149

R

Radius ・・・・・・・・・・・・・・・・・・・・・・・・・・・・・・・・・ 134
ratio imaging（割合画像法）・・・・・・・・・・・・・・・19
[Record...] ・・・・・・・・ 48, 57, 76, 203, 223, 227, 257
rectangular ROI（矩形 ROI）・・・・・・・・・・・・・・・36
redirection（転送）・・・・・・・・・・・・・・・・・・・ 57, 82
Registration & Stitching ・・・・・・・・・・・・・・・・・ 114
renamer ・・・・・・・・・・・・・・・・・・・・・・・・・・・・・・・ 171
[Restore Selection] ・・・・・・・・・・・・ 19, 24, 81, 82
Results の値のプロット・・・・・・・・・・・・・・・・・・・ 124
RGB 画像 ・・・・・・・・・・・・・・・・・・・・・・・・・・・・ 25, 34
ROI（Region of Interest）［選択領域］
・・・・・・・・・・・・・・・・・・・・・・・・・・・ 80, 140, 213
ROI Manager ・・・・・・・・・・・・・・・・・・・・・・・ 82, 122
roundness（円形度）・・・・・・・・・・・・・・・・・ 103, 280
run 関数 ・・・・・・・・・・・・・・・・・・・・・・・・・・・ 229, 233

S

[Salt and Pepper] ・・・・・・・・・・・・・・ 72, 227, 229
SCIFIO ・・・・・・・・・・・・・・・・・・・・・・・ 261, 271, 272
SciJava Commons ・・・・・・・・・・・・・・・・・・・・・・ 262
Scion image ・・・・・・・・・・・・・・・・・・・・・・・・・・・・・10
secondary measurement（二次測定）・・・・・・・・ 137
segmentation（分節化）・・・・・・・・・・・・・・・・・・・52
setAutoThreshold 関数 ・・・・・・・・・・・・・・・・・・ 229
[Set Measurements...] ・・・・・・・・・・・・・・・・・・・ 280
setOption 関数 ・・・・・・・・・・・・・・・・・・・・・・・・・ 230
[Set Scale...] ・・・・・・・・・・・・・・・・・・・・・・・・・・・ 101
setSlice 関数 ・・・・・・・・・・・・・・・・・・・・・・・・・・・ 234
shape descriptors（形態記述子）・・・・・・・・・・ 103
sharpen（鮮鋭化）・・・・・・・・・・・・・・・・・・・・・・・・66
skeletonize（骨格化）・・・・・・・・・・・・・・・・ 80, 105
skewness（輝度の 3 次モーメント）・・・・・・・・・ 280
smoothing（平滑化）・・・・・・・・・・・・・・・・・・・・・・72
solidity（凸度）・・・・・・・・・・・・・・・・・・・・・・ 103, 280
SPIM（Single/Selective Plane Illumination Microscopy） ・・・
・・・・・・・・・・・・・・・・・・・・・・・・・・・・・・・・・・・・・・ 261
SpotTracker（プラグイン）・・・・・・・・・・・・・・・・ 139
stack（スタック）・・・・・・・・・・・・・・・・・・・・・ 36, 38
StackReg（プラグイン）・・・・・・・・・・・・・・・・・・ 115
[Stack to Hyperstack...] ・・・・・・・・・・・・・・・・・ 118
Stack viewing・・・・・・・・・・・・・・・・・・・・・・・・・・・31
Stitching ・・・・・・・・・・・・・・・・・・・・・・・・・・・・・・ 114
structuring element（構造要素）・・・・・・・・・・・79
[Subtract Background...] ・・・・・・・・・・・・・・・・・・96
surface rendering（表面再構築）・・・・・・・・・・・41
.svg 形式のファイル ・・・・・・・・・・・・・・・・・・・・・ 158

292

T

Taggathon ··· 160
TANGO（プラグイン）······························ 84
[Temporal Color Code] ························ 65
[Threshold...] ··· 227
ToAST（プラグイン）······························ 139
TrackMate（プラグイン）············ 139, 205
TrakEM2（プラグイン）······ 108, 110, 113, 114
TurboReg（プラグイン）························ 114

U

under-segmentation（過小分節化）······ 84, 86
[Unsharp Mask] ·· 67
Update-Site Manager ····························· 274
User-defined functions（ユーザ定義関数）···· 244

W

[Watershed] ······························· 84, 85, 97
watershed transformation（分水嶺変換）········ 84
Weka ··· 59
while 文による反復 ································· 235

Z

[Z Project...] ······················ 39, 46, 65, 118

和文索引

あ

アクティブな画像······························ 19, 259
アクチン·· 66
　　──の動態···································· 141
　　──の濃度変化···························· 150
　　──の濃度の計測························ 156
アスペクト比（Aspect Ratio）······ 103, 104, 174, 182, 280
アップデートサイト（update site）········ 12
アンシャープマスク（unsharp mask）····· 66
　　──を使った鮮鋭化······················ 67

い

位置合わせ機能（Registration & Stitching）···· 114
位置の経時的変化································ 128
位置を計測する························· 161, 163
イメージング技術································ 9
色符号化（color-coding）··· 40, 65, 127, 157, 159
インタプリタ······························ 218, 221

え

エスケープシーケンス（escape sequence，マクロ）
·· 221
円形度（roundness）···············103, 172, 280

お

オープンソース（open source）············ 9
重みつき（スケーリング）ぼけ画像··········· 66
温度勾配画像·· 75

か

カーネル（kernel）······························ 73
カーブ・フィッティング（curve fitting）
·································· 125, 148, 186, 250
外部ライブラリの利用···························· 214
ガウシアンカーネル······························ 150
ガウスぼかし（Gaussian blur）········ 202, 203, 229, 268
　　●荷重係数 w ································ 66

（右段）

　　●標準偏差 σ ································ 66
核の輝度時系列の測定························ 122
核の測定··· 54
核の分節化································· 52, 121
核膜タンパク質の定量························ 80
過小分節化（under-segmentation）····· 84, 86
数の配列（マクロ）····························· 248
数を数える·································· 161, 162
画像演算··· 63
　　──と行列···································· 70
画像解析（image analysis）············ 8, 168
画像認識··· 52
画像の反発力（Image F）··················· 154
画像の表示··· 23
画像表示の調節···································· 25
過大分節化（over-segmentation）·········· 86
形を定量する······················· 100, 162, 165
カラーマップ··· 23

き

機械学習（machine learning）　59
擬似カラー··· 25
輝点の検出·· 208
輝点追跡プラグイン（Particle Track and Analysis；PTA）
·· 204
輝度閾値（intensity threshold）········52, 53, 134, 229
　　●自動·· 53
輝度値··· 24
　　──の経時的変化························ 116
　　──のサチュレーション··············· 283
　　──のダイナミックレンジ··············· 169
　　──を定量する··················· 162, 164
　　背景の──································ 121
　　●最小値・最大値······ 55, 68, 159, 234, 280
　　●分子密度······································ 117
輝度値ヒストグラム·············· 67, 166, 202
輝度プロファイル（intensity profile）
·································· 19, 21, 83, 145, 248-250
輝度変化··········· 116, 125, 155, 160, 162, 176
キモグラフ（Kymograph）··········· 116, 148, 198
共局在（colocalization）····36, 37, 202, 278
距離分布画像（distance map）········· 82-84
距離変換··· 82

く

矩形 ROI（rectangular ROI）·······36, 80, 152, 286
グレースケール······· 17, 23, 25, 26, 28, 34, 85
グレースケール変換················28, 45, 103, 172

け

蛍光褪色（fluorescence photobleaching）
·· 117, 125
　　──の補正······················· 117, 120
計測値のプロット···················· 123, 253
計測ノイズ·· 170
形態記述子（shape descriptors）···· 103, 107, 162, 172
形態の経時的変化···················· 140, 154
形態の定量·· 100
ゲイン·· 164
原形質流動·· 197

こ

構造要素（structuring element）·············· 70
酵母·· 118
骨格化処理（細線化処理；skeletonization）·········· 80, 105

ごま塩ノイズ（salt and pepper）………………72
コマンドの分割（マクロ）………………………58
コマンドファインダ（command finder）
　　　　　　　　　　　35, 192, 195, 196
コマンドレコーダ（command recorder）……226
コメントアウト（comment out, マクロ）………227
コンポジット（composite）画像………………36

さ
再現性……………………10, 29, 53, 88, 168, 217
最小近傍法（nearest-neighbor method）……128
細線化（skeletonize）……………………………80
細胞性粘菌（Dictyostelium）……63, 149, 180
サポートサイト……………………………………14
三次元画像………………………………38, 84
三次元形態マイニングツール（TrakEM2）……108
三次元時系列……………………………118, 147
三次元データの形態解析………………………108
三次元表層再構築………………………………47
三次元モデリング………………………………110
サンプル画像用プラグイン……………………12

し
時間の次元 xy-t…………………………………38
時系列画像……………………38, 63, 76, 116
　　──の可視化……………………………39
　　──の取得条件………………………167
　　──の統合……………………………90
　　──の描画……………………………63
自動的な粒子追跡（ParticleTracker）……133
手動粒子追跡（MTrackJ）……………………129
条件（conditions, マクロ）……………………230
小胞体……………………………………………198
照明の偏り（シェーディング）………………170
シロイヌナズナ…………………………………198
真円度（circularity）… 56, 103, 127, 165, 172, 213, 280
侵食処理（erosion）……………………78-82, 94
シンタックス・ハイライタ……………………218

す
数値データと表示画像の相違…………………26
数値変数（マクロ）……………………………224
数理形態演算（morphological processing）……79
スクリプト………………………………………277
スタック（stack）……………………………36, 38
スタック画像の計測（マクロ）………………251

せ
正確度（correctness）…………………………129
静電的輪郭移動法
　（Electrostatic Contour Migration Method）………155
生物画像解析ソフト……………………………263
生物画像処理…………………………69, 72, 160
生物画像定量………………………………………8
絶対パス………………………………………255
鮮鋭化…………………………………66, 67, 69
線形フィルタ……………………………………73
全体最適化（global optimization）…………129
線虫（C. elegans）………………30, 105, 164

そ
総輝度値（integrated density）……56, 81, 280
相対パス………………………………………255
速度分布……………………………167, 184, 200
速度ベクトルマップ…………………………200

速度マップ………………………………………200

た
多角形 ROI………………………………………34
多次元画像………………………………31, 34, 271
畳み込み演算（convolution）……………74, 79, 150

ち
直線選択（line selection）……………18, 19, 21, 286
直線選択領域 , 直線 ROI　60, 83, 148, 215, 248, 286

て
転送（redirection）………57, 59, 82, 83, 122, 234, 281
点々地獄…………………………………………205

と
投影（projection）………………………………39, 46
　●最小輝度（mimimum intensity）…………40
　●最大輝度（maximum intensity）……40, 46
　●平均輝度（mean intensity）………………39
動的輪郭法（active contour）……140, 149, 153
動的輪郭モデルのパラメータ……………142, 153
特徴ベクトル……………………………………61
凸度（solidity）…… 103, 104, 157, 172, 189, 280
凸度分布のキモグラフ………………………160
凸包（convex hull）処理……………103, 105, 280
ドットノイズ……………………………………73

に
二階調（バイナリー , binary）…………………18
二次元ガウス分布のフィッティング……20, 208, 214
二次元画像……………………34, 38, 110, 114, 260
二次元数値データ………………………………158
二次測定（secondary measurement）………137
二値化（binarize）………………53, 103, 162, 257
　　──の解像度…………………………165
　　──の前処理…………………………75
二値画像（binary image）……54, 60, 78, 163
　　──の侵食処理………………………78
　　──の膨張処理………………………78
　　──の分水嶺変換…………………84, 86
　　──のユークリッド距離変換…………82

の
ノイズ除去………………………………………72

は
背景の輝度………38, 117-125, 142, 145, 162, 177, 186
背景の平坦化…………………………………133
ハイパースタック（Hyperstack）…30, 39, 46, 118
配列（array, マクロ）……………………246, 251
外れ値………………………………68, 168, 169
波長の次元 xy-c…………………………………34
バックグラウンドノイズ（background noise）… 163, 170
バックスラッシュ（\）…………………………255
バッチ処理……………………………………76, 258
パディング（padding）…………………………73
反復（loop, マクロ）……………………………230

ひ
引数（argument, マクロ）……………………219
ピクセル値の書き換え…………………………16
ピクセル値へのアクセス………………………20
微小管
　　──結合タンパク質 EB1 …………………130

――伸縮の形態変化 ……………………… 148, 185
――ダイナミクスの動画 ……………………… 141
――の共局在 …………………………………… 38
――の形態変化 ……………………………… 104
――の最大輝度投影 …………………………… 46
――のダイナミクスの測定 ……………130, 143, 146
――の volume rendering ……………………… 47
ヒストグラム ………………………………… 119
――の均一化（equalization） ……………… 68
――の正規化 ………………………………… 67
ビット深度（bit depth） ……………… 17, 18, 169
微分干渉画像 ………………………………… 163
表層再構築（surface rendering） ……… 41, 47
非粒子判定値（non-particle discrimination value） …… 134

ふ
ファイルの開き方・保存（マクロ） ………… 256
ファイルパス（flie path） ………………… 255
フィッティング（fitting） ………… 20, 21, 104, 126, 215
フィルタカーネルの設計 ……………………… 74
フィルタ処理 ………………………………… 71
フィルタの使い方 …………………………… 72
フェレット径（Feret's diameter） ………… 280
深さの次元 xy-z ……………………………… 38
プラグイン ……………………… 9, 14, 192
――の自作 …………………………………… 204
――の種類 …………………………………… 192
――のファイル形式 ………………………… 274
――の不具合 ………………………………… 277
フルパス（full path） ……………………… 255
ブロックコメント（block comment, マクロ）………… 227
分子密度と輝度 ……………………………… 117
分水嶺変換（watershed transformation） …… 84, 86, 97
分節化（segmentation） ……………… 53, 62
●核 ……………………… 52, 59, 120
●核膜 …………………… 80, 81, 82
●機械学習 ………………………………… 59
●細胞 ……………………… 63, 152
●細胞表層 ………………………………… 155
●線虫 ……………………………………… 106
●胚 ………………………………………… 103
●ビーズ …………………………………… 47
●微小管 …………………………………… 141
●ヒト頭部 ………………………………… 110
●quantum dots …………………………… 96
分類器 ………………………………………… 61
分類モデル ……………………………… 60, 88

へ
平滑化（smoothing） ……………… 72, 75
平均値フィルタ ……………………………… 92
変数（マクロ） ……………………………… 223

ほ
膨張処理（dilation） ……………… 78-82, 92

ま
マクロ言語 ……………………… 20, 208, 217

マクロセット ………………………………… 222
マクロで測定を自動化する …………………… 57
マクロのレコーディング …………………… 226
マスク ………………………………………… 65
マップ（二次元プロット） ………………… 157
マトリクス（行列） …………………………… 16
マルチチャネル画像 ………………………… 35

み
ミオシン分子 ………………………………… 204

め
メタデータ …………………………32, 33, 127, 213
面積の定量 …………………………………… 102

も
文字の配列（マクロ） ……………………… 247
文字変数（マクロ） ………………………… 223
モータータンパク質 ………………………… 204
モンタージュ ……………………………… 40, 46

ゆ
ユークリッド距離変換（Eucledian distance
　transformation；EDT） …………………… 82
ユーザ定義関数（User-defined functions, マクロ） …… 244

よ
四次元データ ………………………………… 260

り
リソソーム ………………………………37, 88
粒子 …………………………………………… 128
――間のリンク，輝点をつなぐ …… 128, 208
――の球状度・輝度の等方性（isotropy） …… 134
――の検出 ……………………… 128, 134
――の半径 ………………………………… 134
――のリンクの設定 ……………………… 135
粒子（輝点）追跡 ………… 128, 130, 132, 166, 204, 207
粒子追跡法（Particle Tracking） ……… 116, 128
粒子追跡用プラグイン ……………………… 139
流動解析プラグイン（Lpx Flow） ………… 199
流動速度ヒストグラム ……………………… 200
流動方向 ……………………………………… 198
領域分割 ……………………………… 52, 71
量子化（quantization） …………………… 17
量の測定 ……………………………………… 71

る
ループと条件分岐の応用（マクロ） ………… 239
累積度数分布 ………………………………… 89
ルックアップテーブル（Look-Up Table；LUT）
　………………… 23, 27, 40, 66, 91, 134, 158, 286

わ
割合画像法（ratio imaging） ………………… 19

ImageJではじめる生物画像解析

2016年 4 月 5 日　第 1 版第 1 刷発行
2019年11月 8 日　第 1 版第 5 刷発行

編　著　　三浦耕太　塚田祐基

発行人　　影山博之
編集人　　小袋朋子
発行所　　株式会社 学研メディカル秀潤社
　　　　　〒 141-8414 東京都品川区西五反田 2-11-8
発売元　　株式会社 学研プラス
　　　　　〒 141-8415 東京都品川区西五反田 2-11-8
印刷・製本　株式会社 廣済堂

この本に関する各種お問い合わせ
【電話の場合】●編集内容については Tel 03-6431-1211（編集部）
　　　　　　　●在庫については Tel 03-6431-1234（営業部）
　　　　　　　●不良品（落丁，乱丁）については Tel 0570-000577
　　　　　　　　学研業務センター
　　　　　　　　〒 354-0045　埼玉県入間郡三芳町上富 279-1
　　　　　　　●上記以外のお問い合わせは Tel 03-6431-1002（学研お客様センター）
【文書の場合】〒 141-8418　東京都品川区西五反田 2-11-8
　　　　　　　学研お客様センター
　　　　　　　『ImageJ ではじめる生物画像解析』係

©K. Miura, Y. Tsukada 2016 Printed in Japan.

●ショメイ：イメージジェイデハジメルセイブツガゾウカイセキ

本書の無断転載，複製，頒布，公衆送信，翻訳，翻案等を禁じます．
本書に掲載する著作物の複製権・翻訳権・上映権・譲渡権・公衆送信権（送信可能化権を含む）は株式会社 学研メディ
カル秀潤社が管理します．
本書を代行業者等の第三者に依頼してスキャンやデジタル化することは，たとえ個人や家庭内の利用であっても，
著作権法上，認められておりません．

学研メディカル秀潤社の書籍・雑誌についての新刊情報・詳細情報は，下記をご覧ください．
　https://gakken-mesh.jp

JCOPY 〈出版者著作権管理機構委託出版物〉
本書の無断複写は著作権法上での例外を除き禁じられています．複写される場合は，そのつど事前に，
出版者著作権管理機構（電話 03-5244-5088，FAX 03-5244-5089，e-mail: info@jcopy.or.jp）の許諾を得てください．

表紙・本文デザイン　　アヴァンデザイン研究所
図版作成　　　　　　　有限会社ブルーインク
編集協力　　　　　　　池内美佳子，栗岡百合子，三原聡子

　本書に記載されている内容は，出版時の最新情報に基づくとともに，臨床例をもとに正確かつ普遍化すべく，
著者，編者，監修者，編集委員ならびに出版社それぞれが最善の努力をしております．しかし，本書の記載内容により
トラブルや損害，不測の事故等が生じた場合，著者，編者，監修者，編集委員ならびに出版社は，その責を負いかねます．
また，本書に記載されている医薬品や機器等の使用にあたっては，常に最新の各々の添付文書や取り扱い説明書を
参照のうえ，適応や使用方法等をご確認ください．
　　　　　　　　　　　　　　　　　　　　　　　　　　　　　　　　株式会社 学研メディカル秀潤社